ITエンジニアのための

「人生戦略」の教科書

技術を武器に、充実した人生を送るための
「ビジネス」と「マインドセット」

平城 寿 著

HIRAJO, Hisashi

●本書は読者の皆さんと一緒に『育つ書籍』です。

公式サポートサイトは、読者が著者の平城寿に質問したり、読者同士の交流の場としてご利用いただけます。本書を読んで疑問に思ったこと、うまくいかなくて悩んでることなど、どんな質問でもお答えします。いつでもあなたの声を待っています！

公式サポートサイト http://super-engineer.com/supportb

point 1 著者に質問ができる！

本書は8章、46個のトピックスから成り立っています。46個のトピックスそれぞれについてオンラインの公式サイトで「質問コーナー」が用意されていますので、読んで疑問に思った点についてすぐに質問することができます。質問への回答は、著者の平城寿が直接お答えします！　回答はメールで受け取ることができます。もちろん、プライバシー保護のため匿名での質問もできます。

point 2 他の読者の質問&著者の回答も読むことができる！

他の読者の質問や平城寿の回答を読むことができます。本を読んだだけではわからないことでも質問することでより理解を深めることができます。すぐに質問が思い浮かばなくても、いざという時に質問できるのは安心ですね。また、サポートサイトでは必要に応じて、著者からの「追加コンテンツ」も提供されます。

point 3 読者間で交流することができる！

読者限定の「Facebookコミュニティ」で交流することができます。本書に興味を持っていただいたあなたの心のなかには、「人生に何らかの変化を起こしたい」という思いがあるはず。同じ価値観を持った人とつながり、切磋琢磨できる環境です。著者が主宰するオフラインの交流会の案内も受け取ることができます。**購入者限定の各種豪華特典も用意しています！**

はじめに

「君は会社の社長になるか、会社をクビになるかのどっちかだな」。

　これは大学を卒業する時に研究室の担当教授から言われた言葉だ。ということは私は大学時代からかなりの異端児だったようだ。私が所属していた九州大学の工学部機械系学科では8割が大学院へ進学し、2割が学校の推薦で就職するなか、私は学校の推薦枠を全く使わずに就職活動をしていたのだから。私の知る限り、同じ学科に所属する学生200名中、大学院にも進学せず、学校推薦枠も使わず就職活動をしていたのは私の知る限り他にはいない。なぜ私がこのような行動をとったかというと、人生を1から自分で切り開きたかったからだった。高校までの18年間、宮崎県の片田舎の平凡な家庭の男3人兄弟の次男として生まれ育ち、子どもの頃に会ったことのある社会人は自分の親か友達の親か学校の先生ぐらいのもの。とにかく「世間知らず」で育ち、大学に進学して福岡で一人暮らしをするなかで、様々な人に出会い、多様な生き方があることを知り、これまでなんとなく敷かれたレールを歩んできたように感じていた自分の人生を、1から考え直したいと思ったのだった。俳優を目指すためにオーディションを受けてみたり、タレント養成スクールに通ったりしたこともあった。思えば私はこの時から自分の足で歩き始めたのだろう。大学を卒業する時点での私は、お金もなくコネもなく、一芸に秀でていたわけでもなく、どこにでもいる大学生の1人だった。ただ私には「自分は人とは違う。自分で道を切り開いていくのだ」という強い意思があった。

　強い意思はあっても世間のことは全く知らず、教えてくれる人もいなかったので、すべてが体当たりで、それからの日々は毎日が冒険のようだった。そんな私がITエンジニアとしてキャリアをスタートし、4年半の会社員生活を経て独立起業し、会社に雇ってもらわなくても自分自身で食べていけるようになり、好きな時に、好きな場所で、好きな仕事で、好きな仲間と一緒に仕事ができるようになった。本書は、私と同じようなITエンジニアの方がどのように人生を描き切り開いていけるかについて、私のこれまでの実体験をもとに、再現性のある形でお伝えしていく。そして本書は一度読んで終わりではなく、読者限定のオンラインコミュニティーやQ&Aのサービスを用意している。印刷された紙媒体は情報量が増えないが、オンライン上ではどんどん新しい情報がアップされていく。まさにITエンジニアならではの解決手法ではないだろうか？

　あなたはたまたま書店でこの書籍を手に取っただけで、まだ私のことは知らないかもしれない。しかし本書をきっかけとして、私の活動があなたの人生を切り開く一助となれば幸いである。

2017年1月
平城 寿

平城寿の人生年表

年／年齢	人生経験
1999年 22歳〜23歳 [就職浪人時代]	● 九州大学工学部知能機械工学科を卒業 ● 会社の内定を断って最初から起業の道を模索する ● インターネットの広告代理店の権利を買うために80万円、『成功哲学』の高額教材を買うために120万円、いきなり合計200万円近くのビジネスローンを抱える
2000年 23歳〜24歳 ステージ **1** [第一次会社員時代]	● 全財産が10万円を切ったため素直に就職することを決意し、第二新卒として地元福岡のIT企業に就職。当時の目標は「500万円貯蓄してシリコンバレーで起業する」だった ● 「なるべく早く独立したい」と、副業で開発したショッピングカートが大ヒットするも、ビジネスパートナーから一方的に追い出される ● 200万円の借金は完済し、逆に300万円の貯金ができる
2001年 24歳〜 ステージ **2** [第一次独立時代]	● インターネット上で知り合ったF社長がきっかけで、1年半で会社を辞めて上京する ● フリーランスのITエンジニアとしてシステム開発の仕事を受託しながら、F社長の仕事をCTOとして手伝うも、F社長とうまが合わず1年で離脱 ● 幼なじみとその友人と3人で会社を起ち上げるも、わずか1か月で喧嘩別れとなる ● 2001年11月にラスベガスで開催された当時世界最大のコンピュータ展示会『COMDEX』に単身視察に行く ● 当時フリーランスとして受託していた仕事は1か月以内に終わるような20万円以下の仕事で、常に2か月先の仕事の不安があった ● 誰にも会わず1日中家にこもって仕事をしていたので、ある日ふと「しゃべれなくなっている自分」に気づき、さすがにヤバいと感じる
2002年 25歳〜 ステージ **1** [派遣社員時代]	● 半年〜1年スパンの仕事をしたいと思い、派遣社員として製薬会社に勤務する。そこで出会った上司に、「君みたいな若いエンジニアは、一度大規模なシステムを扱える会社で正社員として働いたほうがいい」と指南され、「30歳までに再び独立する」と胸に近い、もう一度だけ就職することにする ● アクセンチュア・テクノロジー・ソリューションズに就職
2004年 27歳〜 ステージ **2** [第二次会社員時代]	● 本業にも全力で打ち込み、3年連続上位5%以内の評価を維持 ● 同僚の8割が何らかの体調不良を訴えるなか、本人だけは元気でピンピンしていた ● アクセンチュア2年目にビジネスマッチングサイト『@SOHO』を創業
2006〜2010年 29歳〜33歳 ステージ **3** [第二次独立起業時代]	● 入社して3年目に貯蓄を800万円作り、副業である『@SOHO』からの収入が月額20万円を超えたことをきっかけに2度目の独立を果たす ● 独立直後に妻と出会い、2か月の交際でプロポーズ。スピード結婚 ● 受託案件のシステム開発と、自社ビジネスの『@SOHO』、2つの事業を柱として、独立後初月から月収100万円を超え、年収は1年目に2倍、2年目に5倍と、倍々ゲームのように増えていく ● 『@SOHO』は創業4年後に国内No.1の会員規模に成長
2010年 33歳〜 ステージ **4**	● 独立して成功できるITエンジニアを育成するメールマガジン『スーパーエンジニア養成講座』を開始。2万人以上の読者に、メール／セミナー／Skype相談を中心としたアドバイスを行う ● 日本でのビジネスが一段落したことをきっかけに、海外での資産運用を開始 ● 海外を何度か訪問しているうちに、「世界中を旅しながら仕事ができたら」と強く思うようになる ● 2年かけてビジネスを再構築し、世界中のどこにいてもビジネスが継続できるスタイルを確立し、自ら『海外ノマド』という言葉を定義
2012年 35歳〜 ステージ **4**	● 月の半分以上を海外で過ごすようになり、国外転出届を出して海外居住者となる ● 2012年4月、民間人が住む世界最北端の町、ノルウェー北部に位置するスバールバル諸島の町、ロングイエールビーンにて「北極ノマド」達成
2013年 36歳〜 ステージ **4**	● 海外ノマドというライフスタイルを広め、実現できる人を増やすために『海外ノマド倶楽部』を設立 ● ITエンジニア以外の人からの起業相談も増えてきたため、どんな業種にも適用可能なFacebookで情報発信を行いビジネスを構築するノウハウを伝える講座『平城式Facebook』を開講
2016年 39歳〜 ステージ **4**	● Facebook上で球空間を加速させるためのコミュニティー「成幸村」を正式スタート ● 残りの人生は、「価値のある情報を伝えること」と「価値のあるビジネスを生み出すこと」の2つに集中し、①好きな場所で（＝場所の自由）②好きな時間に（＝時間の自由）③好きな仕事を（＝仕事の自由）④好きな人と（＝仲間の自由）⑤好きな人に（＝顧客の自由）の5つのLikeを実現するための「5Like Method」を広めていくことを決意

CONTENTS

ステージ **2** 本業［常駐型フリーランス］＋副業［受託案件］

Chapter 4 ビジネス思考に転換する 108

ステージ **2** 本業［常駐型フリーランス］＋副業［受託案件］

Chapter 5 稼ぎを倍増するための営業戦略 128

ステージ **2** 本業［常駐型フリーランス］＋副業［受託案件］

Chapter 6 主導権を握るための顧客対応術 166

ステージ **3** 本業［受託案件］＋副業［自社ビジネス（B2C）］

Chapter 7　自由の羽根を手に入れろ！自社ビジネスモデル構築　204

ステージ **4** 自社ビジネス専業

Chapter 8　自社ビジネス専業で長く成功するための意識改革　234

Total Chapter
人生設計を考えよう

0-1
ITエンジニアの人生設計とは

0-2
独立を果たす4つのステージ

0-1 ITエンジニアの人生設計とは

そもそもITエンジニアとはどんな職種の人を指す言葉なのだろうか。IT業界に浸透している「35歳定年説」の真偽は!?　ここでは、ITエンジニアのキャリアパスを知り、あなたの将来の人生設計を考えてみよう。

質問＆回答サポートページ ☞ http://super-engineer.com/support/book1/0-1

＞「ITエンジニア」ってなに？

まず「ITエンジニア」の定義について、あなたと私の間で認識を共有しておく必要があるだろう。そもそも「エンジニア（engineer）」とは、コンピュータ、航空、自動車、音楽、医療など、様々な分野においてシステムを開発し、稼働する仕組みを作る専門技術職の人を指す広い意味の言葉だ。

エンジニアのなかでも「ITエンジニア」という職種がある。私が定義するITエンジニアとは、「パソコンや業務用の専用のコンピュータを使ってプログラミングをする人、もしくはコンピュータシステムの環境の構築をする人」である。

あなたが今関わっている仕事がこの業種に該当するのであれば、本書の内容を読んであなたなりに応用し、あなたの人生をより良くするために役立ててほしいと願っている。

＞「35歳定年説」とは

我々の業界には、「35歳定年説」という言葉が浸透している。理由としては、

> ① 仕事がハードなので体力的に限界がくる
> ② 脳が新しい技術を吸収しづらくなる
> ③ 会社から現場ではなく管理職的な役割を求められるようになる

といったものが挙げられている。体力低下、吸収力低下、管理職になるために35歳以降は現場を離れざるをえないという根強い通説である。

この点については様々な意見があると思うが、我々ITエンジニアの誰もが同意できることは、「35歳以降はどう生きていけばいいかわからない」ということだ。

35歳という数字が極端にフォーカスされていて、35歳以降にどのようなキャリアを積んでいけば良いのかという情報が不足しているので、不安も大きいのだと思う。変化が激しく先行き不透明なIT業界において、ITエンジニアに未来はないのだろうか？

▶ 将来どんな進路を選択すればいいのか？

　35歳定年説とは関係なく、我々ITエンジニアは歳をとるにつれ、組織を束ねる管理職へと進んでいく道をいくのか、あくまでも現場に残ってスペシャリストとして技術・経験を磨いていくのか、という大きく2つの選択肢に迫られると言われている。

　仮に管理職の道へと進んでいった場合、会社の中での最高位は『CTO（Cheif Technology Officer／最高技術責任者）』という役職になる。ただし、当然のことながら会社の中での競争に勝ち残って初めて手に入るポストなので、そのポストに就き、また維持していくためのプレッシャーやストレスはかなりのものであろう。

　一方で、一生スペシャリストとして技術を磨いていく道を選択したいと思っても、それを認めてくれる会社は実はそれほど多くない。その理由は、人件費である。今では年功序列という言葉はあまり使われなくなり、実力主義を採用する会社が増えてきているが、IT業界においては、この実力の中に「経験」も含まれるため、実質的にはどんなに実力のあるITエンジニアでも会社に入って1年しか経っていなければ、会社の中にいる10年選手、20年選手の給料を超えることはまずない。

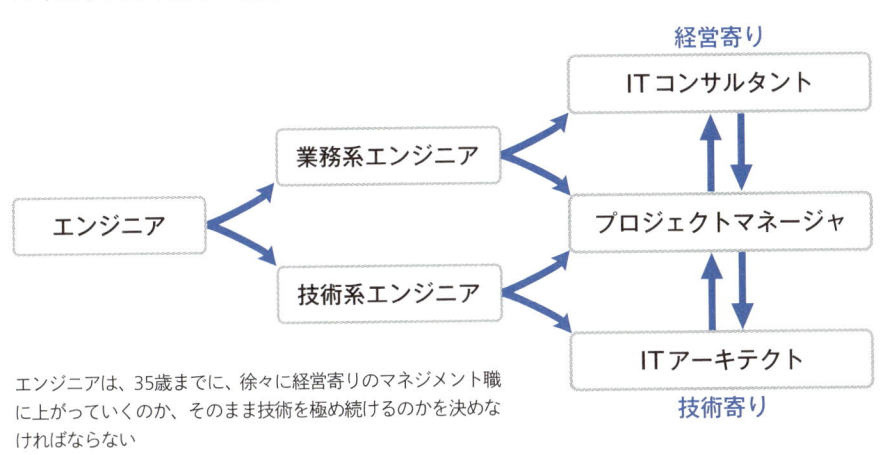

エンジニアは、35歳までに、徐々に経営寄りのマネジメント職に上がっていくのか、そのまま技術を極め続けるのかを決めなければならない

　そもそも、本当にITの会社を完全実力主義にしてしまったら、会社の古株達からしてみれば、ある日突然若くて優秀なエンジニアが入ってきて自分たちの給料を超えられたり、自分たちの仕事がなくなったりするかもしれないということであり、そんな会社には安心して所属していられないのではないだろうか？

　特にITエンジニアになる人は、短期的に成果を出すタイプの人よりも長期的に根気良く粘り強く成果を出すタイプの人が多いので、やはり会社としては本人の実力を考慮しながらも、長く働いてもらえる環境を用意せざるをえないというのが実情なのだろう。

＞独立起業という道もある

　もう1つ、我々ITエンジニアの多くが一度は検討してみるのが「独立起業」という道である。エンジニアは手に職を持っているので、そのスキルをお金に変えやすいと世間では思われているが、私の経験からもそのとおりだと思う。ただ、独立してフリーランスとなっても、結局は派遣社員や業務委託という形で企業に常駐している人が多いのが実状だ。それでは契約形態やお金のもらい方が変わっただけで実質は会社員と変わらない。逆に正社員ではなくなるので、長期的に安定して仕事が得られなくなることを不安に感じるというジレンマがある。

　そうではないパターンとして一人もしくは仲間と複数人でベンチャー企業を起ち上げ、会社を上場するところまでこぎつけたり、大ヒットアプリやサービスを開発して一攫千金を狙うという道もあるにはあるが、こういった結果を生むには、本人の実力だけではなく、時代の流れや運も大きなウェイトを占めてくるので、残念ながら再現性はかなり低いと言わざるをえない。数々の成功モデルからビジネスの本質を学ぶことはできても、同じ結果を得ることは難しいのである。

　また、もともとITエンジニアという職種の人は、自分の成功体験を世の中に発信している人がそれほど多くない。もちろん、有名サービスを開発したITエンジニアがインタビューを受けた記事はインターネット上にたくさん転がってはいるが、本人の言葉で成功体験をノウハウにまで落とし込んで語っている例が多くないし、少なくとも私はそのような情報に出会ったことがない。だから我々ITエンジニアにとっては、人生設計を考えるうえで「ロールモデル」にできる人を見つけることが難しく、このことも将来への不安を加速させる要因となっているのだろう。

＞あなたの人生設計を考えよう

　さて、ここで私の人生が登場する。私はトータルで4年半の会社員生活を経験した後独立し、会社は起ち上げているけれども上場はさせず、大ヒットアプリを作ったわけでもない。『@SOHO』というそこそこ名の知れたサービスを作ることはできたが、これも一攫千金を狙うモデルではなく、長期的に安定的に収益を得ることができるビジネスモデルだし、仮に『@SOHO』がなかったとしても会社に雇われずに生きていく道を心得ている。

　さらに私は、2010年からメールマガジンやブログやFacebookといった媒体を活用して「情報発信」という活動を行ってきた。ITエンジニアの独立起業を指南するメールマガジン『スーパーエンジニア養成講座』(会員数2万人)もその1つだ。

　2010年当時の私は33歳、ちょうど35歳定年説でいうところの2年前であったが、本書

を書いている今現在は40歳と5か月であり、35歳からちょうど5年が経過している。

　つまり私が本書を通じてこれからあなたにお伝えすることは、机上の空論ではなく、すべて検証済みのことなのである。私は、

❶ 会社員の気持ちを理解している
❷ 会社の上場や大ヒットアプリなどの再現性の低い
　方法ではない成功ノウハウを知っている
❸ その成功ノウハウを自身の実体験からお伝えしている

という3つの要素を満たす、かなりレアな存在なのではないかと思う。

　世の中に数ある書物の中であなたが今、本書を手にとってくれているのは奇跡的なことだと思う。だからこそ私は、「あなたの人生を変える一冊」となるべく、限られたページ数ではあるが、あなたの人生設計の指針にできるような情報を体系的にまとめてみた。

　私と同じ人生を歩むことは不可能だとしても、私のこれまでの経験の要所要所をお伝えすることで、私と同じ人生を歩むのではなく、私の経験から得られた本質をもとに、あなたの人生を設計してほしいと思う。

あなたの過去・現在・未来の人生年表

年／年齢	過去の人生経験／未来の目標
年歳	
年歳	
年歳	
年歳	
年歳	
年歳	
年歳	
年歳	
年歳	
年歳	

P.4の「平城寿の人生年表」を参考にして、あなたの年齢、就職、副業、転職、独立、起業、結婚、達成貯蓄額、目標貯蓄額…など、過去の人生経験と未来の目標を記入し、人生設計を考えてみよう

0-2 独立を果たす4つのステージ

手に職を持っている我々ITエンジニアは「独立しやすい」職種だが、技術はあってもビジネスのことがよくわかっていないのがネックだ。私が独立するまでに辿ってきた道を体系化し、再現しやすい道筋をつけて解説する。

質問＆回答サポートページ ☞ http://super-engineer.com/support/book1/0-2

＞スムーズに独立を果たすには

　私は、自分の経験をもとに、我々ITエンジニアが会社に依存せずに生きていけるようになるための「4つのステージ」というものを定義している。私は大学時代に将来は独立起業するということを決意し、試行錯誤しながら生きてきたが、振り返ってみれば無意識のうちに辿ってきた道も、実はなかなか再現性が高いのではないかということがわかった。まずはこの4つのステージについて説明したい。

　私は合計4年半の会社員生活を経験しているが、いずれの期間も常に何らかの副業をやっていた。実はこれが、スムーズに独立をして安定的な人生を手に入れるための重要な要素だった。確実に収入が入る仕事を本業にしつつ、自分が本来やりたいことを副業にしてじっくりと育てていくスタイルだ。一攫千金を目指すような狩猟民族的な生き方ではなく、最初は小さくとも少しずつ右肩上がりに成長し、長期的に安定的な繁栄をもたらしてくれる農耕民族的な生き方が、我々ITエンジニアには向いているのではないかと思う。この4つのステージにおいては、何を本業として何を副業にするかがキーポイントとなる。

独立を果たす4つのステージ

ステージ	本業	副業
1	正社員	受託案件
2	常駐型フリーランス	受託案件
3	受託案件	自社ビジネス（B2C）
4	自社ビジネス	

本業を「正社員→常駐型フリーランス→受託案件→自社ビジネス」、副業を「受託案件→受託案件→自社ビジネス→なし」に移行していくことで、最終的に自社ビジネス専業を目指していけばスムーズな独立が可能になる

> ［ステージ］ **1 本業［正社員］＋ 副業［受託案件］**

　まずは会社員をやりながら、『@SOHO』やクラウドソーシングなどのサイトから、副業で「在宅でできる案件」を取りにいく。日中は会社の仕事をしっかりとやり、「アフター9」や土日など、忙しいエンジニアといえ確保できる時間を遣って、副業により収入を稼ぐとともに、顧客との信頼関係を構築していく。

> 通常は「アフター5」と言われるが、ITエンジニア業界は5時に帰れることはまずなく、午後9時に切り上げることができれば御の字。その後も疲れているだろうが力を振り絞って頑張ろう！

> ［ステージ］ **2 本業［常駐型フリーランス］＋ 副業［受託案件］**

　ステージ1で受託系の副業で顧客を開拓しながら、ある程度スキルに自信がついてきたら思い切って会社員を辞め、派遣社員でも良いので常駐型の案件に参加する。このスタイルの良いところは、

> ●常駐型の案件で安定収入を稼ぐことができる
> ⇒手取り額で2倍になるケースも！
> ●会社員時代よりも割り切って時間を確保しやすくなる
> ⇒サービス残業や「飲みニケーション」がなくなる
> ●参加するプロジェクトを選びやすくなる
> ⇒会社員時代よりも自分にとって興味のある分野に携わりやすい

といった点が挙げられる。例えば、「自分はひたすらSAPの道を極めたい」と思っていても、会社員の場合には会社都合で全く関係のないプロジェクトに配属されてしまうこともある。また、派遣社員の場合は残業代が必ずつくかどうかも重要視する。唯一のデメリットは、「将来への不安」であろうか。それも、次のステップを読んでいただければ和らぐのではないかと思う。

> ［ステージ］ **3 本業［受託案件］＋ 副業［自社ビジネス（B2C）］**

　受託案件の固定の顧客が増えてきたら常駐型の案件を減らすか完全に辞める形をとり、B2Cの自社ビジネスを立ち上げていく。B2Cの自社ビジネスのメリットは何といっても安定性で、B2Bといえる常駐型、受託型の案件は、相手があってこそのものなので、リ

スクがあるのだ。

例えばいくらこちらがきちんとやっていても、顧客のビジネスがうまくいかなくなれば、来月からの売上は0（ゼロ）になってしまう可能性もある。実際、私が2度目の独立を果たした2006年当時は毎月のように顧客から新規開発の相談が来ていたのだが、2008年のリーマン・ショック以降、パタリと止まってしまった。

一方、B2Cの自社ビジネスというものは、B2Bよりも顧客が多くなるので、売上がある日突然0（ゼロ）になることはない。

きちんと納めれば確実に収入が見込める受託案件をこなしつつ、空き時間を確保して自社ビジネスを如何に早く軌道に乗せられるか？がこのステップのキーポイントになる。

ステップ4へ向けて最低1年は無収入でも生きていけるような貯蓄も行っておこう！

ステージ 4 自社ビジネス専業

自社ビジネスが軌道に乗ってきたら、受託案件は新規開拓をいったん止め、既存の顧客を維持する形にシフトしていく。

この頃になると、受託系の案件も引っ張りだこになってしまっている可能性があるが、そこはぐっとこらえて、自社ビジネスを育てて行くことが重要となる。受託系の案件は短期的にはお金になるが、所詮は「時間の切り売り」だしストレスフルでもある。

私も現在は**ステージ4**にいるが、新規の顧客は取らずに既存の顧客からのリピート案件だけ責任を持ってお手伝いし、それ以外は自社ビジネスに集中することにしている。

独立起業して成功するまでの過程

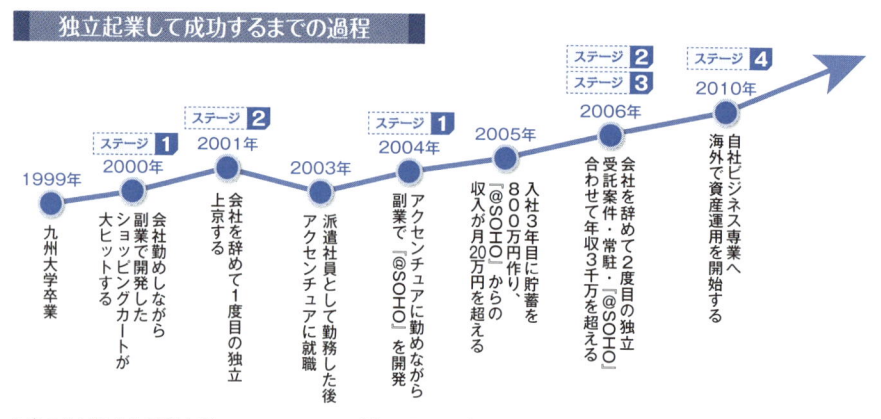

2度の会社勤めと副業を経て、4つのステージを通過しながら独立起業し、成功していった

➤ 4つのステージにおいてやっておくべきこと

4つのステージにおいてやっておくべきことを16のポイントに絞って説明しよう。

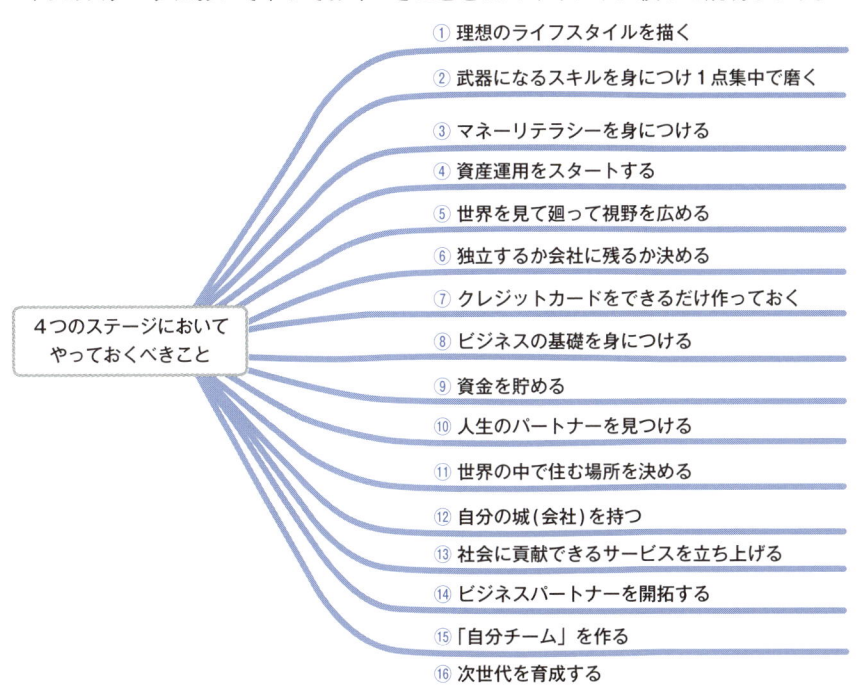

4つのステージにおいて
やっておくべきこと

① 理想のライフスタイルを描く
② 武器になるスキルを身につけ1点集中で磨く
③ マネーリテラシーを身につける
④ 資産運用をスタートする
⑤ 世界を見て廻って視野を広める
⑥ 独立するか会社に残るか決める
⑦ クレジットカードをできるだけ作っておく
⑧ ビジネスの基礎を身につける
⑨ 資金を貯める
⑩ 人生のパートナーを見つける
⑪ 世界の中で住む場所を決める
⑫ 自分の城（会社）を持つ
⑬ 社会に貢献できるサービスを立ち上げる
⑭ ビジネスパートナーを開拓する
⑮ 「自分チーム」を作る
⑯ 次世代を育成する

point ❶ 理想のライフスタイルを描く　　　　　　ステージ 1

「思考は現実化する」という言葉があるが、確かにそのとおりで自分が考えてもいないことはまず起こりえない。成功者へのインタビューで、「こんなことが実現するなんて思ってもいませんでした」という回答を耳にすることがあるが、それはそういう時期があったというだけで、実現する過程では必ずどこかで意識するタイミングが来るものだ。

私はこの頃から、「将来はホテルで仕事するようになりたい」と思っていた。そしてこの願望がやがて「海外ノマド」というワークスタイルの実現につながっていった。例え実現手段がわからなくても、まずは「願望」として脳に認識させることが重要だ。ぜひあなたにとっての最上級の、理想のライフスタイルを思い描いてほしい。

point ❷ 武器になるスキルを身につけ1点集中で磨く　　ステージ 1

まずは何か1つで良いので、「これだけは自信を持てる」と思える技術を極めることだ。
私の場合はPerlという言語だった。私が初めて会社に入社したのは1999年。当時はまだ

PHPも日本に入ってきていなかった。私は大学時代に研究室に置いてあったパソコンを使って自分のホームページを立ち上げたことがあり、自分のホームページに掲示板を設置していた。掲示板を動かすためには、CGIという仕組みが必要であり、CGIを組む言語で当時主流だったのがPerlだったのだ。当時会社の上司には、「Perlでは食えないよ」と言われたが、自分の考えを信じてPerlを極めた結果、副業でたくさんのPerl案件を獲得できたし、私の処女作であったショッピングカートのレンタルシステムもすべてPerlで組むことができたし、Perlにはたくさん稼がせてもらうことができた。また、このおかげでその後Web開発の現場で主流となったPHPもスムーズにマスターすることができた。

point 3　マネーリテラシーを身につける　ステージ 1

❶家計簿をつけること ❷簿記を学ぶこと この2つをやっておけば大丈夫だ。私は子どもの頃に母が家計簿をつけているのを見ていたので、大学時代に一人暮らしを始めた時に家計簿をつけ始めた。家計簿をつけることのメリットとしては、自分が毎月、毎年、何にいくら遣っているかを把握できることだ。給料が固定である会社員時代には特に重要で、収入は一定なので手元になるべく多くのお金を残すためには支出を減らすことが最も簡単だ。家計簿をつけていないということは、会社でいえば帳簿がないということだ。何にいくら遣っているか全く把握していない会社にお金が残るはずがないということは理解できると思う。いつも「お金がない」と言っている人はかなりの確率で家計簿をつけていない。また私は大学時代に友人の勧めで簿記3級の試験に合格した。その後この資格を持っているということで何かの役に立ったということはないが、簿記の基礎を理解することができ、自分の頭の中に「バランスシート」の感覚を持つことができた。このおかげで、個人事業主として独立した時に青色申告もスムーズにいったし、節税することもできた。「家計簿」「バランスシート」の2つの感覚が身についているかどうかが、やはり独立してからのお金のやりくりに大きく影響しているように思う。

point 4　資産運用をスタートする　ステージ 1

私は資産運用というものはまとまったお金がないとできないものだと思い込んでいた。本格的に資産運用を開始したのは33歳の時で、その時までに貯めた3,300万円を元手にスタートした。ところがいろいろと詳しくなってくると、実は月々数万円もあれば運用できるものがたくさんある。月1万円以下でも、ETFや積立型の商品で運用することができる。資産運用もビジネスと同じで、初心者の頃は失敗もする。むしろ失敗することのほうが多い。つまり、まとまったお金を作ってから運用をスタートするよりも、資金が少ないうちからスタートすることで、少しずつ経験を積むことができ、さらに資金が少ないうちにスタートしておけば、失敗をしても損失額は小さくて済む。また、株式市場

などの相場は地合い（相場の調子）がとても重要で、数年単位で流れが変わっていくので、たとえ資金が豊富にあっても地合いが悪ければ儲けることが難しい。逆に地合いが良ければ誰でも儲かる。アベノミクスがスタートした2012年11月から2015年の5月にかけて、日経平均は約2倍になった。つまりこの期間に株を買った人は、よっぽど変なことをしない限りほとんどが儲かったということだ。少額でも良いので常に参戦できる状態を作っておくことが重要なのだ。

point 5 世界を見て廻って視野を広げる ステージ 1 ＞ ステージ 2

我々が使っているプログラミング言語は世界共通だ。つまり外国語がわからなくてもプログラミング言語を通じて意思疎通ができるということだ。実際、私はインドのチェンナイ、コルカタの現地企業を訪問してITエンジニアと交流したことがある。会話は片言でも、共通のフレームワークを使っていたり、開発手法に共通点を見出すことができてとても刺激になった。日本は島国で単一民族、言語も1つしかないので、様々な価値観や文化に触れることが少なく、我々は固定観念に凝り固まった生き方をしている。世界を見て廻ることで、世の中には様々な生き方があることを体感し、自分の人生についての思考の幅を広げよう。私の場合、2001年11月にラスベガスで開かれた『COMDEX』という世界最大のコンピュータ・カンファレンスを見に行き、その後知り合いのつてでロサンゼルス在住の日本人を紹介してもらいホームステイしながら現地企業を訪問することで、本場米国のITエンジニアの多様な働き方を目の当たりにし、選択肢を増やすことができた。

今はPCのスペックやネット環境が発達したおかげで世界中どこでも仕事ができるようになった。航空会社も格安のローコストキャリアが増えているので、とても安い金額で海外に行けるので、積極的に海外に出て旅をすることをおすすめしたい。

point 6 独立するか会社に残るか決める ステージ 1 ＞ ステージ 2

私は本当に満足のいく人生を手に入れるためには独立するしかないと信じて独立し、結果的に本当に良かったと思っているが、それは万人に共通するものではないかもしれない。人によっては、どこかの会社に所属するほうが合っているかもしれない。それはあなた自身が決めることだ。決断は焦らないでいい。人それぞれにふさわしい時期がある。早ければ良いというものでもない。私の場合は1度目は24歳、2度目は29歳と2回独立をしているが、1度独立した後に再就職したということは、やはり時期尚早であったということだ。ただし、24歳で独立したことを失敗だとは思っていない。私にとっては必要な過程だったのだと思う。独立を焦る必要はないけれども、いざという時はあなたの直感に従って行動すれば良いということだ。

point 7 クレジットカードをできるだけ作っておく　ステージ **1** ＞ ステージ **2**

　これはよく言われていることだが、私も痛切に実感することになった。独立して年収が2,000万円、3,000万円になっても、年収600万円程度の会社員のほうが、金融機関からの信頼度は圧倒的に高いのだ。今では各社の最上級のカードを手に入れることができるようになったが、独立初期の頃は某社のゴールドカードの申請書類に年収1,200万円と書いて落とされた時には非常に驚いた。

point 8 ビジネスの基礎を身につける　ステージ **1** ＞ ステージ **3**

　現役のITエンジニアの人たちとやり取りしていて感じるのは、ビジネス感覚が圧倒的に不足しているということだ。この感覚は、プログラミングばかりしていては決して身につかない。私の場合、大学時代にレストランでの接客、ナイトクラブの調理場、イベントの会場案内、新聞広告のテレアポ、携帯電話の販売員、家庭教師など様々なアルバイトを経験し、社会人になってすぐに覚えたてのPerlを武器にインターネット上の掲示版で自分で営業して仕事を開拓してきた。最初は数千円から数万円程度の小さい仕事だったが、営業、見積、設計、開発、納品までの一連の工程をすべて1人でやっていたことが、ビジネス感覚を身につけるのに大いに役に立ったと思う。この感覚を身につけるには、少額でもいいのでとにかく数多くの取引をこなしていくことだ。

point 9 資金を貯める　ステージ **1** ＞ ステージ **3**

　独立するかしないかに関わらず、貯蓄が豊富にあるにこしたことはない。独立を前提とする場合、最低1年は無収入でも耐えられるだけの貯蓄を作っておくことをおすすめしている。私の場合、20代の頃に友達に貸したお金が帰ってこなかったり、私が100%出資して起ち上げた会社をたたむことになったり、ビジネス・パートナーとトラブルになって高額な弁護士費用を支払うことになったりしてかなり失ったお金も大きかったが、それでも29歳で2度目の独立をした時には800万円の貯蓄を作ることができた。また、独立した時点で『@SOHO』からの広告収入が月に最低20万円はあったので、当時独身だった私1人分の月々の生活費程度は十分に支払えたので安心して独立することができた。

point 10 人生のパートナーを見つける　ステージ **1** ＞ ステージ **4**

　最近、「草食系」という言葉にも象徴されるように、結婚願望が強くない人が増えている。私達の親世代の頃は結婚していないと一人前じゃない、人間的に問題があるかのように扱われていたようだが、今はそういった風当たりは減っているように感じる。また、長引く経済不況のため、家族を養う自信を持てない人も増えているようだ。私は結婚を

強要するつもりはないが、結婚とは無条件で周囲から祝福される人生最大のイベントであり、また「家族を支えたい」という気持ちが自分の活力になることを、自ら経験してみて強く実感した。私は2度目の独立直後に妻と出会い2か月後にプロポーズした。独身時代は横浜に住んでいたが新居は東京都内（品川区）に構えることにした。私達が住もうと思ったマンションの家賃は27万円。「家賃は収入の3分の1以内に抑えるのが望ましい」という言葉があるが、そこから逆算すると月に最低100万円は稼がないといけない。会社員時代の収入は副業を合わせても、多い時で80万円程度。独立してコンスタントに100万円を超える自信はなかったが、妻と一緒にここに住みたいという気持ちが自分の中でのコミットメントを高めることになり、死にものぐるいで仕事に注力することができ、結果的に独立直後から月収100万円を超えることができた。

　ITエンジニアはどちらかというと異性関係には奥手な人が多いが、愛のある人生はまさにバラ色、愛のない人生と比べると充実度は天と地ほどの開きがある。結婚しないとしても、「人生のパートナー」と言える人をぜひ開拓してほしいと思う。それでもやはり結婚したほうが自分にとってコミットメントが高まるので、結婚をおすすめしたいのだが。人によってベストな婚期は様々なのでこのテーマはステージ1からステージ4と幅広く設定している。

point11 世界の中で住む場所を決める　ステージ 2 ＞ ステージ 3

point5で世界を廻って視野を広め、自分のビジネスの方向性も検討しながら、人生のパートナーのことも考えつつ、どの国で生活をしていきたいか考えてみてほしい。会社員を貫き通す場合であっても、何も日本にとらわれずに、海外で直接採用してもらえる可能性はいくらでもある。私は2011年から「海外ノマド」という世界中どこにいてもインターネットに接続できれば仕事ができるというスタイルを確立し、多くの国に滞在してきた。その経験から言えることは、日本人はやはり優秀である（世界で通用する）ということと、日本でなくても意外に住めるということだ。日本は食事も美味しいし物も何でも手に入るしインフラも整っているので、やはり住みやすい国であることは間違いない。ただ、海外にも住めると思える自分を作っておくことは、思考や行動の幅を広げることになり、「生きる力」をつけることにもなる。

point12 自分の城（会社）を持つ　ステージ 2 ＞ ステージ 4

　最終的に独立するかしないかに関わらず、会社という城を持つことは重要な意味がある。ビジネスへのコミットメントが高まるし、個人とは別の財布（銀行口座）を持つことで、なぜかお金が貯まるようになるのである。それは日々お金を出し入れする個人の口座と物理的に分かれていることで、手を付けなくて良いという点もあるかもしれない。

生活費は会社からの給料でまかない、副業で稼いだお金は会社の口座に入れておいて起業資金にしたり資産運用に回してもいい。会社の維持費としては、仮に赤字だとしても年間7万円の法人税（法人住民税 2017年1月段階）がかかるが、会社という器を使えば上手に節税ができるので7万円はすぐに取り戻せる。

　また、取引先の会社の規模が大きくなればなるほど、こちらも会社でないと取引をしてもらえない場合が多くなる。私にしてみれば、会社を持たずにビジネスをすることはモグリでビジネスをするようなものだ。

　また、世間一般的には「売上1,000万円以下であれば個人事業主のほうがお得」と言われているが、これは税金面だけにフォーカスした話であり、ビジネスへのコミットメントが高まることや、法人化しないことによる機会損失が考慮されていない。この点についてはChapter5で詳しく解説する。

point13 社会に貢献できるサービスを立ち上げる ステージ 3 > ステージ 4

　ITエンジニアになる人の特徴として、真面目で世の中のためになることをしたいという方が多いと思う。ぜひその意思を貫き通して、社会の発展に寄与できるようなサービスを立ち上げていってほしいと思う。私の持論に、「世の中のためになるサービスを立ち上げれば、必ずお金になる」というものがある。世の中のためになるということは、ニーズがあるということだ。後はそのニーズがどれだけ強いかによる。お金を払ってでもあなたのサービスを使いたいというニーズがあれば、ビジネスとして十分に成り立つだろう。美術や音楽といった芸術活動はお金にならないと考えている人が多いが、それはアーティストがビジネスを理解していないからお金にならないだけであり、きちんとビジネスを理解している人が手がければ、確実にお金を生むことができるだろう。ITエンジニアの場合は「売れない自作アプリ」を作る人が多いが、これもビジネス感覚を磨き、ニーズを正確に捉えて作ることできちんとお金を生むアプリに仕上げることができる。ITエンジニアにとっての「自己実現」は、自分が作りだしたアプリやサービスが世の中に広く利用されることではないだろうか？

point14 ビジネスパートナーを開拓する ステージ 3 > ステージ 4

　人間は1人でできることには限界がある。ビジネスが成長していけば必ず誰かとパートナーシップを組む必要が出てくる。ただ、ビジネスパートナーと組んでも良い条件として、❶1人でもプロとしてある程度仕事ができる　❷お金の管理がしっかりできるこの2つは絶対に押さえておきたい。最近はよくスタートアップ系のイベントが開かれており、そこに参加していれば何かのビジネスになるかもしれないという淡い期待感で参加している人も少なくないと思うが、いくら半人前同士が集まっても決して本物のビ

ジネスは生まれないと思う。自分がまだ半人前だと思えば、会社の仕事や1人副業で結果を出すことでひたすら自分を磨くことをおすすめしたい。

　また、私は20代の頃に1度友人と会社を起ち上げたことがあるが、友人は消費者金融からお金を借りて食いつないでいるような状態だったので、金銭感覚が合わず1か月でケンカ別れするハメになってしまった。そういう相手と組んでしまったのも、当時の私が未熟だったということなのだが。ということでビジネスパートナーの開拓はステージ3以降の後半に据えている。

point15 「自分チーム」を作る　　ステージ 4

「自分チーム」とは、パートナーとは違い自分のビジネスを手伝ってくれるメンバーのことだ。それはあなたの会社の社員としてかもしれないし、外部スタッフとしてかもしれない。我々ITエンジニアは手に職があるために、何でも自分でやらないと気が済まず、仕事を人に振るのが苦手という傾向がある。私は20代にビジネスパートナーとの関係において何度も失敗してきたことから、「1人ビジネス」を徹底的に追求するようになった。『@SOHO』の運営においてもデザインはさすがにプロのデザイナーに依頼したものの、日々のお問い合わせ対応やプログラミングはすべて1人で対応していた。「自分がやらないといけない」という固定観念にとらわれていた。今ではお問い合わせ対応もプログラミングもチームメンバーに任せてしまっている。そうすることで私自身は自分の時間に余裕ができ、複数のビジネスを運営できるようになった。今では「どうしてもっと早くこの体制を作らなかったのだろうか?」と後悔するばかりである。ただし、自分のチームを作るタイミングはやはりビジネスがある程度軌道に乗ってからにしないとメンバーにきちんと報酬を支払えなかったり、メンバーへの指示が不明確になったりするので、ステージ4に据えることにした。

point16 次世代を育成する　　ステージ 4

「マズローの欲求5段階説」にもあるとおり、人はステージが上がっていくと最終的には「人に与える」ことに喜びを感じるようになる。1人前のITエンジニアとして活躍できるようになった後はぜひ、それを若い世代に伝えていってほしいと思う。セミナーやワークショップ形式で直接指導する形でも良いし、ブログなどの媒体を通して広く発信していく形もアリだ。私は2012年に「エンジニアがビジネスを学べば最強!」をコンセプトに、『スーパーエンジニア養成講座 (http://super-engineer.com)』を立ち上げ、将来独立を目指しているITエンジニアや、すでに独立しているけどよりステップアップしたいITエンジニアにビジネス構築の方法をお伝えする活動を行っている。

Chapter 1
会社に依存しない
マインドセット

1-1

会社員も１つの契約形態にすぎない

1-2

雑用にも120％全力投球する

1-3

ひたすら牙を磨く

1-4

勉強するな、アウトプットせよ！

1-5

副業で成功するための心得

1-1 会社員も1つの契約形態にすぎない

会社にしがみついて定年まで逃げ切れる終身雇用の時代は終わっているにもかかわらず、独立すると不安定になるという刷り込みから抜け出せないでいる。会社から離れて独立することは本当にリスクが高いのだろうか？

質問＆回答サポートページ ☞ http://super-engineer.com/support/book1/1-1

▷ 会社員は安全か？

我々は会社員というステイタスについて少なからず「安心」「安全」という刷り込みを持っている。会社は労働基準法で守られている従業員を簡単にクビにできないからでもあるが、もともと日本には「終身雇用」が強く根付いていたという社会風土がある。逆にそれが仇となって、いざ会社を辞めようとすると自分の心の中の「安心領域」から出ることになり、リスクを感じたり、不安や恐怖を覚えることになる。

本書を手に取っていただいているあなたであれば、一度は「会社に縛られずに好きなことをして暮らすことができる人生」を思い描いたことがあるのではないだろうか？しかし、下図のように「正社員⇒契約社員⇒派遣社員⇒常駐型フリーランス⇒在宅型フリーランス」になるにつれて、リスクが上がっていくと考えられているので、なかなか独立に踏み切れない人が多いのではないだろうか？

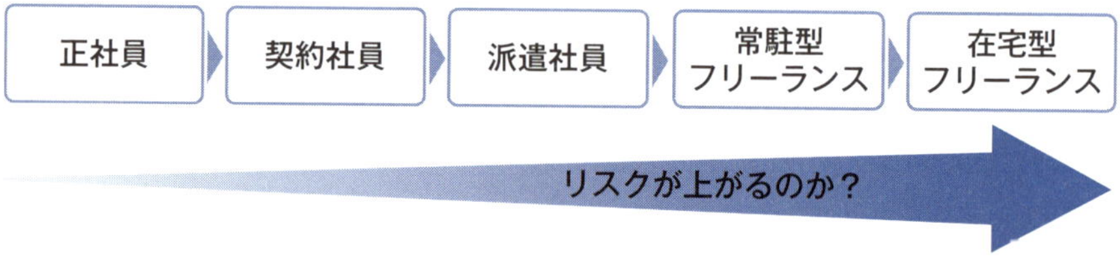

正社員 ▶ 契約社員 ▶ 派遣社員 ▶ 常駐型フリーランス ▶ 在宅型フリーランス

リスクが上がるのか？ ➡

この「会社員安全神話」が私たちの中に強烈に刷り込まれているがために、我々は「いくつかの誤解」をしてしまっているのだ。私は会社員を経験し、またその後独立して経営者という立場になり、双方の視点を持つことができたので、このことに気づくことができた。

▷ 正社員も数ある契約形態の1つである

我々の頭の中には正社員について何か特別なものだという刷り込みがされているが、実際のところは次ページの表のとおり、「雇用契約」に基づく労働形態であり、契約社員

は期限付きの雇用契約、派遣社員の場合は派遣契約、フリーランスの場合は業務委託契約や請負契約という契約形態となり、法律上は**あくまでも契約形態の一種にすぎない**ということだ。こうして見てみると、正社員という労働形態は、「期限なしの超がつく長期契約」だということがあらためて認識できると思う。そして我々は数ある契約形態のうちの1つを選択しているにすぎないのだと考えると、何もそこまで正社員にこだわる必要はないと思えてこないだろうか？

ITエンジニアの契約形態と条件の比較（一例）

条件	正社員	契約社員	派遣社員	常駐型フリー	在宅型フリー
契約形態	正規雇用契約	非正規雇用契約	派遣契約	業務委託契約準委任契約	請負契約
雇用期間	無期限	期限あり	期限あり	期限あり	期限あり
賞与	あり	契約に準じる	なし	なし	なし
残業	あり会社に合わせる	あり会社に合わせる	あり／なしを選べる	フレキシブルに対応可能	なし
有給休暇	比較的取りにくい	比較的取りにくい	取りやすい	取りやすい	自由

IT業界の契約形態は、正規雇用契約、非正規雇用契約、派遣契約、業務委託契約、準委任契約（SES［システムエンジニアリングサービス］契約、タイム&マテリアル契約ほか）、請負契約など多様であり、条件が異なる

　会社が正社員を雇うということは、無期限で雇うことが前提になるので、どちらかというと雇う側がリスクを負うことになる。仮に雇った人が期待した成果を発揮してくれなくても、そう簡単に解雇（＝契約解除）できないからだ。これはどういうことかというと、会社はそのリスクをカバーするために、正社員で雇用した人の給料を限りなく低く抑えているということなのだ。これを我々の視点で見るとどういうことかというと、金融商品に例えるとわかりやすい。最もリスクの低い正社員は超低金利の銀行預金のようなもので、リスクが低い代わりにリターンも低い。最もリスクの高いフリーランス、つまり完全な自営業の場合は株取引のようなもので、銀行預金と比べたらリスクも高いがリターンも高いのと同じようなものだ。つまり、正社員という労働形態は、安定した給料や福利厚生といったものを含めて魅力的に演出されているだけで、「安心」「安全」というキーワードをもとに、超低金利の銀行預金に100％お金を預けているようなものだと言うことができる。

> ITエンジニアはフリーになったほうが稼げる?

　実際に、私が25歳〜26歳にかけて派遣社員として働いていた時には基本給が手取りで40万円、残業した場合は残業代が別途出ていた。それだけで最低年収は480万円となるのだが、その後26歳でアクセンチュアに転職した時、基本給は手取りで23万円に減少。ボーナスが3か月分ほどあったものの、基本年収は約350万円と大幅に減少することになった（実際には残業代がかなり発生するので実質は500万円程度にはなっていたのだが）。アクセンチュアの採用面接でも「今の年齢にしてはたくさんもらっていますね」と言われたほどだった。

　この時に私は、派遣社員というものは意外においしいものだということを知ることになった。私が派遣社員として勤務していたのは某外資系製薬会社で、当時私と同じように外部から派遣社員として来ていた当時33歳のFさんは、技術的には私よりも詳しくなかったにもかかわらず、なんと月100万円ももらっていたのだ!

【私の場合】

26歳の時に派遣社員からアクセンチュアに転職

派遣社員		正社員
基本年収：480万円		基本年収：350万円

基本年収が27%ダウン!

一般的に、同じ年齢・同じスキルのエンジニアであれば、正社員よりも派遣社員のほうが収入は多い傾向にある。私の身近なエンジニアで、正社員から派遣社員になって収入が1.5倍〜2倍になった事例もある。

　このIT業界においては派遣社員契約や業務委託契約で常駐型の勤務形態を選択した場合、手取りで100万円前後の収入を確保できる案件はそう珍しいものではなく、ここまで高額でなくても、正社員から派遣社員に切り替えた場合は確実に手取り額は増えることになるし、『スーパーエンジニア養成講座』のメンバーの例でいくと1.5倍〜2倍になった方もいる。雇われていることが多く稼ぐための「機会損失」になっている側面もある。

> お金を払ってくれる会社のほうが立場は上なのか?

　もう1つ、これは正社員に限ったことではないが、我々が誤解していることがある。そ

れは、会社や取引など、自分にお金を払ってくれる人のほうが立場が上だとか、偉いといった認識を持ってしまっていることだ。だから社員が会社に媚び、仕事を受ける側が発注する側に媚びるといった状況が多く見られる。

　ところが、先に書いたとおり、正社員も含めて私たちが会社や取引先と行っているのは「契約行為」であり、これは広くみれば商取引の1つである。我々はお金をいただく代わりに、労働力を時間や案件単位で提供する。つまりこれは、経済活動という視点で見ると「等価交換」なのであり、本来はどちらが偉いというわけではないのだ。このように考えることができると、必要以上に相手に媚びることに違和感を感じられるようになると思う。

　スパイ映画によく出てくる、プロのスパイとその雇い主が報酬の交渉をするなかで、どちらかというとスパイのほうが高い金額を提示して最終的な金額が決まっていくシーン（P.162参照）のように、私たちはもっと強気になって良いのである。すると、転職活動や各種契約の条件交渉の場において、会社や取引先の言いなりになるのではなく、少しは条件交渉してみようという気持ちが芽生えてくるのではないだろうか？

　会社側も、最終的には誰かを採用しないといけないので、あなたを採用しなかった場合は他の誰かを探す必要が出てくる。つまりその先に新たな「採用コスト」がかかってくることになるので、そことのトレードオフで総合的に判断しているにすぎないのだ。条件交渉をしたからといって「ああ、この人は態度が悪いから採用しない」とはならないのだ。これは、私が独立起業して経営者の立場となり、人を採用する側の気持ちを理解しているからこそ、お伝えできることだ。

Point

自分の意志で雇われ方や働き方を選び取ることができる

IT業界では様々な契約形態があり、会社員も契約形態の1つにすぎない。雇われ方、働き方は、自分の意志で選び取ることができるし、条件を交渉することも可能だ。すべてはあなたの意志決定と能力次第である。

- 「独立すること」＝「不安定になる」という思い込みから抜け出そう
- 多様な契約形態があり、条件を比較して自分で選ぶことができる
- 独立のリスクはあなたが思い込んでいるほどにはない
- 全くリスクをとらずにリターンを得ることはできない
- 同じ年齢・同じスキルであればフリーランスのほうが稼げる
- 雇われの身は逆に機会損失のリスクを負っていると考えることもできる
- どんな契約形態であれ、商取引の1つだと認識して条件交渉しよう
- 条件交渉したからといって採用されないわけではない

雑用にも120%全力投球する

新人時代に誰もが避けて通れないのが「雑用」だ。「こんな仕事ばかりやらされてつまらない!」とうんざりしてしまいがちだが、雑用から学べること、雑用からしか体験できないことがたくさんあるのではないだろうか?

質問 & 回答サポートページ ☞ http://super-engineer.com/support/book1/1-2

＞ 雑用から得られるものとは

　我々ITエンジニアの仕事は、特に経験年数が少ないうちは、「泥臭い」の一言につきる。ただ、これを単に泥臭いこととして終わらせてしまうのか、前向きに捉えるのかでその後の人生が大きく変わってくる。ここでは、私が社会人1年目に最初に入ったIT企業での話を紹介したい。

　私が最初に任命された仕事は、高校や大学の情報処理教室の中に設置してあるパソコンのOSのインストール作業だった。『ImageMagic』というツールを使って、WindowsのOSを、ただひたすらインストールする作業だ。1教室あたり約40台で、規模が大きくなると教室が5室ぐらいあるので、その場合は合計200台。朝一番で現場に入って、夜20時から22時ぐらいまで、警備員が学校の鍵を閉めるタイミングまで粘って悪戦苦闘していた。あまりにも泥臭い作業であり、当初はこれが嫌で嫌で仕方がなかった。

　入社前に期待していたのは、インターネットのショッピングサイトを開発したり、大規模ネットワークのシステムを担当したりといった、いわゆる「華やかな」仕事だった。大手のIT企業であればそのようなチャンスもあったのかもしれないが、私は新卒の時に獲得した内定を辞退し、半年間起業する道を模索した後に断念し、第二新卒枠で再び就職活動をするはめになったので、求人企業の母数が少なく、さらには当時住んでいた福岡県内で就職できる条件で探していたため、選択肢は少なかった。入社した会社は某メーカー系SIerの下請けの案件を主な事業としている会社で、社員研修をする余裕もなく、いきなり現場に放り込まれるような状況だった。

　おまけに、私の直属の上司となっていたのは専門学校卒の私よりも1年先に入ったSさん。Sさんが通った専門学校は2年制なので、年齢は私より1歳若いのだが就職したのは私よりも1年早かったのだ。Sさんは残念ながら人として尊敬できるタイプではなく、時々理不尽な指

Character introduction

Sさん
最初に入社したIT企業で
1年先輩だった直属の上司

示をしてくるのだが、やはり1年先にこの業界に入ったアドバンテージは大きく、技術的にはSさんのほうが圧倒的に詳しかったので、私はしぶしぶ従うという状況だった。私はもともと学生時代は体育会系でコンピュータなんてほとんど触ったことがなかったので、入社した当時は「OSって何ですか？」という状態だったのだ。

　正直なところ私にはこの作業は「雑用」としか思えなかった。インストール自体は簡単な単純作業なのだが、時々うまくいかない端末があることや、作業をいかに効率よく進めるための段取りを組む部分が面倒で、肉体労働的だったのが嫌だったのだ。入社して半年ぐらいはひたすらこの作業を担当させられることになり、何度か辞めようかと考えたこともあった。

　しかし、ある日私は考え方を変えてみることにした。

> Sさんは人として尊敬できないとしても、技術力は私より確実に上だ。であるならば全面的にSさんを見習い、その代わり最速でSさんを超えられるよう頑張れば良いじゃないか。ここで辞めたら自分に負けたことになる。今やっていることはきっと将来何かの役に立つに違いない。

　そうやって目の前の作業を前向きに捉えることができるようになると、不思議なもので、今まで雑用にしか感じられなかった作業に、少しずつ面白みを感じることができるようになっていった。

　まず、学校や役所はいつも開放されているわけではないので、現場に滞在できる時間が限られており、朝一で現場に入って現場が閉まるまでの間に首尾よく作業を終わらせるために、作業手順を繰り返し見直していった。計画どおりに作業を終えることができた日にはとても達成感があった。

　また、一連の作業スピードを上げるために、OSのレジストリの設定を変更したり、DOSプロンプトで様々なコマンドを入力したり、パソコンがネットワークにつながらないといったトラブルを1つずつ解決していくうちに、座学で得られる「知識」ではなく、体で覚える「経験」を身につけることができた。

　その結果、半年後にはOSの内部構造からネットワークの環境設定まで、現場レベルで問題解決できないものはないというぐらいにまでなっていたのだ。当然、その過程では関連する書籍を片っ端から買い漁り、足りない知識の習得に努めた。

 心得　雑用と思える作業でも、前向きに捉えてみることで、それまで見えなかった面白さが見えてくるようになるのだ！　目の前の作業の見方を変えてみよう。

▶ 実は雑用こそ守備範囲を広げられる絶好のチャンス!

　私がこの経験の本当の価値を実感できるようになったのは、数年後のことだった。様々な現場で多くのITエンジニアと肩を並べて仕事をしているうちにわかったこととして、ほとんどの方は守備範囲が狭いということだった。

　例えば、パソコンやサーバのOSやネットワーク関連は業界では「インフラ系」と呼ばれ、プログラミングは「開発系」と呼ばれる。インフラ系も開発系も両方こなせるITエンジニアは意外に少ないということが後からわかったのだ。

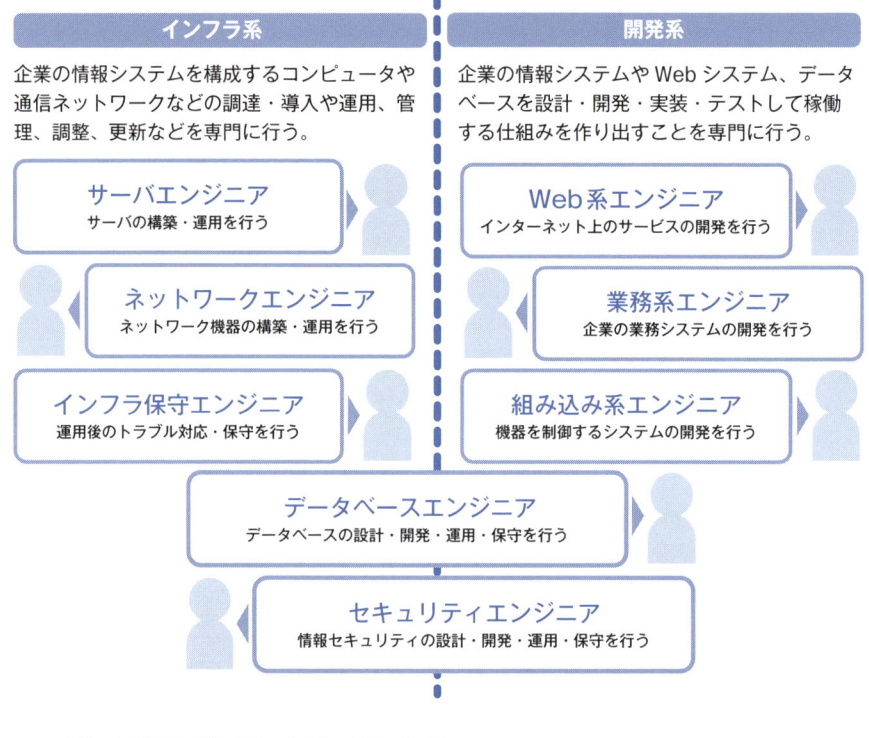

　つまり、IT業界で働くITエンジニアの多くは、

- ●インフラ系のエンジニアは開発系に弱い
- ●開発系のエンジニアはインフラ系に弱い

という傾向があるのだ。

　私は特に何らかの技術が突出しているというわけではないが、インフラ系の技術は会社の業務を通して習得し、PerlやPHPといったプログラミング言語は独学で習得することで、インフラ系と開発系を両方こなせるようになり、守備範囲を広げることができた。この守備範囲の広さと、数多くの泥臭い現場を経験したことにより、システムトラブルに対応する「切り分け能力」が他の人よりも高いということに気づいたのである。

　『@SOHO』のようなサイトを1人で構築し、継続して拡大することができたのも、実はこの経験によるところが大きかったのかもしれない。私のような体育会系出身者は、絶対に趣味でOSをいじるなんていうことはしないし、サーバのことがわからなければ、まずサイトを構築する段階でつまづいていたかもしれないし、低コストでサーバを運用するノウハウも当然ながら得られなかったであろう。

＞雑用もやり方次第でクリエイティブな仕事に変わる

　「クリエイティブな仕事をしたい」という希望を持っている人が多いと思うが、「**クリエイティブな仕事とそうでない仕事があるわけではなく、クリエイティブな仕事のやり方とそうでない仕事のやり方があるだけだ**」と思う。

　同じ仕事でも、後ろ向きに捉えれば雑用にしかならないが、前向きに捉えれば聖職になる。振り返ってみれば私の4年半の会社員生活において、華やかでクリエイティブな仕事を与えられたことは1度もなかった。ただ私は、それらの仕事をクリエイティブに処理していっただけだ。だから、あなたが今与えられている仕事が雑用のように思える時、その中にこそ「成長のヒント」が隠されていると断言することができる。

Point

雑用は将来の基盤をつくるためのトレーニングである

新人時代の雑用にどう取り組むかによって後々得られる経験値や能力が変わってくる。雑用は将来のための勉強の一環だ。120%全力投球して現場体験を積み重ねよう！

- 泥臭い現場でも雑用を嫌がらず、我慢強く粘り強くこなしていこう
- ひたすら場数を踏んで経験値と能力を上げていこう
- 繰り返し見直して作業を改善し、処理スピードを上げて効率化しよう
- わからないことを調べたり、トラブルを解決して引き出しを増やそう
- 好きな仕事、得意な仕事だけをやっていては守備範囲が広がらない
- インフラ系と開発系を両方できるようになって守備範囲を広げよう
- 与えられた仕事だけしていればいいのではなく、ときには独学も必要
- 雑用を自発的にクリエイティブな仕事に変えて生産性を高めよう

1-3 ひたすら牙を磨く

職場に一生かなわない人がいる時はどうすればよいだろうか。それは「自分の武器を一点集中」して自分にしかできない分野を開拓することだ。誰になんと言われようと、自分を信じて自分の牙を磨こう。

質問＆回答サポートページ ☞ http://super-engineer.com/support/book1/1-3

＞ 一生敵わない相手に勝つ方法とは

時は1999年、私が社会人1年目の時のこと。当時の私の直属の上司K先輩は、年齢が6つほど年上で、かなりのコンピュータオタクだった。特にUNIX/Linux系のOS『FreeBSD/Linux/Solaris』に習熟していて、週末に趣味で『FreeBSD』をいじり倒し、技術書のエルメスとも言えるオライリーシリーズの書籍を片っ端から購入して、オフィス内の自分のデスクに陳列しているような人だった。当時、「ギーク」という言葉はあまり使われていなかったが、まさに「ギーク・オブ・ギークス（ギークのなかのギーク）」と呼ぶにふさわしい人だった。

Character introduction

K先輩（Mr.ギーク先輩）
最初に入社したIT企業で
コンピュータオタクの上司

私がK先輩と一緒に仕事をして感じたことは、「私はどう頑張っても、この人には一生追いつけないだろうな」ということだった。技術というものは、知っているだけでなく、それを現場で使った「場数」が重要であり、K先輩は私よりも遙かに場数を踏んでいて、週末も趣味でコンピュータを触っている。一方で私はもともと体育会系でコンピュータは趣味ではなく仕事の手段としてしか捉えていない。K先輩は私とくらべて過去も現在も、そして未来も、圧倒的にコンピュータと向き合っている時間が多いだろう。これでは私がコンピュータの天才でない限りK先輩に勝てるはずがない。

しかし、ITエンジニアとして成功するためには、K先輩に何らかの形で勝つ必要がある。そこで、私は思いついた。

> K先輩がやっていないことを、やろう！

▶ 自分の武器を一点に集中して磨く

　私は大学時代に、自分が所属していた研究室で少しだけ自分のホームページを作っていたことがあった。自分が世界に向けて情報を発信できる場所。今では当たり前でなんともないのだが、当時はとても画期的で、全身で興奮を覚えたものだ。そして、ホームページを作ったら次にやりたいこと。そう、それは掲示板を設置することだった。当時は、掲示板のプログラムはPerlで組まれていることが多かった。K先輩と話していると、彼はPerlの経験はほとんどないということがわかった。私は「これだ！」と思った。

> 私がPerlをマスターすれば、この分野では
> K先輩より先を行ける。先輩にできないこ
> とが、自分にはできるようになるんだ！

　私は早速その日の会社帰りに書店に走り、Perl本を何冊か買ってきた。それから私は、寝ている時以外は片時もPerl本を手放さず読み漁った。電車の移動中も、食事の最中も、時には歩きながらも、まるで薪を背負いながら勉強している二宮金次郎のように……。だいたいこの手の本にはサンプルプログラムが入っており、当時は掲示板やお問い合わせフォームや簡易的なショッピングカートのプログラムが紹介されていた。そして1か月もすると、サンプルプログラムを自分である程度カスタマイズできるようになった。

　Perl本を片手にプログラミングの練習をしている私を見て、K先輩は私にこう言った。

> Perlでは食えないよ。
> 趣味でやるんだったらいいかもね。

K先輩

　私はその言葉には耳を貸さず、自分を信じてPerlの習得に徹底的に励んでいた。

心 得	尊敬する上司がやっていないことを選択し1点に集中すれば勝機が見えてくる。

▶ 現場で実践して磨き上げる

　数か月後、私が勤めていた会社が某大学の学内のコンピュータシステムを数年ぶりに全面リプレイスするプロジェクトを（某メーカー系SIerからの下請けにより）受注することになり、サーバの移行作業をすることになった。1台が業務用の冷蔵庫ほどもあるようなUNIXサーバが6台あって、大学の職員さんや学生を含めて合計1万人以上が利用

するWebサーバ、メールサーバ、DNSサーバ、ファイルサーバ、プロキシサーバなど、インターネット環境を構築するために必要なありとあらゆるシステムが含まれていた。

それまではこの手の業務はK先輩が一手に引き受け、現場にさっそうと現れ神業のようなスピードで設定を済ませていたのだが、K先輩が他社から引き抜きにあって退社することになったので、某大学の業務はK先輩がオブザーバーとして私が1人で実作業を担当することになった。

ところが、当時の私はUNIX『Solaris』のインストールもしたことがない初心者同然のレベル。K先輩は職人気質で「背中を見て覚えろ」というタイプだったので、手取り足取り教えてくれることはない。私にとってはまさに人生最大の危機だった。

私に与えられた準備期間はたったの2か月。この期間に、初心者レベルから現場での作業が問題なくできるところまでレベルアップしなければならない。しかし会社にはUNIXのことを1から丁寧に教えてくれる環境があるわけでもないし、当時は『Solaris』に関する参考書もほとんどなかった。そこで私が考えたのは「とにかく練習すること」だった。会社に転がっていた古いUNIXサーバ（サン・マイクロシステムズのSPARCコンピュータ）に『Solaris』をCD-ROMからインストールする作業を何度もひたすら繰り返した。大晦日も元旦も会社に出社して練習した。こうした努力によって、年が明けてプロジェクトがスタートする頃には、ひととおりの設定作業はできるようになっていた。

某大学のプロジェクトは1月から2月にかけての2か月間だった。この期間に、大学構内の6台のUNIXサーバをセットアップし、ネットワークにつなぎ、旧サーバからデータを移行しなければならなかった。

そして一番の山場はシステム切替日。最も大きな関門は1万人以上の学生と教職員のメールボックスを旧サーバから新サーバへ移行する作業だ。しかもメールボックスをただコピーするだけといった単純な作業ではなく、メールボックスの形式を書き換える高度な処理が必要だった。通常であればシェルプログラムを書いて対応する類いのものだ。

我々のチームは合計5名。元請けの某メーカー系SIerのY部長（15年選手）・Aさん（10年選手）、私の会社のSさん（2年選手だが私の1つ年下［P.30参照］）・K先輩（6年選手）・私（1年選手）だ。チームの誰もがサーバ設定の経験は豊富であったが、シェルプログラムの経験は不足していた。

さぁて、困ったぞ。

チーム全員が、この難題をどう解決するかについて頭を悩ませた。

K先輩であれば難なくこの仕事をやり遂げられるだろうが、K先輩はもう引退間近。あ

えて手を貸そうという雰囲気も感じられない。私は意を決して、サーバ室にこもって、習得したてのPerlを使って、「メールボックスの移行プログラム」を書き始めた。福岡から長崎へ出張で来ていたので2か月間、近くのホテルに泊まり込み、朝8時から深夜まで、警備員が帰る時間までサーバ室にこもって作業していた。当然、土日も大学に通った。朝はマクドナルド、昼は大学の近くの定食屋、夜は吉野屋、という日々が続いた。

　そして、サーバ移行の本番の日。移行作業は土日の2日間を使って、システムの利用制限をかけて行われた。私に与えられた時間は土日の48時間。月曜日の朝には利用制限が解かれるので、絶対にミスは許されない作業だ。私はドキドキしながら移行プログラムを走らせた。この2か月間のうち、福岡の自宅に帰ったのはたったの1日だけ。長期間の激務により疲労はピークに達しており、意識はかなり朦朧としていた。夢の中でも移行プログラムを書いていたので、もはやどこまでが夢で、どこまでが現実からわからない状況だった。プログラムを走らせている間も、問題なく動いているのかどうか、気が気でならなかった。プログラムが終了し、ひととおりの確認作業を終え、大学の担当職員の方にもチェックをしていただき、問題がないということが確認できた時、通常であれば喜びの感情が湧いてくるのだろうが、その時の私には喜びの感情よりも、とにかくこれまでのプレッシャーから解放された安堵感から放心状態のようになっていた。

　そして無事にデータ移行を終えた時、10年選手のAさんから褒められた。

> ## 平城君、仕事できるね〜！

Aさんが私を評価してくださったのは、私のUNIXのスキルについてではなく、誰もがやっていなかったPerlを使って私が難題を1人で解決したからだったのだ！

　誰の力も借りずにこの仕事を完遂できたことで、技術的には独立してもやっていけるだろうと自信を持つことができたのと、この会社の今の部署で習得できることはやり尽くした感じがあったので、この2か月後に会社を辞め、1度目の独立を果たした。

　また、私が独立を決めることができたもう1つの要因。それは忙しいなかでも副業としてPerlで作ったショッピングカートのレンタルシステムからの収入が、月あたり30万円程度になっていたからだった。

Point

自分の直感を信じて自分の武器を一点集中して磨こう

まだ誰もやっていないことを自ら先行し、独自の分野を開拓することで成功のチャンスが生まれる。

1-4 勉強するな、アウトプットせよ！

ITエンジニアには様々な資格があることを知り、資格取得のために日夜勉強に励んでいる人も多いのではないだろうか。しかし、独立起業を前提とした場合、資格取得のための勉強は本当に必要だろうか？

質問＆回答サポートページ ☞ http://super-engineer.com/support/book1/1-4

▶ 資格取得のための勉強は必要か？

　カフェでノマドをしていると、資格取得の勉強をしている人を多く見かける。医師や弁護士など、国家試験に受からないとそもそもその仕事に就けない職業ならともかく、独立起業して成功したいと考えるのであれば資格取得のための勉強はいらないというのが私の持論だ。ここではこの点について説明したい。

　私が社会人1年目で、まだ起業について右も左もわからなかった時のことだ。K先輩の指示のもと、私は毎週末小中学校のコンピュータ室に通ってはパソコンのインストール作業を行っていた。その仕事は私が思い描いていたものとはほど遠く、地味で単調な作業だった。

> 果たしてこの先に未来はあるのか？

と自問自答しながら仕事をする日々が続いた。

　そんなある日、K先輩は私に言った。

> 空いた時間に何でも勉強していいよ。

K先輩

　私は、インターネットでプログラミングの仕事を獲得してすぐにでもお金を稼ぎたかった。そこで書店へ行き、当時Webアプリケーションの開発言語の主流だったPerlの本を買い漁ってきて、片っ端からサンプルプログラムを動かしていた。K先輩に「Perlでは食えないよ。趣味でやるんだったらいいかもね」と言われていたが、私はその言葉には

耳を貸さず、ひたすらサンプルプログラムを動かすことに没頭した。簡単な掲示版から会議室の予約システムまで、すでに完成されたサンプルプログラムを自分のサーバにアップし、それをひたすらカスタマイズする日々が続いた。

　それと並行して、会社以外の時間を遣ってプログラミングの仕事を受注できないかと考え、夜な夜なインターネット上で様々なWebサイトを徘徊していた。当時は今のようなクラウドソーシングのようなサービスはなかったのだが、『お仕事掲示版』というものがいくつかあり、日々その掲示版を見て、そこに掲載されている仕事を見て自分にできそうなものがあれば応募していったのだ。自分で動かすことができたサンプルプログラムは「OKリスト」に加え、それを活用してできそうなプログラム案件がないかという観点で探しまわっていた。

　そうして私は簡単な掲示版プログラムや、Tシャツのデザインを選んで完成イメージをプレビューできるようなプログラムなどを受注していった。こうなってくるとどんどん面白くなってきて、私はさらにサンプルプログラムが付属していた書籍を片っ端から購入していった。自分の中ではプログラム本を買うのはプログラミングを「勉強」するためではなく、プログラムの「仕入れ」をしている感覚だったのだ。自分の中で「OKリスト」が増えるたびに、商売道具が増えたような気がして私はワクワクした（もちろん、人が書いたプログラムにはその人に著作権がある。当時は今のようにプログラムのライセンス形態が整備されていなかったとはいえ、商用禁止と明示されているプログラムには手を出さないようにしていた）。

　そしてある時、『お仕事掲示板』でネットショップ運営者に出会い意気投合したことがきっかけで、私は一大決心をして行動に出た。それまでストックしていた「OKリスト」のプログラムを参考にしながら作り始めたもの。それが、ショッピングカートのレンタルシステムだった。もちろん、ショッピングカートのような複雑なシステムはそれまで作ったことはなかったが、数多くのサンプルプログラムを見ていたおかげで、なんとなく作れそうな気がしたのだ。

　そして私は、空き時間を見つけてはひたすらショッピングカートの開発に勤しんだ。

> もし自分がこのシステムを完成させたら、きっとこのプログラムが継続的かつ大きなお金を私にもたらしてくれるに違いない。

と妄想にふけりながらせっせと作業を進めた。

当時のショッピングカートシステムは、大手が作った月額2万円ぐらいの高価格帯のもの（高機能だけど複雑すぎる、中小企業には手が出ない）と、無料だけどあまり機能的に良くないもののどちらかしかなく、月額3,000円程度でシンプルかつ使い勝手の良いショッピングカートが皆無だった。そこで私は大手のショッピングカートシステムを参考にしながら、「月3,000円程度で大手に負けない機能を、必要なものに絞って用意する」というコンセプトをもとに、プログラムを完成させたのだった。そうして約半年後、プログラムは完成した。その1年後に、このシステムから上がってくる安定収益が得られたこともあって、私は1度目の独立を果たすことができた。

K先輩に「何でも勉強していいよ」と言われた時、私が『ネットワークスペシャリスト』『オラクルマスター』といった資格取得のための勉強をしていたらどうだっただろうか？　絶対にこれほど早く独立はできなかっただろう。

そもそも資格とは人に雇われる者には必要だが、起業家には必要ない。勉強することと、お金を稼ぐ前提で「アウトプットすること」は、似ているようで根本的に全く違う活動だ。

もしあなたがいち早く独立して成功を収めたいと思うのであれば、今すぐ勉強することをやめて、自分発のサービスやアプリを作るといった何らかのアウトプット、つまり生産活動を行ったほうが良い。

> 勉強よりアウトプットが大事

『スーパーエンジニア養成講座』の読者の方から以下の質問を受けたことがある。

> 平城さんは駆け出しの頃はどうやって勉強しましたか？
> 良い勉強法があったら教えてください。

その質問で自分を振り返ってみて、ふと気づいた。そういえば、「ITを勉強しよう」と思ったことなどなかったのだ。

> 勉強しなくていいよ。アウトプットしよう！

その読者の方にこう答えた。

私に「どうやって勉強すれば良いですか？」と質問をする人は、「お金を稼ぐことよりも、勉強をすることが目的になってしまっている可能性が高い」のである。

私が開発したショッピングカートのプログラムは、今は私の手を離れているが、今でも根本的な仕組みは変わっていないと思う。このプログラムが今では2万店以上のショッピングサイトに導入され、たくさんの方にご利用いただいているという。まさにプログラマ冥利につきることではないか。

重要

お金がほしければ「プログラムをアウトプットしてなんぼ」だ。**勉強するためではなく、アウトプットをするための必要最低限の知識の習得を行う。**この行動が極めて重要だ。

本当に成功したいのであれば、「何をどうやって勉強したら良いか」と考える前に、「あの●●●のようなサイトをどうすれば自分が作れるようになるか」というように、物事を逆算して考える必要がある。

技術書を読んで勉強することは「技術を体系的に理解する」には良いが、それが必ずしも稼ぎにつながると考えてはいけない。我々は学校教育で教科書を隅々まで覚えるように教育されてきたが、教科書を丸暗記しても応用できなければ何の意味もない。

格闘技に例えれば、勉強はトレーニングであり、アウトプットは実戦だ。実戦の場数が強さを決める要素であることは言うまでもない。勉強ばかりしている人は、バンジージャンプが怖くて準備運動ばかりしているようなものだ。

ITエンジニアとして世界に何らかのサービスをリリースしたいと考えているのであれば、今すぐ勉強をやめて、サービスを作り始めよう。

Point

勉強をやめてアウトプットに転じれば、今すぐにでも走り出せる

知識をつけることに執着していたら一生勉強するだけで終わってしまう。インプットよりアウトプットが成功の極意と心得よう。

- 一生会社員で良ければ資格取得はアリだけど、独立起業を目指すなら不要
- 勉強することとアウトプットは大きな違いがある
- ビジネスがやりたいのであれば、プログラムに精通することよりもプロダクトを生み出すことを優先する

1-5 副業で成功するための心得

会社員のかたわら、帰宅後の夜や週末の空き時間を有効に遣って副業をスタートしよう。将来の独立も視野に入れつつ、会社員のうちに副業からのキャッシュフローを生み出そう。

質問＆回答サポートページ ☞ http://super-engineer.com/support/book1/1-5

▶ そもそも副業していいのか？

　副業についての取り決めは会社によって異なり、就業規則内で明確に禁止されている場合もあれば、副業に関する規定がない会社や、最近では副業を正式に認めたり推奨するような会社も出てきている。ところが実は法律の観点からみると、憲法22条で『職業選択の自由』がうたわれているので、本来は会社以外の時間は自由に遣って副業をやっても良いというのが専門家の見解だ。

　では、あなたの会社が副業を禁止している場合、どのような対応をとるべきだろうか？そもそも会社が副業を禁止にする理由は、副業に没頭するあまり本業に支障をきたしたり、会社で得た情報を副業に流用したりして会社に損失が出るといったことを防ぐためだ。就業時間内はやるべき業務に集中し、120％全力投球をして文句を言われないだけの成果を出していれば、仮に副業をやっていることがばれたとしても、就業規則を盾に会社がいきなりクビを宣告することはないと考えて良いだろう。

▶ なぜ副業したほうがいいのか？

　会社員のうちに副業をスタートし、副業からのキャッシュフローが生まれれば、会社の給与以外にも収入源を増やすことができる。副業で成功すれば経済的に安定した状態でスムーズに独立を果たせるようになるのだ。特に我々ITエンジニアは、パソコン1台あれば仕事ができるというメリットがあるのだから利用しない手はない。

　独立の意志がない場合であっても、いざとなれば会社に依存しないでも生きていけるように、少しでも若いうちに自分でお金を稼ぐ力を養っておけば将来安心だ。一度でも副業にチャレンジしてみることをおすすめする。

　しかしながら、ただお金を得ることが目的なだけでは「絶対に副業を続けよう」というほどの高いモチベーションを維持することができなくなる。「絶対に独立してやる」という強い動機があったり、まだ世の中にないサービスを自らの手で生み出し、社会に貢献したいという使命感にも似た目的意識を持つことがやりがいとなるだろう。

▶自宅でできる受託案件を獲得する

　いきなり自分のサービスを開発するのは敷居が高いので、まずは受託案件をこなすことからスタートしてみよう。今の時代はクラウドソーシングサイトやビジネスマッチングサイトを使えば営業をせずに受託案件を獲得できて在宅ワークも可能だ。『@SOHO』もぜひ利用してみてほしい。

　私の場合は、最初の会社に入ってすぐに独学でプログラミングを学び、『お仕事掲示板』で「システム開発・運用」や「Web制作・Webデザイン」のカテゴリーで仕事を探して1件数千円〜数万円の仕事を月に数件程度獲得していた。副業でもインフラ系と開発系の両方を経験したので守備範囲を広げることができた。将来の収入やスキルアップのためにどんどんチャレンジしてみよう。

▶副業からスタートして自社ビジネスに育て上げよう

　『ASP（Application Service Provider）』とは、インターネットなどを通じてユーザーにソフトウェアを遠隔から利用させるサービスを提供する事業者のことである。必要な機能を必要な分だけ利用できるようにしたソフトウェア、もしくはその提供形態のことは『サービス型ソフトウェア（SaaS：Software as a Service）』と言う。

　『ASP』や『SaaS』という言葉もまだ定着していなかった2000年に、私はASPとしてのショッピングカートの開発を1人で手がけた。今では私の手を離れているが、これが私がはじめて自ら立ち上げたサービスである。

　そして、2004年にはビジネスマッチングサイト『@SOHO』を、2011年にはメールマガジン配信サービス『ステップメールプロ』を開発した。

　以下、私が開発した3つのサービスを紹介しよう。

▶ 処女作はショッピングカートのレンタルサービス

　『お仕事掲示板』で、あるネットショップ運営者に出会い、意気投合して共同でビジネスを展開することになった。

　ネットショップ運営には必要不可欠となるショッピングカートのシステムは、ショップ運営者にとって自前で用意するには敷居が高く、システム会社からレンタルをするケースがほとんどだった。

　ところが当時はショッピングカートのレンタルサービスは大手が提供する高機能で月額1万円以上のものか、安いもしくは無料の低機能なショッピングカートのどちらかしかなかった。また、大手のショッピングカートは高機能ではあるものの機能が複雑化して使い勝手が良いとは言えなかった。

そこで、「低価格でありながら大手に負けないシステム」をコンセプトに、月額3,000円（個人向け）と5,000円（法人向け）の2つのラインナップで提供。開発期間は約半年で、私が1人で開発した。使用言語はPerl。サービス開始後、初月で3件の契約を獲得し、1年で約200社の契約を獲得。必要経費はサーバ代のみで利益はパートナーと2人で折半していた。

▶ ビジネスマッチングサイト『@SOHO』

ショッピングカートのビジネスをもとに最初の会社員生活から1年半で抜け出し、上京。2001年当時、企業が個人に仕事を発注するなどということは福岡ではまず考えられなかったのに東京では当たり前のようになっていることを知って驚いた。たとえ個人であっても実力があれば企業はどんどん仕事を出す風土ができていた。ただ、企業の担当者はどこで優秀な個人を探せば良いか知らなかった。つまり、両者をマッチングするインフラがまだ整っていなかった。そうであれば自分で創ればいいと考え、2004年に『@SOHO』をスタート。最初は単なる『お仕事掲示板』へのリンク集からスタートし、徐々に開発を進め1年で会員2万人を突破した（2017年現在26万人）。こちらも開発は私1人。使用言語はPHP。収益は広告収入と有料会員による会費収入と有料求人収入の3つの柱がある。

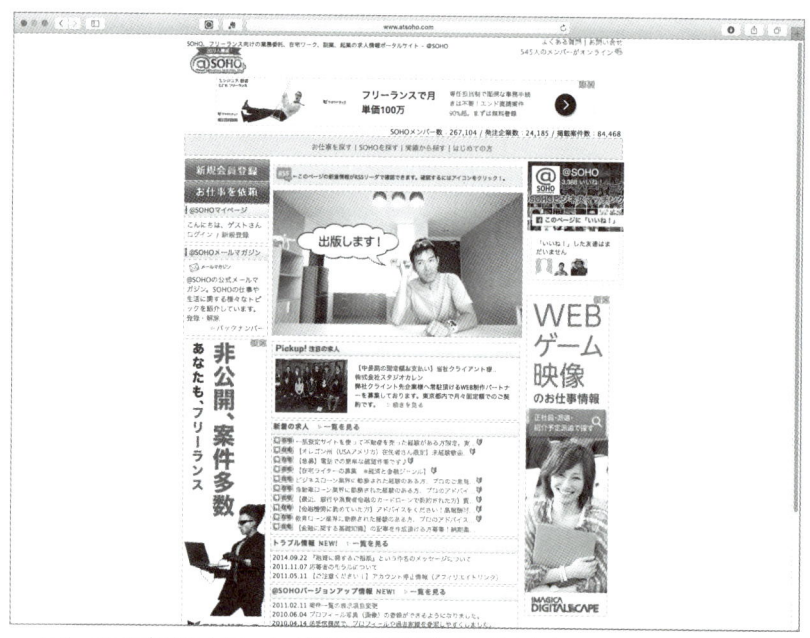

フリーランス向けの在宅ワーク・副業の求人情報ポータルサイト（http://www.atsoho.com/）

▶ メールマガジンの配信システム『ステップメールプロ』

　情報発信ビジネスに参入しようと考え2011年にメールマガジンをスタート。ショッピングカート同様、メールマガジンのシステムはレンタルするのが一般的だが、当時出回っていたメールマガジンのレンタルシステムは、どれもメールマガジンの運営者が一方的に配信するだけのもので、あまり魅力を感じなかった。せっかく配信するのだから読者と双方向のやり取りができるほうが良いと考え、その機能を盛り込んだシステムを自分で開発し、当初は自分用としてのみ使っていたが、使いたいという人が増えたため、サービス提供することになる。『スーパーエンジニア養成講座』に参加しているプログラマに拡張をお願いし、レンタルシステムとして完成させた。月額5,000円にて提供中。

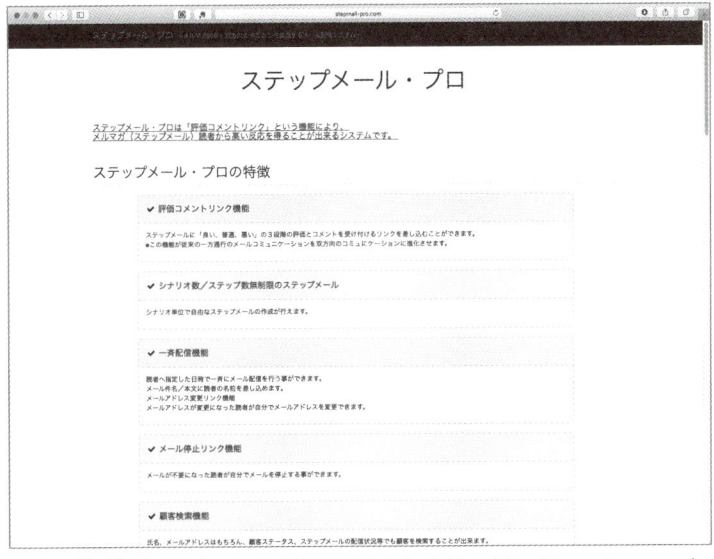

メルマガの読者と双方向のやり取りを実現することができる（http://stepmail-pro.com/）

Point

会社に依存しないで自分で稼げる力をつけていこう

将来の独立起業も見据えて、まずは小さく副業を始めてみよう。

- 会社の就業規則を確認し、副業が可能かどうか検討しよう
- ビジネスマッチングサイトで受託案件を獲得しよう
- 副業を継続するには独立起業への強い動機や社会貢献への使命感が必要

TURNING POINT

お悩み相談室❶

「社則では副業が禁止されています。会社に副業がばれた時のことを考えると不安です」

独立を成功させるには、どのような技術を身につけ、どのくらいの収入があれば良いのだろうか。特に収入に関しては会社に副業がばれることを心配する人もいるだろう。不安を解決するヒントは、独立後の状態をどれだけ具体的にイメージできるかにある。

私は会社の業務で『Struts』のフレームワークで開発を行っています。正直時代遅れのフレームワークなので、自分で他の技術を勉強しようと思うのですが、今の時代はフロント、ミドル、バックで様々な技術がありすぎてどの分野を極めればいいのかを決めることができません。

澤田 拓也さん（28歳）
ITディレクター。顧客の情報システム部に常駐して、システム開発のアドバイスを行なっている。

こういう場合は『4-3.「需要と供給」の本質を知る』（P.118〜121参照）で解説している、需要と供給の原理にもとづいて考えます。私であればインターネットのビジネスマッチングサイトやクラウドソーシングサイトなどで多く出回っている案件をチェックし、需要の多い技術をマスターするようにします。

平城さんは、当時K先輩の助言を無視してPerlの技術を極めていきましたが、私は他人の助言を聞くことも大切だと考えています。どのような人の助言は聞くべきで、どのような人の助言は無視するべきなのでしょうか？

私は当時、自分が目指したい人生をすでに実現している人の情報を参考にするようにしていました。K先輩は技術的には素晴らしかったのですが独立志向ではありませんでした。ですので先の質問に回答した方法で需要を調べ、Perlを習得すべきだという判断をしました。私は自分が目指す人生をすでに手に入れている人のアドバイスであれば受け入れ、そうでない場合は自分の判断を信じるべきだと思います。

何かの資格を取得しておくと、仕事を取るときの社会的信用になるのではないかと考えていますが、本当に資格がなくても個人でやっていけるものなのでしょうか？

逆の視点で考えてみましょう。澤田さんが誰かに仕事をお願いする時、保有資格で仕事を依頼するかどうか判断するでしょうか？　私であれば資格などは関係なしで、実質的な対応能力があるかどうかを基準にします。

私の会社の社則では、副業が禁止されています。仕事以外の時間は個人の自由だということは理解できますが、会社に副業をしていることがばれたときのことを考えると不安です。

一生その会社に勤めたいのでなければ、リスク承知で副業をすれば良いと思います。たとえばれても会社で結果を残していて迷惑をかけていなければ、必要な存在ですので即クビにはならないのではないでしょうか。社則の目的は会社全体の勤務態度を乱さないためだと思うので、100％厳密に適用されるのではなく、現場で個別の判断が入ってくると思います。

平城さんはプラットホームとなるサービスを開発したので、それが安定収入につながり、比較的安心した状態で独立できたと思います。ですが、1件1件仕事を取っている状態では収入が安定しないので「いつ独立しようか」決めることができません。

やはりおすすめしたいのは、会社員時代に独立起業後1年以上無収入でも生活できる貯金をしておくこと、そして少額でも良いので毎月安定して収入があるようなビジネスを構築しておくことです。その方法はChapter3で説明します。

Chapter 2
独立起業に必要な
マインドセット

2-1
孤独に耐えて環境を変えろ

2-2
成功を妨げている大きな要因

2-3
成功者のアドレナリン

2-4
修羅場はワクチンである

2-5
失敗は誰が決めるのか？

2-6
10年という期間で考える

孤独に耐えて環境を変えろ

会社の人間関係に染まってしまうと、足を引っ張られて独立のモチベーションが下がってしまうことがある。世間話や愚痴しか話さない不毛な付き合いは勇気を出して断って、自分のいる環境を変えてみよう。

質問＆回答サポートページ ☞ http://super-engineer.com/support/book1/2-1

▶ 孤独に耐えることの重要性とは

「経営者は孤独だ」とはよく言われている言葉だが、会社員であっても会社にいながら孤独に耐える強さが必要だと思う。会社の人には独立起業することをおおっぴらにはできないし、自分の心に嘘をついて周囲に合わせていては、本当に理想とする環境を築けないからだ。

ここで私の会社員時代の話をしよう。会社に勤めている時、最も苦痛だったのは、昼食時に上司や同僚と交わす会話だ。プロ野球のペナントレースなど、世間のニュース全般の話題だった。

●●の打率が●割になったね。

今日の先発は●●だから、間違いなく勝てるね。

そして、愚痴を言い合うだけの仕事の後の飲み会だ。プロジェクトの打ち上げなど、達成感のある飲み会もあるにはあったが、仕事仲間の交流は深まることはあっても、近い将来に独立起業を目指していた私にとって、それ以上に得るものはなかった。野球ファンの方は気分を害されるかもしれないが、私は野球が嫌いというわけではない。小学校の頃はソフトボールをやっていたし、メジャーリーグに行ったイチロー選手やゴジラ松井選手は純粋に人として尊敬できる。私はただ、こう思っていたのである。

ステージに立つ他人の成功や失敗に一喜一憂する時間があれば、自分がそのステージに立てる人間に一刻も早くなりたい！

　「昼食時に野球の話をするぐらいなら、ビジネスの勉強や、自分が暖めている企画を少しでも前に進めたい」そういう気持ちが強かったのである。ただ残念ながら、会社内ではそういった「志を持った仲間」は得られなかった。会社員としては優秀な人は多いのだが、会社への愚痴は絶えない。かといって自分でリスクをとってまで独立起業して成功したいという気概を持った人が少なかったように思う。

　私が最後に3年間勤めたアクセンチュアは外資系で"起業大学"と呼ぶ人もいるほど、途中で独立して自分のビジネスを立ち上げたり、実家の商売を継ぐ人もいた。しかし、私が所属したプロジェクト内の社員数十名のうち、そのような「起業談話」ができたメンバーはいなかった。もしかしたら同じような思いを秘めた人はいたかもしれない。でも会社という手前、そのような思いを大っぴらにできるわけがない。

　会社で開催される飲み会には、かろうじて付き合い程度に一次会には参加しても、9割以上が二次会に参加するなか、独り時計を気にしながらモジモジとし、「そろそろ失礼します…」という言葉を発することの、なんと勇気のいったことか！ 最初の頃は一応、同僚達は誘ってくれたが、私があまりにも参加しないので、そのうち「二次会に参加しない人」というカテゴリに属すようになり、暗黙の了解で私に声をかけなくなっていったのだろう。

　しかし、この付き合いの悪さが職場での人間関係に支障をきたしていたかというとそうではない。私は職場で常に上位5％に残る評価を維持し、最後には約30名のスタッフを束ねるマネージャの代役まで務めた。ただ、仲間との飲み会では素直に楽しめない自分がいたのだった。会社を辞めて独立してからも、学生時代や会社員時代の集まりに一切参加しない私を見て、妻に「アナタって友達いるの？」と言われたぐらいだ。「あまりにも人付き合いが悪いのかな？」と自問自答した時期もあった。

▶ 孤独に耐えた先に理想の人間関係がある

　私は孤独に耐えて自分の道を突き進んだ結果、2度目の独立を果たして今の環境を手に入れることができたのだから、あの時の自分の行動は間違ってなかったと確信している。「付き合いが悪い」という烙印を押されるのを覚悟で、気のすすまない誘いを断って良かったと思う。今では自分が手がけるビジネスを通して、将来について本音で語り合ったり困った時に助け合ったりできる仲間や将来について本音で語り合える仲間がたくさんできて、会社員時代とは周囲の人間関係がガラリと変わった。

　会社の人間関係に染まらず、孤独に耐えること。もちろん、人付き合いを上手にこなすことで成功する人もいると思うが、我々エンジニアの多くはそれほど器用ではない。人間関係が苦手なのに無理矢理上手くやろうとして本当の自分を生かし切れていないように思う。あなたもそうだと思ったら、ぜひ孤独に耐える道を選んでみてほしい。他人

からどう思われるかということを一切排除して、自分がやるべきことに傾注し続けてみよう。必ず、そこに光が見えてくるだろう。

＞周囲の環境を変えれば自分も変わっていく

ここまでの話で、私は孤独に耐えたから今があると書いたが、では会社の人間関係に全く影響を受けずにいられたかというと、そうとまでは言い切れない。

ここで「準拠集団」という概念を説明しておこう。準拠集団とは、社会心理学の言葉で、人の価値観、信念、態度、行動などに強い影響を与える集団のことを指す。アメリカの有名な講演家や多くの成功者達がこの言葉の重要性について説いている。

人は少なからず常に準拠集団の影響を受けている。簡単な例としては、家族、地域、学校、職場などが挙げられる。例えば、おばあちゃんの家に行くと、近所の人々は皆同じような価値観を持って生きていることがわかる。久しぶりに学生時代の同級生と集まると、昔は皆同じような価値観や雰囲気を持っていたのに、住んでいる場所や職業によってこれらが大きく変わっていることがわかる。

社風や校風といったものは、この準拠集団の象徴だと思う。「自分さえしっかりとした考えを持っていれば人に影響されることはない」と思う人もいるようだが、意志の強い人でもちょっとした瞬間に影響されているものだ。例えば私が会社員の頃、同僚と昼食を食べに行くと、かなり高い確率で「あいつはこうだから駄目だ」といった他の社員を非難する話題が繰り広げられていた。私自身は普段は人の非難をほとんどしないのだが、そういった場になると話を合わせてしまい、ついつい盛り上がって自分も便乗してしまうことがあった。つまり、その瞬間は同僚の影響を受けていたことになる。

それだけ人は周囲の環境に影響を受けやすいのだから、「自分を変えたい」と思った時には、「意識的に周囲の環境を変えていく」ことで「より簡単に自分自身を変えられる」ということでもある。

私は29歳で2度目の独立起業を果たしてから今に至るまで、「自分の力ではない何かに後押しされていた」ような感覚があった。今振り返ってみれば周囲の環境や付き合う人を変えたことによる影響だったように思う。

独立直後は会社員時代から住んでいた横浜の家賃8万7千円のワンルームマンションだったのが、結婚を機に都内の27万円もするタワー型マンションに引っ越した。今まで、そんなマンションに住んだこともないし、家賃は今までの3倍以上。ちゃんと払っていけるだろうかと不安に思ったものだ。その分、こんな良いところに住むのだから頑張らなくてはという「良い意味での緊張感」は生まれたし、「妻に良い暮らしをさせてあげたい」という気持ちが強かった。そして独立して1年ほど経った時に、古巣の会社の集まりがあり、昔の同僚に自分の近況を報告すると、

勝ち組だねえ〜。

と言われ、それが嬉しくて、さらに頑張ることができた。

　その後もう1度引越し、東京都内の中央区の一等地にある39階建てのマンションの最上階（家賃31万2,400円、駐車場代4万2千円）に住むこともできるようになった。同じマンションに住んでいるのは医者や会社経営者、エリート会社員が多い。こういった環境も最初は身分不相応に思えていたのだが、なじんでくると全く抵抗感を感じみなくなっていった。

　独立起業後、年収5倍は達成できた私だったが、さらに年収を増やし、世の中の成功者への仲間入りをするにはどうしたら良いのだろうかと考えあぐねていた。さらに年収を10倍、20倍に増やすためには、今の自分のやり方では限界があると自覚していた時、ちょうど海外で資産運用をしていくなかで様々な業界の成功者や資産家と交流を持つことができるようになり、同年代でも私よりはるかにすごい結果を叩き出している人達もいて、大いに刺激を受けた。彼らの共通点は、自分から行動できて、さらに行動が早いということ。でもそれ以外はごく普通の人という感じだった。「この人には絶対かなわないな」という感じでもなく、「自分もやればできる」と思えるようになった。彼らに会って話をすることで、自分のビジネスをさらに拡大するためのヒントを得ることができたし、その方法も明確になった。もし彼らに会っていなければ、今だに従来の自分の枠から抜けられなかったであろう。

　あなたも一度自分のまわりを見渡し、切磋琢磨しあえる人とお付き合いできているかどうかを考えてみてはどうだろうか。いきなり周囲の環境や付き合う人をガラリと変えるのは難しいかもしれないが、少しずつ変えていくことで、必ず自分にも変化が見えてくる。私もITエンジニアの方の独立起業のサポートを行っているので、私で良ければぜひ接点を持ってみてほしい。本書がきっかけとなってあなたの人間関係が広がり、あなたが今いるステージよりさらに上のステージへ、一緒に駆け上がれることを楽しみにしている。

Point

孤独に耐えた先には理想の環境を構築できる

既存の人間関係から離れて付き合う人を変えていけば、人間関係が再構築されて孤独ではなくなっていくし、自分も変わっていく。

2-2 成功を妨げている大きな要因

独立をためらっているとしたら、それはなぜだろうか？ 成功に向かって
邁進できずに立ち止まっているとしたら、それはなぜだろうか？ 不安を
解消して迷いをなくそう。

質問＆回答サポートページ ☞ http://super-engineer.com/support/book1/2-2

＞ 成功を妨げているものは何か？

　私は今までに2度、独立している。1度目は24歳の時、2度目は29歳の時だ。1度目の
独立においてはそれほど大きな成功は得られなかったが、2度目の独立においては自分
で予想もしていなかったほど爆発的な成功をおさめることができた。

　2度目の独立の直前は、独身・彼女なしで横浜の家賃8万7千円のワンルームマンショ
ン暮らし。独立後は、東京都内の家賃31万2,400円、駐車場代4万2千円もするところを
借り、結婚し子どもを2人授かった。独立前にはこのような生活ができるなど想像もし
ていなかった。それでは、この2度の独立における差は何だったのだろうか。「知識や技
術や経験を積み上げたから」という要因は確かにあるが、独立後の成功の明暗を分けた
一番大きな違いとは？

＞ 「迷いの心」がブレーキをかける

　成功を妨げている要因の8割を占めていると思われるのは「迷いの心」だった。1度目
の独立の時には、私の心のなかでは次のような迷いがあった。

> 大学まではそこそこエリートコースを歩んできたので、
> 一流企業を渡り歩いたほうが成功できるのではないだろ
> うか？ 自分はまだ20代前半で若い。一般的に定年と言
> われる60歳まで、あと35年以上も社会に適応すること
> ができるだろうか？

　迷いの心がある状態というのは、車を運転する時に、ブレーキを踏みながらアクセル
を踏むようなもので、そのままでは最大限の力は発揮できないものだ。アクセル全開に
できないので最高の速度は出せないし、自分の中で反発しあう力を相殺するために、大
きなエネルギーを消費してしまう。

実際に、私が24歳に独立した時も大きなチャンスは訪れた。それは、あの自動車のホンダから仕事を得られるチャンスだった。今の私ならなんのためらいもなく喜んで引き受けるのだが、当時の私は不安を感じて判断力が鈍ってしまった。

今の私

ビッグチャンスだ。ここをうまく乗り切れば、安定的に仕事が得られるぞ！
この顧客と信頼関係を築いて末永くお付き合いできるようになろう。

当時の私

ビッグチャンスだ。しかし、大きな仕事だからリスクもあるし、この顧客にどっぷり浸かると身動きが取れなくなる可能性がある。どうしようか…

不安が迷いの心を生み出し、判断力を鈍らせてしまう

その結果、積極的にその仕事を受け入れる気持ちになれず、知り合いの会社を紹介し、自分は辞退してしまったのだ。数年後にその取引が続いていることを知った時、多少なりとも後悔の念を感じた。

このような迷いがなければ、自分の全エネルギーを自分が向かうべき方向に注ぐことができる。スポーツにおいても「迷い」があると大きな成果を出すことができない。「スランプ」と「迷いがある状態」は同じようなものだ。あなたは独立についての迷いが一切ないといえる状態だろうか？

独立前の状態であれ、独立後の状態であれ、迷いがあれば「独立しなかった場合の自分」と比較してしまうものである。今の私には迷いは一切ない。正確には、迷いはあったのだが、すでにそれを消化してしまっている。

▶ 不安要素を1つずつ潰していく

なぜ我々は独立に関してこれほどの悩みを抱えるのだろうか？ それには人間の心理を理解しておく必要がある。悩みがあるということは、その根底には不安がある。独立に関する不安のトップ2は次のようなものだろう。

①収入の安定性に関する不安
　「独立後は、今より稼げるだろうか？」
②能力に関する不安
　「独立してうまくやっていける才覚があるだろうか？」

私も例外なく、この２つの不安を抱えていた。そのため、26歳で就職したアクセンチュアで徹底的に不安要因を潰していった。

　まず、収入に関する不安について。

会社員で一流企業を渡り歩いたほうが、独立するよりも稼げるのではないか？

という迷いがあったので、会社の給与体系について意識的に把握するようにしていた。

　アクセンチュアは、IT業界でも割と待遇が良いほうであったが、噂では30代後半で1,500万程度、役員クラスにでもなれば億を超える収入を稼ぐことも可能のようだった。そうすると、おのずとその会社での給与カーブのシミュレーションができる。会社で1,500万以上の収入を手にするためには、少なくともあと10年以上は先のことになる。役員になることもかなり実現性が低いように思えた。ライバルとなる社員は2,000人以上いたし、その中で勝ち残っていくには、仕事で常にトップの成果を上げるだけでなく、社内での人間関係を構築する処世術も必要になるからである。

　このことを知ってから、自分の中では独立以外の選択肢はなくなったのである。いわゆる「腹が据わった」状態だ。こうして私は、独立に向けて全力を注げるようになったのだが、それでも実際に安定的に稼ぐことができるかという不安はまた別問題だった。収入の不安を解消するために、会社員をやりながら副業でシステム開発の仕事を受託し、また、広告収入を得るために『@SOHO』というビジネスマッチングサイトを立ち上げた。26歳で再就職する際には貯蓄はほとんどない状態だったが、29歳で２度目の独立をする直前には貯蓄して約800万円と、副業からの収入が安定して最低でも20万円は入ってくる状況を確保することができた。当時は独身だったので、贅沢さえしなければ生活費を毎月20万円以内に抑えることができたし、仮に毎月30万円遣ったとしても、毎月10万円だけ貯蓄を取り崩せば良く、その状態が続いたとしても、80か月（６年と８か月）は生き延びられる。このことにより、収入の安定性に関する不安はほとんどなくなった。

　次に、能力に関する不安について。私は自分の力を試すべく、会社の仕事に全力投球した。上司や同僚はほとんどが有名大学出身（東大、京大、慶応、早稲田など）であり、実際に仕事も良くでき、学ぶことも多かったが、結果的には、在籍した３年間において常に上位５％に入る成績を残すことができた。このような優秀なライバルのなかで対等以上にやり合うことができたので、大きな自信となった。つまり、自分の力は、「比較対象」がないと計ることができないのである。24歳で１度目に独立した時には、「力のあるライバルと比べたことがなかった」ので、自分の力に今ひとつ自信が持てなかったのだ。

　自分のなかにある力を最大限に発揮するためには、まず自分のなかの「迷い」が何であるかについてしっかりと理解すること。それから、迷いを払拭するためのアクションを1つずつ起こし、確実に潰してしまうこと。この2つのステップを踏むことが重要だ。こうすることにより、自分の目標へ進むための大きな力を得ることができるようになる。

▶迷いをなくせば成功は近づく

　「学歴なしで成功できた」という起業家も多いが、彼らにはそもそも学歴に執着する必要もないため、「商売で成功するしかない」と考えるしかない。そして「学歴コンプレックス」があるから、「大卒の奴らには負けたくない」という気持ちを起業にぶつけ、迷うどころかパワーアップすることができる。下手にエリートコースを歩んでしまうと、それが足かせになってしまうのである。私も大学に進学せずに高卒で社会に出ていたら、もっと早く成功できていたのではないかと思う。なぜならば、「商売がうまくいくかどうか」ということと、「学歴があるかないか」とは無関係だからである。学歴を持っていると有利なのは、公務員や会社員など「雇われる」環境にいる場合のみだ。

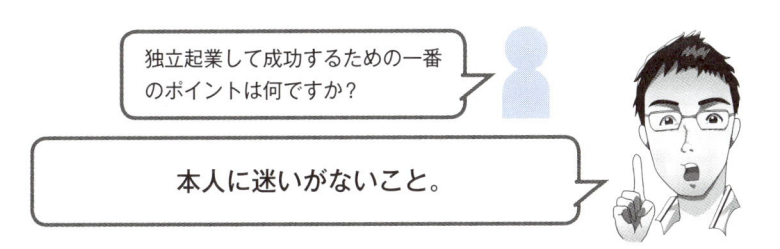

独立起業して成功するための一番のポイントは何ですか？

本人に迷いがないこと。

　「為せば成る」という言葉があるが、多くの場合、この「迷い」があるために「そもそも為すことが十分にできていない」のである。そんなものが成るわけはない。あなたも、自分のなかの「迷い」と徹底的に向き合ってほしい。すでに迷いがない状態ということであれば、すでに何らかの成功をおさめているか、おさめる日も近いだろう。

　私の事例を聞いて「平城さんには力があったから成功できたのではないですか？」と思わないでほしい。事実、私より能力があると思われる人が今だに雇われの身でくすぶっていたり、私より能力がないと思われる人が商売で大成功している例はたくさんある。

> **Point**
>
> **不安や迷いを解消すれば、成功を目指して邁進できる**
> 不安や迷いの心がブレーキをかけて成功を妨げる大きな要因となっていることが多い。要因を分析して1つずつ潰していこう。

成功者のアドレナリン

成功する人は、とてつもないエネルギーと集中力を発揮することがあるが、これには、「アドレナリン」が大きく関係している。成功者に共通する「アドレナリン」の出し方を知って、ここ一番でのやる気を奮い起こそう。

質問＆回答サポートページ ☞ http://super-engineer.com/support/book1/2-3

＞あなたは本当に稼ぎたいのか？

多くの人に起業について相談を受けてアドバイスをしていると、「この人は本当に稼ぎたいと思っているのだろうか？」と疑問に感じることが多い。あなたは「本当に稼ぎたいですか？」という問いに対し、素直に「はい」と答えられるだろうか？

では、もっと具体的に質問してみよう。

問1

> あなたは月給30万円の会社員だとする。日中は会社の仕事に従事し、1週間で自由にできる時間はせいぜい20時間程度。そして、納期が1か月後に迫っている仕事の依頼を100万円で受けたとすると、報酬は今の月給の約3倍。請けたとしても完了できる保証はないし、何日も徹夜をすることにもなりかねない。さて、あなたはそれでもこの仕事を請けるだろうか？

さて、私はこれに近い問いを多くの方にしてきたが、この問いに「はい」と答える人が思いのほか少ない。私であれば、絶対「イエス」だ。この問いに「はい」と答えられない人は、いくら「稼ぎたい」と口にしても、せいぜい "条件付き" のものなのだ。私は、死ぬほど仕事をしても実際に死ぬことはほとんどないだろうと思っている。

さらに、もう1つ質問をしよう。

問2

> あなたの家族が強盗に遭い、人質として捉えられてしまった。1週間以内に、あなたが仕事を1件でも受注できないと家族の命が危ない。そんな時、あなたはどのような行動に出るだろうか？

テレアポ、飛び込み営業、手当たり次第に何でもして仕事を取ってこようとするのではないだろうか？

私にはそんなことはできない。そんなことはしたくない。

と、普段のあなたなら思われるかもしれない。

でも、家族の命がかかっていたら、そんなこと言っていられるだろうか？ 普段からそのくらいの気持ちで、自分の頭と手足を使って、もっとあがいてみても良いのではないだろうか？ 「生きる」とはそういうことではないだろうか？

このように、多くの人には「稼ぎたい」という希望とは裏腹に、「そこまできついことはしたくない」という感情があり、それが逃げ腰の姿勢となっているのである。「稼ぐためならなんでも全力でやってやる」という強い意気込みを持って相談してくる人が少ないように思う。

確かに、稼げなくて苦しい時期は逃げたくもなるだろう。しかしそんな時こそ正念場だ。私は今までに「絶体絶命」と思われる修羅場を幾度となく経験し、ここが正念場という局面にさしかかった時に逃げないで立ち向かってきたことで必ず乗り越えることができ、またそれを乗り越えることで新たな世界の扉を開けることができた。

このような心づもりを持てるかどうかで、稼げる人と稼げない人の差が出て二極化するのである。あなたもぜひ、現状を打開して稼げる人になってほしい。

▶成功者が稼げるようになっていったのはなぜか？

多くの方に独立起業の相談にのっているうちに、その人がどこまで本気で稼ぎたいと思っているかどうかだけでなく、将来成功者になれるかどうかの予想までつくようになった。ここからは私の経験談や知り合いの成功者の話を通して、成功者に共通する心理をお伝えしよう。

私が社会人デビューをして、会社に通いながら副業を開始した時のこと。インターネットの『お仕事掲示板』で、「仕事」というキーワードを探し、自分ができそうな仕事に片っ端から応募していた。また、自分のホームページも立ち上げ、そのページのなかで、「CGIができます」ということをPRしていったのだ。今思い返せば、あの時に、

自分にはまだ早いのではないか？
仕事は本当に取れるだろうか？
仕事がもらえたとしても、
その後確実にプログラムが作れるのだろうか？

と思っていてもおかしくなかった。

しかし、この時の私の「脳」のモードは違っていた。

> **自分の力を試してみたい！**

という「巨大なワクワク感」が脳を占有していたため、不安をほとんど感じなかったのだ。私はこれを、"成功者のアドレナリン"と呼んでいる。

　このインターネットでの告知活動の結果、1999年当時にネットショップをやっていた方とつながり、ビジネスパートナーとなる。今では当たり前となった「ショッピングカートのレンタルシステム」。パートナーは当時、大手（イーストア）が提供している月額2万円のプランを利用していた。大手が提供しているサービスは月額2万円〜5万円と、小規模なネットショップでは費用的に負担が大きかった。また、機能は豊富であったが、あまりにも作り込みすぎていて、一部のショップでしか使用されないような機能がたくさんあり、使い勝手に難があったのだ。逆に、無料で配布されているプログラムでは機能的に見劣りしていて商売では使えるものではなかった。その中間層の価格帯のものもあることはあったが、デザインなどのカスタマイズ性に欠けるといった問題があった。

　そこでパートナーと私で考えたのは、1万円以下でデザインなどのカスタマイズ性が高く、大手が提供している機能で必要なものだけを取り込んだショッピングカートのレンタルサービスだった。そして、パートナーが集客用のホームページ担当、私がプログラミング担当という役割分担で「共同事業」を開始した。初版のプログラムが完成するまでに約3か月ほどかかっただろうか。そして、リリース。サービスを開始してから最初の月でなんと3件のオーダーが入った。どこかに告知をしたわけではないが、検索エンジンでヒットして見つけてくれたようだ。

　結果的にこのサービスは大ヒットし、1年目で200件ほどの顧客を集めることができた。ただしその後、私が上京したことをきっかけに、パートナーと私の考えや方向性のズレが大きくなっていき、最後には私がパートナーから強制的に追放される形で、私はこの事業から離れることになった。このサービスは今でも続いており、現在は2万社以上が利用するサービスとなっているようだ。

　『@SOHO』を立ち上げた時も、「誰かが見てくれるだろうか?」などという不安はなく、とにかく「良いシステムを作れば必ず使ってくれる」という（根拠のない）自信を通り超えて、「このサイトは私が作るべきだ」という使命感にも近い感覚を持って、日々取り組んでいた。

この時も、私の「脳」のモードは違っていた。

> このサイトは自分が作らないといけない！

その結果、2年以内に2万人程度まで利用者が増え、『@SOHO』の運営に本格的に集中するということで、アクセンチュアを辞めて独立するきっかけにもなった。これは、逆の見方をすると、「2年間は商売になるかどうかわからなかった」ということである。それでも、私はやり続けた。このシステムに費やした時間と労力を考えると、最初の2年間は普通の人であれば割に合わないと思ったかもしれない。だが私は短期的な利益にとらわれず、利益が出ていなくてもやり続けることができた。そういえばそもそも、「今月は赤字だ」などと考えたこともなかった。『@SOHO』をスタートした当初、『ゆびとま』というサイトが有名であったが、このサイトの創業者も、「自分がほしいと思ったサービスを作って、それが自然に広まった」と話をされていた。まさに私は、利益を度外視して、ライフワークとして、このサイト構築に取り組んでいたのである。このときも当然、"成功者のアドレナリン"が出ていたと思う。なぜなら私の頭の中には、『@SOHO』は数年後には国内ナンバー1となっているイメージが沸いていたからである。根拠などないが、自然とそのように考えることができたのである。

私が直接知っている成功者に共通することは、皆、何らかの分野において"成功者のアドレナリン"が出ているということだ。他人から見て無茶なことをしているように見えても、本人にとっては当たり前のことで、計り知れない功績は得るべくして得た結果なのである。これからも私は、残りの人生において様々なインターネット上のサービスを企画していくと思うが、自分がこれと決めたサービスは絶対に成功させる自信がある。その理由は「方向性が間違っていなければ、成功するまでやめなければ良い」ただそれだけである。

Point

本気で稼ぎたい、成功したいなら意識を変えてみよう

あなたが本気で稼ぎたいと思っていたり、あなたの頭のなかに何らかのサービスが思い描かれているのであれば、意識を変えて取り組んでみてほしい。結果は後からついてくるだろう。

2-4 修羅場はワクチンである

会社員であっても、独立してからも、ビジネスの現場では常に修羅場がつきものだ。修羅場は自分を鍛え上げるために与えられた試練であり、成長のチャンスではないだろうか？

質問＆回答サポートページ ☞ http://super-engineer.com/support/book1/2-4

＞ 数々の修羅場を経験する

　私はこれまでにいくつもの修羅場を経験している。かなりハードな経験ではあったが、なんとか乗り越えることができてきた。今の状況を手にすることができたのは、やはり修羅場に遭遇した時に常に逃げずに立ち向かって行ったからだと思う。ここでは、私が乗り越えてきた代表的な修羅場について紹介したい。

修羅場その1 ビジネスパートナーとの決裂 1

　最初の会社にいた頃、夜な夜な徘徊していたインターネット上の『お仕事掲示板』で出会ったネットショップの運営者からアイディアをもらい、ショッピングカートのレンタルシステムを開発。その後、2人の共同事業として展開することに。初月から3件の成約を獲得し、1年で200社を獲得し軌道に乗るが、私が会社を辞めて上京した後にお互いの意見にズレが出てくるようになる。システムの開発はすべて私がやっていたにも関わらず、ある日突然、一方的にそのビジネスから追い出されてしまった。

　スタート当時は私は会社員であったため、サービスの屋号名や入金先銀行口座、サーバ契約などすべてパートナーのものを使っていたので、客観的に見たらこのパートナーが主導権を握っているように見える。ビジネスの知識が未熟だった自分が甘かったと反省し、持っていたプログラム資産を使って自分で新たにビジネスをスタートしようとするが、パートナーから私がそのプログラムを利用することをやめるように書き記した内容証明を送りつけられ、そんなことは人生で初めてだったので、かなり驚いた。上場企業の顧問も努めるような有名な弁護士の先生を友人経由で紹介してもらい、1時間3万円という、当時の自分にとってはとても高額な相談料とわかっていながらも、背に腹はかえられないと思い、一部始終を相談する。2か月で50万円以上の弁護料を払う。相談の結果、ソフトウェアの著作権は私にあることが判明し、一度こちらから内容証明を回答した後、相手が黙って決着。そのまま相手を訴訟して勝訴すればプログラムの使用料をもらえるとの弁護士の見解だったが、不毛な争いに時間を割くのは貴重な人生を無駄

にすると考え、訴訟はしなかった。それまで月30万円ほどの安定収入になっていたのに、翌月からそれがいきなりゼロになるので、数日間愕然としていた。

修羅場その2 ビジネスパートナーとの決裂2

最初のビジネスパートナーと決裂した後、小・中学校が同じだった幼なじみから一緒に会社を起ち上げてビジネスをやらないかと誘われる。まだ自分の中では会社を起ち上げる時期ではないと思いつつも、幼なじみの強い押しに負け、彼と彼の友人と3人で会社を設立し、再びショッピングカートのビジネスを立ち上げた。ところが約1か月で喧嘩別れになってしまった。原因は金銭感覚の違い。2人は常に消費者金融からお金を借りてその場をしのいでいるような状態で、会社の資金は100%私が捻出。その後のお金の遣い方で度々意見が衝突するようになり、私のほうから共同経営を辞退することになった。金銭感覚が違うパートナーと組んではいけないということを身をもって体験する。この件でそれまでに貯めていた貯金を大幅に減らすことになり、さらにはこの幼なじみに個人的に貸し付けていた45万円も戻らぬ金となる。

修羅場その3 業界一ハードな会社での経験

幼なじみとの決裂後、フリーランスのプログラマとして生計を立てるも、1日中自宅でプログラミングをする日々が続いたせいか、ある日人と会話をするために口を開こうとすると言葉がスムーズに出てこなくなっていることを自覚。脳が命令した言葉が思ったようにしゃべれないのである。そういえば確かに、1日中誰ともしゃべらない日々が続いていたのだから無理もなかったのかもしれない。「これはさすがにヤバイ」と思い、人と接する環境で仕事をする必要性を感じ、人生初の派遣社員を経験する。そこで出会った上司に、「君みたいな若いエンジニアは一度正社員として大規模なシステムに関わったほうがいい」と提言を受ける。

当時フリーランスの仕事で受注していたのはせいぜい1本あたり20万円以下で1か月以内に終わる仕事。この場合、目の前の仕事をこなしながらも、2か月先、3か月先の営業のことを考えないといけないという状況で、自転車操業的で疲弊感を感じていた。かといって、もっと規模の大きい案件を受ける方法を考えた場合に、確かに企業の基幹システムやERPなどのパッケージシステムのことは全く知らなかったので、大規模システムを経験するためにもう一度就職することを決意。IT業界のことを調べていくうちに、業界の構図としては、上流から下流にかけて、

戦略コンサルタント ＞ ITコンサルタント ＞ ITエンジニア

という立場関係になっていることを知る。それならば1番上流の戦略コンサルタントを目指そうと思ったが、転職コンサルタントに「あなたの経歴では無理です」とバッサリ

切られ諦めることに。次にITコンサルタントで探すことにしたが、私のそれまでの経歴が従順な会社員らしくなかったためか、こちらも苦戦。当時たまたまITエンジニアを大量採用していたアクセンチュアがすぐに採用通知を出してくれたので、こちらに決定。これでERPや最先端のシステム開発に携われると思いきや、配属されたのは官公庁のレガシーシステム『Lotus Notes』の運用フェーズに入ったプロジェクトでアテが完全に外れた。プロジェクト内では新規の開発はほとんどなく、人が作ったプログラムのバグ修正や障害対応、そして顧客への運用報告で日々を費やすことに。さらには基本は終電、ピーク時には週に3度はタクシー帰りという超ハードな環境で、プロジェクトメンバーのうち8割以上が何らかの体調不良を訴えるなか、私だけは体調に異常なしでもちこたえる。プロジェクトのマネージャが2代続けて鬱になり出社拒否となり、当時28歳だった若造が、通常40歳以上のマネージャが担当する業務を1年間代行する。顧客は官公庁の中でもかなり厳しい部署。客先で行われる定例ミーティングの場にて少しでも失言すれば顧客からプロジェクトを外れるよう言い渡されるほど、ピリピリとした緊張感があった。同僚たちからは「絶対に担当したくない役回リ」と言われたが、私は逆に成長のチャンスと捉えた。死ぬ気で頑張った結果、退社時にはプロジェクトメンバーの間で"鬼の○○"と呼ばれていた顧客の責任者から笑顔で見送ってもらうことができた。

　ちなみに在籍していた3年間は、ITコンサルタントよりも安い給料でITコンサルタントと同等以上のパフォーマンスを発揮。平日は全く時間が取れなかったので、入社2年目に土日のみを使って約3か月で『@SOHO』を作り上げ、2年で軌道に乗せて退社。マネージャの代役を務めるなどプロジェクトの重要なポジションを担うようになっていたので、退社を宣言してから実際に辞められるまでに1年かかる。

修羅場その4　サーバ室48時間監禁事件

　独立起業後、客先のサーバ移行業務で私よりも前に作業をした別のチームが問題を起こし、48時間もの間、寒いサーバ室に監禁されることに。当初は半日で終わる予定だったので、無謀にもポロシャツ1枚で臨んでいた。寒い中、トラブル解決のために超高速でキーボードを叩く必要があったので、この作業をきっかけに両腕が腱鞘炎に。体重は2日で3kg減少した。元請けの担当者から怒鳴り散らされながら作業にあたっていたので、頭にきて途中で作業を投げ出して帰ろうと思ったこともあったが、なんとか踏みとどまることができ、乗り越えた後は元請けの会社と良好な取引が続くことになった。

修羅場その5　『@SOHO』サーバディスク障害

　『@SOHO』のサーバの突然のディスク障害により、データベースのほとんどが破損。一時はサイト閉鎖の可能性もあった。システム管理者宛にメールで送っていたシステムロ

グからユーザ情報を抽出してデータベースに書き込むスクリプトを作成し、なんとかデータを復旧。ただし、前述の**修羅場その4**と同時に発生してしまったので、サイトの再開までに10日間を要することになった。

＞修羅場は自分を鍛えるチャンス！

修羅場はワクチンのようなもので、一度体験し乗り越えてしまえば、不思議と次からは難なく乗り越えていけるものだ。私はこれが成長の定義だと考えている。つまり、「**修羅場のない人生は成長のない人生と同じ**」だということだ。修羅場は加圧トレーニングのようなものだとも言える。

私が今の状況を手に入れることができた最大の要因は、

> 修羅場から逃げなかったからだ。

修羅場に遭遇し、立ち向かうか逃げるかの選択を迫られた時には、私は常に立ち向かう選択をしてきた。そして何とかして乗り越えた時に自身の成長を感じ、またその都度自分の人生が上方修正されたことを体感してきた。修羅場を経験しているときは、「なぜ自分がこんな目に？」と思うものだが、そこから這い上がろうとすることでどんどん強くなっていく。泥臭い経験はどんどんしたほうがいいし、修羅場もどんどん経験したほうがいい。特に**修羅場その3**のような人が嫌がる修羅場を切り抜ければ、結果的に大きな信頼を獲得することができる。修羅場はまさにチャンスなのだ。

私はこれまでの経験から、どんな修羅場も乗り越えられないことはないのだということがわかってきた。もちろん、常に綺麗に着陸できるわけではなく、無様な形で不時着することもあるのだが、そうであっても修羅場という飛行機に乗るという挑戦をしたことに大きな意義があるのだと思う。もちろん、やみくもに辛く苦しい体験をすれば良いというものではないが、あなたに修羅場が訪れるということは何らかの意味があってのことであり、それを成長の機会として捉えることができれば、あなたの人生も大きく上方修正されることであろう。

Point

修羅場の数だけ強くなる。乗り越えるたびに成長できる

誰もが逃げ出したいと思うような修羅場に遭遇したときこそ、自分の力を試す絶好の機会だ。強くなって信頼も獲得しよう。

2-5 失敗は誰が決めるのか？

どんな成功者でも、過去には数々の失敗を繰り返していたことがある。失敗を怖れていては成功もできない。失敗して終わるのか、失敗から学んで成功につなげるのかは、自分が決めることではないだろうか？

質問＆回答サポートページ ☞ http://super-engineer.com/support/book1/2-5

▶失敗から何を学べるか？

> 平城さんは成功されていますね。

と言っていただけることが増えた。しかし、私も最初から順風満帆ですべてがうまくいっていたのかというとそうではない。それはここまで本書を読み進めていただいているあなたならおわかりのとおり、私も数々の苦難や逆境を乗り越えて今に至っている。

　一方で、私のメールマガジン『スーパーエンジニア養成講座』を読んでいただいている方のなかで「私は過去に○度失敗しています」というメッセージをいただくことがある。あなたもまた、過去にいくつか失敗を経験されているかもしれない。

　それでは私の経験を客観的に見て「失敗」と判定されそうなものを挙げてみよう。

● **22歳の時**
- 自分が希望していた5大商社にすべて落ちた
- 内定をもらえた2社も辞退して大学卒業直後は無職だった

● **23歳の時**
- 120万円もする成功哲学の教材をビジネスローンで購入してしまった
- インターネット広告の代理店ビジネスに参加してしまい、加盟金を払うために80万円のビジネスローンを組んだものの1か月で辞めることになった

● **24歳の時**
- インターネット上で知り合ったF社長（P.114参照）のために副業で月給3万円で月100時間ぐらい働いていた
- パートナーからショッピングカートのビジネスを奪われてしまった
- 幼なじみと会社（1年目）を起ち上げたが喧嘩別れしてしまった

25歳の時
- フリーランスとしてやっていくことに疲れを感じ、再就職した
- 知人と３人で株式会社（２社目）を起ち上げるが、結局２人を追い出すことになってしまった（こちらが今の会社）

このように、ここでお話するのが恥ずかしすぎて仕方がないほど、20代前半はまさに踏んだり蹴ったりというような状況だった。

> これらの失敗は私にとって不要だったのか？
> 避けて通れる道だったのか？

と考えると、やはりこれらは起こるべくして起きたように思えてならない。今の私からしてみれば、当時の私は未熟な点がたくさんあったし、そういう自分だからこそ、悪い結果を引き寄せてしまっていたように思う。

どんなに成功している人も、最初からうまくいったという人など１人もいないと思う。私がこれまでにお会いした、私よりも大成功されている諸先輩方も、私が経験していないような大失敗をしている。

つまり、失敗は誰にでもあるし、決して悪いことではないのだ。誰でも失敗をするという前提で考えると、成功を手にできるかどうかの境目は、やはり「失敗から何を学べるか？」ではないだろうか。失敗をしてしまった時に、

> なぜそうなったのか？
> どうすれば同じ失敗を繰り返さずに済むか？

と、自分の頭の中でどのように処理できるかということだと思う。この「後処理」がうまくできていれば、同じ失敗を繰り返す確率をかなり抑えることができる。

これを「成長」というのではないか。このサイクルのスピードが早ければ早いほど、成功を手にできるタイミングも早くなる。あなたがもし過去に失敗経験を持っているとしたら、その経験から何を学んだか、もう一度考えてみてほしい。

そしてもう１つ。今回私は20代前半の出来事をあえて「失敗」という言葉で表現してみたが、当時の私からしてみれば「失敗」という感覚ではなく物事がうまくいくまでの「試行錯誤」としか捉えていなかった。自分のなかではこれらの出来事を「失敗」と

して認めたくなかった。失敗を認めるということは、潔く見えるかもしれないが、それらの出来事がその後の成功のために必要なことであったとすれば、それはただ単に「失敗」したということではなく、「成功への布石だった」ということになる。

　結局、それが単なる失敗に終わるのか、成功への布石となるのかは、その出来事の捉え方とその後の自分の行動次第だ。成功できる人はその経験から何かを学ぼうとし、成功できない人は単なる失敗と捉える。この思考と行動の違いが、大きな結果の差を生むことになる。

＞ 失敗の連続の先に見えるもの

　20代前半の頃の私はまだやりたいことも定まっておらず、様々な失敗を繰り返していたのだが、20代後半からは成功への階段が見えてきた。

● **26歳の時** ●アクセンチュアに再就職。上司からは「地頭が良くない」と言われながらも死ぬほど働き3年連続で社内で上位5％の評価を維持

　●アクセンチュア2年目に、フリーランス時代に営業手段として使っていたビジネスマッチングサイトの使い勝手に満足できず、自分でサイトを立ち上げることを決意。ここで『@SOHO』が生まれることになる

● **29歳の時** ●アクセンチュア3年目に貯蓄を800万円作り、副業である『@SOHO』からの収入が月額20万円を超えたのを機に、29歳で2度目の独立を果たす

少し成功への扉が開けてきたかも？

　●システム開発、『@SOHO』の2つの事業を柱として、独立後初月から月収100万円を超え、会社の売上は1年目は1,500万円、2年目は3,300万円と、倍々ゲームのように増えていく

　●「旧来の会社経営」に疑問を持ち、「雇われ人は作らない」というポリシーから「社員ゼロの経営スタイル」を貫きながらもビジネスを拡大

　●東京駅至近に住居を構え、従来からの憧れであった「ホテルで仕事をする」スタイルを実現

- 後に「ノマド」という言葉が社会で話題となり、自分もノマドであったことを認識
- 『@SOHO』は創業4年目にして国内No.1の会員規模に成長

> やった、成功への階段が見えてきたぞ!

33歳以降
- 33歳にして日本でのビジネスが一段落したことをきっかけに、海外での資産運用を開始
- 海外を何度か訪問しているうちに「世界中を旅しながら仕事ができたら」と強く思うようになる
- 2年かけてビジネスを再構築し、世界中のどこにいてもビジネスが継続できるスタイルを実現
- 独立して成功できるITエンジニアを育成するメールマガジン『スーパーエンジニア養成講座』を開始
- 2万人以上のメルマガ読者に、メール/セミナー/Skype相談を中心としたアドバイスを行う

　20代前半から今に至るまでの経験をあらためて振り返ってみると、「必ず通る道だったのではないか?」と思う。数々の失敗を乗り越えてきたからこそ今があるということだ。「失敗は誰でも経験する」と理解することができれば、チャレンジすることに対して少しは恐怖感を拭えるのではないだろうか。

　どんな成功者でも、最初からすべてうまくいくわけではない。**うまくいかない出来事を「失敗」ではなく「成功のための布石」と捉える。**自分の中で「失敗」と認めてしまえばそこでゲームオーバーとなる。ただし、「うまくいかない出来事」を教訓にすることはとても重要。試行錯誤を重ねながら諦めずに行動し続けることにより、最終的には必ず成功へと辿り着くことができる。

Point

失敗は成功の布石。成功への道のりの過程だと捉えよう

うまくいかない出来事を「失敗」だと誰が決めるのだろうか？　同じ出来事でもあなたの認識次第で「成功への布石」となる。

10年という期間で考える

独立起業を体験したことがないうちから怖がるのはなぜだろうか？ 補助輪なしの自転車に乗るのが怖くてなかなか乗れないのと似ているのではないだろうか？ 10年先を長い目で見て、自分のペースでスタートを切ろう。

質問＆回答サポートページ ☞ http://super-engineer.com/support/book1/2-6

＞独立起業は自転車に乗るようなもの

独立起業を体験しないうちから難しいと感じている人が多いが、本当に難しいのだろうか？ 体験したことがないから「やればできる」ということを知らないだけではないだろうか？

私の長女は自転車に乗るのが苦手で、なかなか補助輪を外すことができなかった。もうすぐ小学1年生になろうかという頃、公園で集中特訓が始まった。勉強と違ってスポーツや体を動かすことはコツを伝えるのが難しい。何度も練習しているうちに、ある瞬間、娘はついにコツをつかんだようだった。コツをつかんでから数回の練習で、娘は完全に自転車に乗りこなせるようになった。この一連の出来事を見ていて私は感じた。

> 自転車に乗れるようになる前の娘と、乗れるようになった後の娘とで、能力的な変化は全くないはずだ。変わったのは「乗れる」という感覚を知っているか、知らないかの違いだけではないか？ 独立起業もこれと同じことではないか？

自動車の運転も同じようなもので、教習所に通えば誰でも運転できるようになるが、教習所に通わないとかなりの確率で事故に遭ってしまうだろう。

そしてこの感覚は、独立起業する前と後に私が感じたことと、すごく似ていると思った。私にも独立起業する前は様々な不安があった。

> 本当に仕事は取れるのだろうか？
> 収入は不安定にならないだろうか？
> 5年後、10年後には何をしているのだろうか？

独立した直後は、まるで命綱ひとつで宇宙空間に投げ出されたようなふわふわした感覚があった。

しかし、独立後1年、2年と時間が経つにつれ、今まで不安だったことがどんどん解消されていき、3年目が終わった時にようやく

> ああ、意外と大丈夫なんだな。

と思うことができた。

そうして今では、もう一生人に雇われることはないし、雇われる必要性もないと考えられるようになった。つまり、人から雇われるよりも、自分でビジネスを創ったほうが稼ぐことができると思えるようになったのだ。

1度や2度失敗してゼロになっても、何度でも立ち上がることができるという自信がある。これは私に特別な能力があったからというわけではなく、誰にでも共通していることだと思う。「独立起業」という道のりがあるとすれば、自転車に乗るコツさえつかめれば安全運転で走行できるようになっていくものだ。今、あなたが不安を抱えているとしたら、ぜひ自転車に乗れた時のことを思い出してほしい。

▶ 他人と比較しても意味がない

では、いつになったら自転車を乗りこなして成功という目的地に辿り着けるのか？先に成功している人を見本にして倣おうとすると、自分との差を思い知らされて焦る気持ちになってしまうものだ。しかし、子どもによって自転車に乗れるようになる時期が異なるように、独立を志してから成功に至るまでの年齢は育った環境によって個人差があって当然で、人と比較しても意味がないと思う。

私は22歳の就職活動の真っ最中に起業する道に目覚め、過去の偉人の本や、当時活躍していた成功者達の本を片っ端から読み漁った。その中でも特に影響を受けたのが、ソフトバンクの孫正義さん、ワタミの渡邉美樹さんだった。

孫さんは18歳の時点ですでにビジネスで頭角を現していた。アメリカのカリフォルニア州バークレー校に単身留学し、なんと在学中に現地で起業してしまう。渡邉さんは大学卒業後、会社の経理を理解するために、会計システムの会社に半年勤めた後退社。そして起業資金の300万円を貯めるために佐川急便のドライバーを約1年半勤め、その後有限会社を設立。2人とも、その後大成功をおさめるまで、山あり谷ありの人生を歩まれているが、孫さんも渡邉さんも、とても大胆で勇気のいる決断と行動を次々に起こす

ことができ、当時の私からすれば天才としか思えなかった。

　当時の私は、孫さんのように単身渡米して留学する勇気も、渡邉さんのように佐川急便で起業資金を貯める勇気もなかった。自分自身の現状に対して焦りしか感じていなかった。そして一度独立したものの断念して再就職し、26歳になった時、冷静になって孫さんや渡邊さんの経歴を分析して自分と比較してみた。

　孫さんのお爺さんは、佐賀でも有名なパチンコチェーン店の経営者。孫さんはお爺さんにとても可愛がられ、小学校時代から経営についてのノウハウを叩きこまれていた。つまり、孫さんは生まれながらにして、経営者のサラブレッドだったということだ。渡邉さんのお父さんも会社を経営していて、渡邉さんが小学校6年生の時に、お父さんの会社が倒産。それまでは裕福だった暮らしから生活が一変。渡邉さんはその時、「将来絶対に自分も社長になって成功する」と誓ったそうだ。それからの渡邉さんの中学時代、高校時代、大学時代は、社長になって成功するという1点に目標を絞られたに違いない。大学を卒業した後、迷わず佐川急便で起業資金を貯めることができたのも、そういった過去があったからだと理解できるようになった。

　一方の私はどうだろうか？　父は自営業を営んでいたが個人事業主の範囲であり、人を雇う会社の経営者ではなかった。私は18年間、宮崎県という日本の田舎で平凡に育ち、社会のこともほとんど知らずに成長した。大学で福岡に進学し、アルバイトを通して大人達の社会についてわずかながら垣間見ることができた。これまで学校で学んできたこととは関係なしに、これからの自分の人生をどう生きたいのか、ゼロベースで考え直したのだった。そうして22歳の時にビジネスで成功したいと考えるようになった。つまり私は、孫さんや渡邉さんよりも10年以上遅く、本気で起業を志したことになる。バックグラウンドが異なるのに比較しても意味がないのではないか。26歳でこのことに気づいてから気持ちが楽になった。

> もう、孫さんや渡邉さんにならなくていいのだ。

　そう思うことができるようになり、自分を責めることをやめた。他人と比較しないで今の自分にできることを自分のペースでやれば良いのだと思えるようになった。

　世の中で大成功している人達に憧れて見本にすると、元気づけられる反面、自信を失ってしまうのであれば、最初から何も知らない状態で他人を意識せずに自分なりのやり方で独立起業を目指したほうが勇気が持てるのではないだろうか？　「下手に知らないほうが良い」とはこのことではないだろうか。

＞成功までの10年ルール

私は29歳で2度目の独立を果たし、その3年後の32歳の時に、銀行に貯めていた金額は3,300万円を超え、海外での資産運用の道へと進んだ。この時ようやく1つの山を超えた感じがした。その後日本だけでなく海外でも様々なビジネスを展開するようになった。振り返ってみると、32歳で小さな成功をおさめたと感じることができたのは偶然ではないように思える。孫さんや渡邉さんと比べると、ごくごく小さい成功かもしれないが、私もやはり、22歳で本気で起業を志してから10年後に結果が出たと考えられるのではないだろうか。あなたがもし、現状に対して焦りを感じているのであれば、この「10年ルール」を考えてみてほしい。

成功するまでの「10年ルール」とは

25歳であれば35歳
35歳であれば45歳
45歳であれば55歳

努力が報いられる期間には、やはり10年という長い歳月が必要なのかもしれない。ただしこの10年間は全力疾走し続けることが重要だ。ただ単に待てば良いというわけではなく、全力疾走できなければ、芽が出るタイミングはどんどん遅れていくし、失速すれば一生芽が出ないかもしれない。

10年というと長く感じるかもしれないが、今はインターネットが発達し世の中の動きも加速しているので、これまでは10年かかっていたことが、半分の5年でできるかもしれない。あなたも自分のペースでスタートを切り、前に進んでほしい。

Point

他人と比較せず、自分のペースで10年を全速力で駆け抜けよう

若いうちに成功している人はその分スタートが早かっただけ。10年という長いスパンで見て、自分のペースで持久走を走り抜こう。

- 本気で独立を志す年齢は人によって違っていて良い
- 努力が報われるまでには10年かかっても良いという心構えを持っておく

お悩み相談室❷

「ビジネスアイデアやサービス案というのは、どのように考えればいいのでしょうか?」

人脈、貯金、経験、ビジネスアイデア。独立への不安要素は考え出すときりがない。ただ漠然と不安を抱えるのではなく、自分のゴールを見据え、日々の生活を客観的に見つめ直すことで1つひとつクリアしていけばいい。答えはいつも自分のなかにある。

私は基本的に普段は会社の人としか関わりがありません。どのようにすれば周囲の環境を変えられるでしょうか? また、会社の飲み会だけでなく、同級生からの飲み会の誘いも断っていったほうがいいのでしょうか?

澤田 拓也さん(28歳)
ITディレクター。顧客の情報システム部に常駐して、システム開発のアドバイスを行なっている。

やはりインターネットで人脈を作るのが良いと思います。今であれば『Facebook』が最もおすすめですが、スタートアップ系のイベントに顔を出すのもアリだと思います。同級生だからといって飲み会の誘いを断る必要はないと思いますが、私は「将来この人とお付き合いしたいか?」という観点で判断をしていました。

私は、現状あまり貯金がありません。貯金は独立するときの心の安定にもつながると思いますし、独立した後の運転資金としても遣えると思いますが、私が満足のいく額まで貯金するには相当な時間がかかってしまうと思います。それでもしっかりと貯金ができてから独立したほうがいいのでしょうか? お金が貯まっていなくても思い切って独立したほうがいいのでしょうか?

これはその方の判断なので、どちらが良いともいえません。後者のほうが安心感があるというだけです。ただし、「貯金ができない理由」を根本的に見直したほうが良いかもしれません。親の借金を抱えているとか、そういった問題がない限り、日本で生活をしていて貯金ができないということはないと思いますので。

平城さんの修羅場の話を聞くと、私は今の業務でそこまでの修羅場を経験していないのではないかと焦りを感じます。自分も修羅場を経験するために転職をしたほうがいいのでしょうか?

今の職場に物足りなさを感じるのであれば、ステップアップとしてよりハードな環境にチャレンジしてみるのは良いことだと思います。私の場合、常に職場で求められた職域について常に「NOと言わない」選択をしてきたので、おのずと修羅場に遭遇していたのではないかと思います。

今の時代、すでに多くのサービスが存在していて、「自分が作らなければ!」というサービスを思いつくことができません。新しいサービスでないと大きな売上を上げることは難しいと思うのですが、ビジネスアイデアやサービス案というのはどのように考えればいいのでしょうか?

普段の自分の生活の中で様々なサービスを利用してみて、自分が不満に思ったことや改善してほしいと感じることがあると思います。そのなかで自分が持っている技術を使って解決できることはないか?ということを考えていけば、できることがたくさん見えてくると思います。

「他人と比較しても意味がない」ということを聞いて少し安心しましたが、これからの10年はしっかりとプランニングしたほうがいいのでしょうか? それとも、あまり難しく考えず我武者羅に行動したほうがいいのでしょうか?

「しっかりかつ我武者羅に」が良いと思います^^

Chapter 3

一生食えるようになる
マネープラン

3-1 我々は、「安定的に」搾取されている!?

会社から支給されている給料は、毎月自動的に支払われるので安定していると思われているが、果たして労働の対価として見合っているのだろうか？ 会社から支払われている給料の正体を考えてみよう。

質問＆回答サポートページ ☞ http://super-engineer.com/support/book1/3-1

▷ 会社員は本当に給料が「保証」されているのか？

我々が持っている会社員のイメージは、とにかく収入が安定しているということだ。毎月決まった金額の給料が自動的に支払われ、会社や自分の業績が極端に悪くなければ、毎年少しずつアップしていく。これを「保証」と勘違いしてしまっている。だから独立起業して給料が「保証」されていない状況になると、とたんに不安になってしまう。では、会社の給料というものは本当に保証されているのだろうか？ 物事には必ず2つの見方がある。あなたが「安定」と思っている状態は、逆の見方をすると実は「搾取」されているということになる。その理由を解説しよう。

▷ 第一の搾取 ―経営者からの搾取―

「保証と勘違いしている」と表現した理由は2つある。1つ目は、まず会社が倒産してしまえば当然給料ももらえなくなるということ。2つ目は、遅刻や欠勤が続いたり、会社に貢献できない場合は、会社を去らないといけなくなるということだ。つまり簡単に言えば、「**会社の言うことを聞いて働いていれば、とりあえず約束した給料は払います。ただ、絶対払えるわけではありませんから、払えなくなったらごめんなさい**」ということなのだ。会社から従業員への給料は払えなくても負債にはならない。いきなり会社が倒産したからといって、従業員が会社に対して給料を差し押さえることはできないのだ。本来の「保証」の意味は、「何らかの問題があっても必ず支払います」ということだ。例えば生命保険や火災保険、損害保険などの契約は一定の要件を満たせば必ず支払われるものだし、銀行からお金を借りる時に自宅を担保にすれば、万が一お金を返せなくなった時には自宅を差し出さなければならない。会社からもらえる給料は実は単なる努力目標であり、法的には保証されているものではない。現存する会社のほとんどは「有限責任」という方式で経営されているため、仮に会社があなたに給料が支払えなくなったら社長個人があなたに給料を支払わなければならないというものではない。会社の資産と社長の個人資産はあくまでも別のものなので、会社に資産がなくなり倒産せざるをえな

い状況になっても、社長は個人資産を会社に差し出す必要はないのだ。

　では、あなたの会社がそれなりに給料を払うことができている理由を考えたことがあるだろうか？　自分で事業を立ち上げてみればよくわかることだが、事業の調子は毎年必ず右肩上がりで上がっていくものではない。上がったり下がったりしながら推移していくし、時にはリーマン・ショックのような経済全体が落ち込むような外部要因の影響も少なからず受ける。それにも関わらず、会社があなたに給料を払い続けられる理由は何だろうか？

　その理由は、会社は普段から利益を「内部留保」しているからだ。内部留保とは、売上から必要経費や税金など、支払が必要なすべてのお金を払った後に会社に残るお金のことで、これをなるべく多く貯えることで会社の経営は盤石なものとなり、会社の業績が悪い時に内部留保していたお金を遣ってあなたの給料を支払ったりすることもできるのだ。

　こういうと、一見素晴らしいシステムのように思えるかもしれない。だが逆の見方をすれば、この内部留保というものは保険のようなもので、会社の業績が悪い時に遣われるというだけで、将来的に必ずあなたに支払われるというものではない。つまり、今のあなたの給料は、本来のあなたが会社に提供した価値よりも低く見積もられて算出されているということなのだ。あなたの貢献によって蓄積された会社の内部留保が、あなたが退職する時にその労をねぎらって退職金に上乗せされるといったことはまずない。ほとんどの場合、会社の経営をさらに良くするために再投資されるか、経営者の報酬として上乗せされるかのどちらかになる。

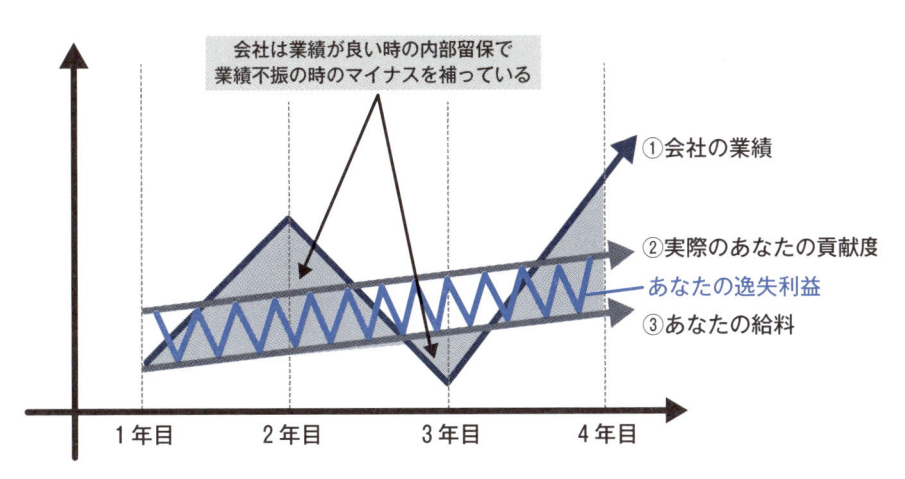

あなたの給料は、常に実際のあなたの貢献度よりも低くなっていることを理解しよう

▶ 第二の搾取 —できない社員からの搾取—

　会社の中には必ず給与体系というものが存在する。何のために用意されているかというと、社員が不満を持たないようにするためだ。会社というものはもともと1人ではできないことを組織でやるためのものであり、1人1人の貢献のうえで成り立っている。社員には会社にかなり貢献している人もいるし、全く貢献していないばかりかマイナスの影響を与えている人もいる。この会社への貢献度をそのまま個人の給料に反映しようとすると、多い人と少ない人で10倍も100倍も差が開いてしまう可能性もある。そうなってしまうと社員間で不満や軋轢が生まれてしまう。そもそも、営業職でもないかぎり、会社への貢献度を正当に評価するための絶対的な基準を決めるのも難しい。我々はこの給与体系という指標があるおかげで、この数字よりも高ければそれなりに満足し、低ければ少し不満に思うぐらいで、**「平均値から大きく外れていなければとりあえず我慢しよう」**という感じに調教されてしまっている。

　すなわち、給与体系とは**「それほど差がつかないように皆が文句を言わず丸くおさまるように定められたもの」**と言い換えることができる。仮に自分がほかの社員より会社に2倍貢献していても、自分がもらっている給料が給与水準よりも少し高ければ満足し、「2倍貢献したんだから2倍給料をくれ！」とは言わないのだ。だから、パフォーマンスが良い社員は、実は損をしている。できる社員ができない社員を養ってあげている、それが会社組織というものだ。つまり、できる社員はできない社員に搾取されている。もしあなたの隣にいる同僚や上司ができない人だとすると、あなたの稼ぎで彼らを養っているといっても過言ではないということなのだ。

▶ 第三の搾取 —業界からの搾取—

　世の中には会社が星の数ほど存在し、業界での上位と下位の会社では売上も利益も天と地ほどの差があるが、業界、年齢、職種といった属性別の平均給与をまとめた「業界の給与水準」という考え方が存在し、同一業界の同じ年齢や役職の人であれば、業績の良い会社と業績の悪い会社の給料は多少の差はあっても実際の売上や利益の差ほどにはならない。例えば、A社とB社があってA社がB社の2倍の利益を叩き出していたとしても、A社の社員の給料がB社の社員の給料の2倍になるということはまずない。業績が良い場合の恩恵は経営者や株主が受け取ることになる。さらに異なる業界を比較すると、景気が良い業種と景気が悪い業種では利益率は何倍も異なってくるが、同じ年齢の社員であれば、景気が良い業種に勤めている社員と、景気が悪い業種の社員の給料の差が2倍以上開くこともない。ここで一番美味しい思いをするのは、景気が良い業種の経営者だ。それは我々が世間で出回っている給与水準と自分の給料を比べて大きく差がなければ不平

不満を言わないようになってしまっているからだ。経営者が皆、業績に応じて社員の給料を設定するような考え方を持っていれば、会社によって給料が2倍も3倍も違うということは当たり前に起きて良いはずなのだが、そうなっていないということは、業界全体が談合して従業員から搾取するために給与水準を決めているようなものだという見方もできるのではないだろうか？

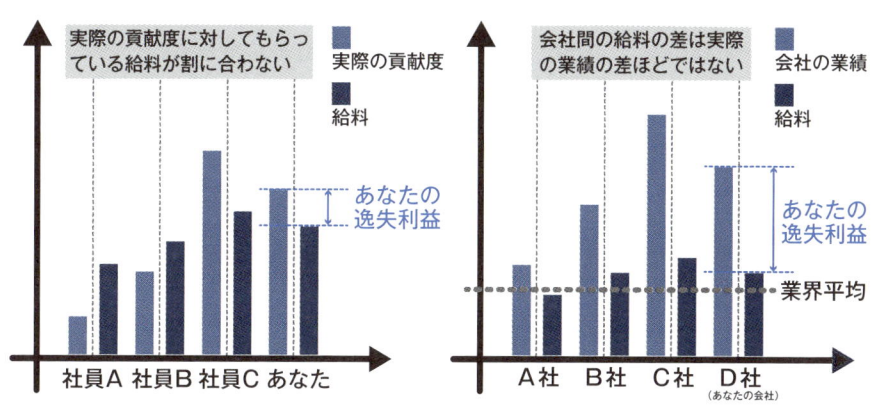

社員の給料は給与体系によって平均化されているので、実際の貢献度と給料が一致していない

社員の給料は業界平均によって抑えられている傾向があり、会社の業績と給料が一致していない

＞貢献度に対して本来の報酬を得ているか？

　このような考え方はかなり極論だと思うかもしれない。ところが、会社組織が会社の利益を経営者と社員で分け合うシステムである限り、経営者と社員は永遠に利害関係が一致しないものだ。社員に多く給料を払えば経営者の取り分は減り、経営者が報酬を多く取り続ければ社員に還元できる給料は少ないままなのだ。私は会社員を4年半経験し、経営者としても10年以上経験しているので、このことがよく理解できる。このような考え方を取り入れてみると、実はこれまで「安定」と思ってきたことが、そう思い込まされていただけだと感じられないだろうか？　この現実に目を背けて会社の安全安心神話にしがみつくのか、現実を直視して自分が社会へ貢献した分だけ正当な見返りを得る状況を創るために立ち上がるのかは、あなた次第だ。

Point

会社員は様々な形で搾取されているという事実を認識しよう

会社員である限り、どんなに頑張っても給料が大きく上がる可能性は低い。
貢献した分だけそのまま収入に跳ね返る状況を創り出そう。

会社員と独立起業、10年間でどちらのほうが稼げるか？

「独立起業後10年後には10%しか生き残れない」という説があるが、果たして実態はどうだろうか？　会社員時代よりも稼いで10年後も生き残るために必要なことは何だろうか。

質問 & 回答サポートページ ☞ http://super-engineer.com/support/book1/3-2

▶「独立起業後10年の生存率10%」は嘘？

　独立起業の厳しさを表現する時に用いられる数値として、「独立起業10年後に生き残っている確率は5〜10%」だという説がある。統計データの出処は中小企業白書などであることから信憑性が高いと思われている。この数値を真に受けると不安になるのではないだろうか。なにせ100人中10人以下しか生き残ることができないわけなのだから。

　こういう私も、社会人になって最初の会社に入って1年半後に24歳で独立したものの、その2年後には再就職した経験がある。この時は2年で90%の脱落組に入ったことになる。ただ、私の場合はお金が足りなくなったからとか、事業が続行不可能になったからではなく、単純に自分の経験不足を感じたので、再び独立起業する前提で期間限定で再就職しただけだ。10年以内に脱落する90%の中には、私のように再独立を決意して再就職した人、大学に入りなおした人、ビジネス以外の生き方を見つけた人など、本当は脱落したのではなく単に方向転換しただけの人も含まれているのではないかと思う。

　統計データの数値だけでは実態まで把握できないものだ。私が過去にお付き合いしてきた会社や個人事業主にしても、人を雇って会社を経営している場合は確かに生存率は高くないが、1人社長の会社や個人事業主の場合は細々と生き残っている可能性が高い。

　私は本書を書いている時点で2回目に独立してからちょうど10年が経過したところなので、数字だけで見ると私は1度目の独立起業では脱落組に入り、2度目の独立起業では成功組に入り、一勝一敗ということになるのだが、私のなかでは1度目の独立起業は失敗だとは思っていない。24歳という若さで独立起業したからこそ、何かと注目されたり、先輩経営者に可愛がってもらえたりと様々な恩恵もあったし、その後26歳で再就職した3年間はしっかりと自分を鍛えることができたからだ。すべては自らの意志で選択したことであり、独立起業に失敗して脱落に追い込まれたのではない。私にその気さえあれば、再就職せずに事業を継続させて生き残り続けることも十分可能だったと思う。

　統計データだけで見ると10%に残っている人が一見勝ち組のように見えても、他者の資本の傘下に入らざるをえなくなり、ストレスフルな環境で仕事をしているかもしれな

いし、90％の人が一見負け組のように見えても、私のように戦略的に再就職をして再度独立起業するかもしれない。

　確かに独立起業することを甘く捉えてはいけないのだが、統計データを鵜呑みにした周囲の人達から「独立起業は厳しいんだよ」と諭されたりして先入観を持ってしまうのはとてももったいないことだとお伝えしておきたい。

▶ 独立起業して生存率10％に残り高収入を得るには

　ここまで説明しても、あなたはまだ自分が生存率10％に残れるかどうか不安が消えないのではないだろうか。なんとか残れたとしても次第に収入が減っていくかもしれないという恐怖もあるかもしれない。こういう私も1年目、2年目はたまたま運が良かったのだろうかという思いもあったが、3年目を終えてようやく自分の実力だと信じることができるようになった。あなたがこれから独立起業をして10％に残り、かつ会社員時代の収入を超えて稼ぎ続けていくために、チェックしておきたい3つのポイントを説明しておこう。

✓ チェックポイント

- □ ①会社で平均以上の貢献ができているかどうか？
- □ ②会社でやれるだけのことはやりきったか？
- □ ③会社の出世コースに未練はないか？

Point1　会社で平均以上の貢献ができているかどうか？

　会社はパフォーマンスの良い社員がパフォーマンスの悪い社員を支える構造になっているので、あなたが今現在、社内平均よりも高いパフォーマンスを発揮できているとしたら、独立起業後には会社員時代よりも多く稼げる可能性が高いと考えて良いだろう。ちなみに私の場合は、アクセンチュアでの社内評価は常に「上位5％以内のA+」となっていた。役職も、入社時は下から2番目のシニアプログラマからスタートし、通常は1つ役職を上げるためには2年以上かかるところ、2年目にはシステムアナリストに昇進し、3年目にはシニアシステムアナリストに昇進して会社を辞めることになった。その先はマネージャ（一般企業でいうところの課長職）、シニアマネージャ（一般企業でいうところの部長職）、そしてパートナー（一般企業でいうところの役員）というキャリアパスが用意されていたのだが、結果的には出世するよりも独立起業したほうが同じ収入を達成するのが早かった。

Point2 ▶ 会社でやれるだけのことはやりきったか？

　会社の仕事に全力で取り組んでスキルと経験を得ることはできているだろうか？私の場合は、アクセンチュアに入った目的は「企業の基幹システムの構築に関わりたい」「ERPを触ってみたい」だったのだが、その期待は大きく外れた。私が配属されたのは政府系の業務システムの、しかもレガシーなプラットフォーム『Lotus Notes』の運用プロジェクトだった。このプロジェクトは社内でも絶望的なほど人気がなく、所属しているメンバーは皆「他のプロジェクトに移りたい」と切望していた。私も当初はそのように感じていたが、誰かがやらないといけない仕事だったので、それならば続けてみようと気持ちを切り替えてみた。そして一生懸命やっていくうちにだんだん面白くなってきて、過去に積み残された課題を1つずつ解決していくことに喜びを感じるようになった。自分の中で最も達成感があったのは、私が配属された時点で100以上も残っていた過去のインシデント（未解決の問題）が、私の在任中にゼロにできたことだった！　当時私は4人チームのリーダーをしていた。私が課題解決に没頭し、1つずつクリアしていく姿勢がメンバーにも浸透していき、チーム全体に積極的に課題解決に取り組む雰囲気が生まれた。インシデントが減っていくにつれて、どんどん士気が高まっていき、ゼロになった時にはチーム全体で手を取り合って喜んだ。これはプロジェクトが始まって以来の快挙だったようで、顧客からも大喜びされた。なぜかというと我々が窓口となって対応していたのは顧客の大きな組織のシステム管理部門の担当者であり、課題がゼロになったということは、システム管理部門が組織から評価されることになるからだ。日本全国で何千人という職員が利用するシステムだっただけに、インシデントが1つ減る度に、普段はとても厳しい担当者の表情がやわらいでいき、最後には笑顔に変わったのがとても印象的で忘れられない。私はアクセンチュアでの当初の目的は果たせなかったものの、あまりにも過酷なプロジェクトだったため2世代続けて出社拒否となったマネージャの代役を務めさせてもらったことにより、最大30人ぐらいの体制のプロジェクトがいくらぐらいの予算でまわるかということや、外注パートナーとの付き合い方などを肌で感じることができ、予想外の収穫を得ることができた。さらに私は会社で最高のパフォーマンスを発揮しながらも、土日を使って『@SOHO』を開発し、着々と独立起業へ向けて準備を進めていた。会社でやれるだけのことはやって力をつけておきながら、なおかつ会社以外の時間で独立起業の準備を着々と進めておいてこそ、独立起業後にスムーズなスタートを切って10年以上生き残ることができるのだ。

Point3 ▶ 会社の出世コースに未練はないか？

　私がアクセンチュアに入った目的は主に「企業の基幹システムの構築に関わること」

だったが、実現する前に退社してしまった。ITエンジニアの会社員としてのキャリアと収入に上限が見えたからだ。IT業界のなかにはヒエラルキー（階層構造）があり、「**ITエンジニア⇒ITコンサルタント⇒戦略コンサルタント**」の順で収入が上がっていく。どんなITの会社に入ってもすべての職種が経験できるわけではなく、基本的には各職種のなかで上を目指すことになる。ITエンジニアとしてスタートしたらITエンジニアのなかでの頂点を目指すことになり、途中でITコンサルタントや戦略コンサルタントになろうとしたら転職してキャリアチェンジするしかない。職種によって求められるスキルや経験が違っているため、ITエンジニアとして頑張っていればいつかは戦略コンサルタントになれるわけではないのだ。アクセンチュアは、もともと大企業の会計事務所からスタートし、経営コンサルティング、ITコンサルティングと業務範囲を拡大してきた会社なので、会社内には戦略コンサルタント、ITコンサルタント、ITエンジニアのすべての職種があった。トップクラスの戦略コンサルタントは確かに高級取りだが、トップになるまでに必要な時間と労力は気の遠くなるようなものであり、その割にはもらっている報酬が見合っているかどうか疑問だった。出世コースを目指すより独立起業したほうが絶対に見返りが大きいと感じて「エリート会社員への道」に見切りをつけることができたのだ。独立起業後にどんなに苦しいことがあっても、「会社に残っておけば良かった」と後悔することがないからこそ、再就職という選択肢を捨てて踏ん張ることができるのである。

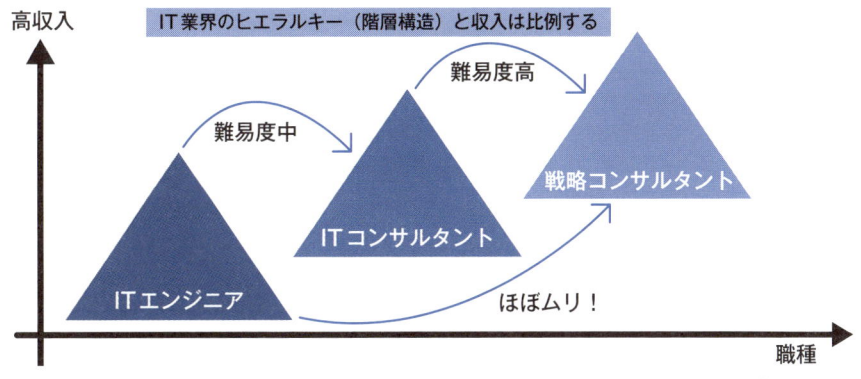

それぞれの道でトップを目指しても、必ずしも次に進めるわけではない。独立起業とどちらが稼げるだろうか

Point

生き残る確率よりも成功する可能性にかけるほうがよい

10年後に生き残れるかどうかを心配するよりも、成功する可能性を信じたほうが、結果的に10年間で会社員時代よりも稼ぐことができる。

3-3 "平城式" 独立の方程式

副業で収入の増加を実現し、ある程度の貯蓄もできたものの、会社を辞めて独立起業に踏み切るタイミングが判断できなくて迷っている人も多い。ここでは、私が考案した「独立の方程式」と貯蓄の方法について解説する。

質問＆回答サポートページ ☞ http://super-engineer.com/support/book1/3-3

＞ 独立起業に必要な貯蓄額の方程式

独立起業のタイミングについて相談を受けた時に、その判断基準の1つとして貯蓄の額をお伝えしている。よく「副業からの収入が本業を上回った時」という考え方があるが、本業が忙しい場合には、これを達成することはなかなか難しく、そうなると永遠に独立できなくなるということになりかねない。

そんな方に私がおすすめしているのが次の方程式だ。

重要

（存続可能月数）＝（①貯蓄額）÷ {（②毎月の支出の合計）ー（③毎月の副業からの収入）}

> 毎月の副業からの収入が、毎月の支出の合計を上回っていないことを前提とする。この存続可能月数が12か月以上であれば、独立起業にチャレンジしてみても良いのではないかという貯蓄額の方程式である。

例

①貯蓄額 100万円
②毎月の支出の合計 20万円
③毎月の副業からの収入 10万円

（存続可能月数）＝（①貯蓄額：100万円）÷ {（②毎月の支出の合計：20万円）
ー（③毎月の副業からの収入：10万円）}

毎月10万円ずつマイナスになるので、存続可能月数は10か月。12か月以上存続するためには、あと20万円を自分で稼ぐか、借りるかなどして調達をすれば良いということになる。

　ITの分野で独立起業するのであれば、特に仕入れや設備投資が必要ないため、自分の生活費さえ支払うことができれば事業を運営できる。IT関連のビジネスは、最大でも1年間そのビジネスだけに専念することができれば軌道に乗せられないことはないというのが私の持論である。私が過去に立ち上げてきたショッピングカートのビジネス、『@SOHO』、『ステップメール・プロ』などはいずれも1年以内に軌道に乗せることができている。仮に軌道に乗せることができず、資金が底をついてしまえば、再び会社員に戻るなどして食いつなげば良いだけの話であり、派遣社員になって食いつなげば正社員よりも収入を得ることもできる。あなたも、会社で働きながら貯蓄して、この方程式で「存続可能月数」が12か月以上に達したら、独立起業のタイミングがきたと判断してチャレンジしてみよう。

▷ 目標貯蓄額を早期に達成するための3つのポイント

　では、独立に必要な貯蓄額をできるだけ早く貯めるにはどうしたらいいだろうか。

　私が大学を出た当時（1999年）は、まだ今のように1円で株式会社が作れる時代ではなかった。独立起業して会社を起こすには最低でも300万円の元手が必要であり、まずは300万円で有限会社を作り、事業を軌道に乗せて資本金を1,000万円にまで増やし、株式会社化するというのがお決まりのパターンだった。だから私はまず300万円の元手を作る必要があった。大学時代は親からの仕送りはもらわず、授業料も全額免除、生活費は奨学金とアルバイトでしのいできたので、就職する直前での銀行残高は10万円程度。残り290万円を貯めるためには、毎月10万円の貯金をしても29か月、つまり2年5か月もかかってしまう。さらに当時の私はシリコンバレーで起業するつもりだったので、目標となる貯蓄額は500万円。同じように500万円を貯めるためには50か月、つまり4年2か月も待たなければならない。これは当時の私にはとても長い時間に感じられ、もっと早く目標金額を貯めたいと思った。

　そこで私が取った行動をもとにして、目標貯蓄額を早期に達成可能にするための3つのポイントを紹介しよう。あなたもこの方法を取り入れて少しでも早く貯蓄を増やし、独立起業に向けての可能性を広げてみよう。

✔ チェックポイント

- □ ①残業代が100%出る会社に入って稼げるだけ稼ぐ
- □ ②副業をして収入を増やす
- □ ③徹底的に節約する

Point1 残業代が100%出る会社に入って稼げるだけ稼ぐ

　当時の基本給は額面で約20万円。税金や健康保険料が天引きされると手取りで17万円ぐらいが手元に残っていただろうか。幸い、忙しい下請け会社だったので仕事はいくらでもあり、気がつくと月に300時間ぐらい働いた時期もあった。決して給料泥棒ではなく、もらっている以上のパフォーマンスは発揮していたと思うので、上司からの評価も高かった。総務の人から「労働基準法の関係があるので月に2日は休んでください」と言われることもあった。残業をフルにこなした時の最高月収は約40万円だった。

Point2 副業をして収入を増やす

　大学時代からやっていた家庭教師をそのまま継続し、土日にそれをこなし月に5〜8万円程度入っていた。

　さらに、インターネット上の『お仕事掲示板』を徘徊していた。当時『お仕事掲示板』で募集されていた仕事で最も単価が高かったのがやはりプログラミングの仕事だった。独学でPerlを習得し、自分にできそうな仕事に片っ端から応募して稼いでいた。ここからの収入は月にバラツキがあり0〜5万円程度だった。

　途中でF社長（P.114参照）との出会いがあり、月額3万円の固定給で朝5時に起きて出社するまでの時間を遣い、1日2時間以上、月に60時間以上をF社長に捧げる。振り返ってみれば時給500円以下だった。これと並行して『お仕事掲示板』でネットショップの運営者と出会い、半年でショッピングカートのレンタルシステムを完成させ、初月の売上は顧客数3件で9,000円、サービスをリリースしてから1年後には顧客数200社で毎月60万円の安定した売上を達成することができた。これを必要経費を差し引いて2人で山分けしても1人あたり20万円以上の収入となった。

Point3 徹底的に節約する

Point1と**Point2**を実践しつつも、早くシリコンバレー行きの軍資金500万円を達成したかったので、徹底的に節約した。住むところは大学時代に借りていた場所をそのまま継続して月々3万6千円。食事もすべて自炊していた。ご飯は自分で炊き、おかずはインスタントの味噌汁と冷凍食品を1品。弁当も自分で作っていた。おかげで1日500円ぐらいで収まっていたのではないだろうか。当時、会社内で男性で自分で弁当を持参している人はほとんどいなかったので、少し恥ずかしいという思いもあり、会社のビルの屋上に上がって1人で食べていた。会社への通勤も、電車ではなく『ホンダのJoker90』で通勤していた。会社から支給される電車代から実際にかかるガソリン代の差額がちょっとした収入になった。

▷ 数か月先の収入の不安を克服する

Point1〜**Point3** を実践して目標貯蓄額を達成したとする。「さぁ、いざ独立起業へ！」というタイミングがきても数か月先の収入を心配して独立起業を躊躇する人が多い。誰もが抱く「不安定な収入への不安」だ。この不安を克服することができれば、独立は半分成功したも同然だ。事実、私も24歳で初めて独立した時は不安だった。ところが、29歳で再び独立した時には不安をほとんど感じなかった。私は不安を克服できたのである。

　では、どのように克服したのか。「**来月から無収入になったとして、あと何か月生き延びることができるか**」を常に把握することである。『Excel』で下の表を作れば明確になる。横軸に現在の月から1か月単位でマスを作成し、縦軸に売上と支出、現在の貯蓄の欄を作成する。そして、現在の毎月の支出の合計額を入力する。とりあえず、売上の欄は「0」にしておく。そうすると、あと何か月で貯蓄が「0」になるか算出できる。

「存続可能月数」を算出する

	現在	1月	2月	3月	4月	5月	6月	7月
売上								
支出		20	20	20	20	20	20	20
貯蓄	100	80	60	40	20	0	0	0

現在の貯蓄を100万円、毎月の生活費を20万とすると、無収入でも5か月間は生き延びられる。毎月の売上を入力して「存続可能月数」を更新し、延長していく

　このように、まずは「無収入で生き延びられる期間（存続可能月数）」を計算し、仮に無収入が続いて2か月を切った場合には、正社員、契約社員、派遣社員、アルバイトなど、確実に稼げる仕事を探し始めることを心に決める。そうすれば、あと何か月はアクセルをいっぱい踏むことができるかがわかるので、そこまでは全力で独立起業の道を邁進する。今月や来月の売上が確定したら、『Excel』の売上欄に数字を入力する。すると「存続可能月数」が数か月先に延びる。こうやって、常に『Excel』と睨めっこしながら冷静に分析する。これで、不安から少しは解放されるのではないだろうか。

Point

12か月間無収入になっても生き延びられるお金を貯めよう

副業の収入が本業を上回っていなくても、「独立の方程式」で存続可能月数が12か月以上になる貯蓄額を確保すれば、独立起業にチャレンジしてみてもいいだろう。独立起業後は毎月一定の収入があるとはいかないものだが、存続可能月数を延ばしているうちに次第に軌道に乗っていく。

貯蓄をする上で最も有効なのが「家計簿をつける」ことだ。貯蓄に限らず、目標を定めて結果を出したいと思ったら、どんなことでも「メジャーリング（測定）」して現状を把握し、達成を目指すことが鉄則だ。

質問＆回答サポートページ ☞ http://super-engineer.com/support/book1/3-4

＞あなたは家計簿をつけているか？

　独立起業すべきタイミングを判断する貯蓄額の考え方は、『3-3.“平城式”独立の方程式』（P.86〜89参照）にて説明した。シンプルに説明すると1年間無収入でいられるだけの貯蓄が必要となるのだが、その貯蓄ができないという人が少なくない。

　そういう人に私が質問することはただ1つ。

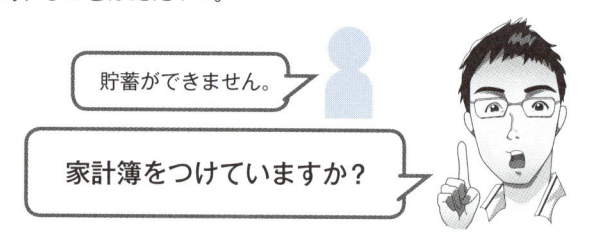

貯蓄ができません。

家計簿をつけていますか？

　貯蓄ができないという人はほぼ確実に家計簿をつけていない。家計簿をつけるということは、自分が毎日、毎月、毎年、何にいくらお金を遣っているのかを把握するということだ。給料が固定である会社員時代に手元に残るお金をなるべく多くするための方法として、もっとも手っ取り早くかつ確実に結果が出る方法、それが「支出を減らす」ということだ。どの支出を減らすか見極めるためにも、自分が日々何にいくらお金を遣っているのかを知ることが重要で、そのために家計簿をつけるのだ。

　私が最初に家計簿をつけだしたのは大学時代の頃に遡る。サークルの先輩の影響で中型の自動二輪がほしくなり、それを買うために貯金したいと思ったことがきっかけだった。私がほしかったのは『カワサキのZZR400』というバイク。このバイクが好きになった理由は、その大きさだ。400ccという中型の排気量であるにも関わらず、大型のバイクと見間違えるほどの大きな車体はとても存在感があり、ツーリングで遠出をする時に乗り心地が良さそうで、当時の私は「ここに住める！」と妄想していたほどだ。大学が工学部の機械系学科ということもあり、友人達も車やバイクに興味のある人が多かった。大学の学食で友人達とバイク雑誌を読み漁り、自分がほしいバイクについて語り合うの

が至福の時だった。私が買いたいと思った『ZZR400』は、新車では約70万円、中古でもそれほど値段が下がらず50万円前後はするものだった。当時の私は、親から仕送りをもらわずに奨学金とアルバイトで生活品を捻出しており実家通いでもなかったので、まとまった貯金があるわけでもなく、ほぼゼロの状態から50万円を貯めることにした。

その時私は、自分が小さい頃に母が家計簿をつけるところを見ていたことを思い出した。母はA4サイズのノートに日々遣った金額と内容をメモし、それを月末にソロバンを弾いて計算していた。母はとても倹約家で、一度も贅沢や無駄遣いをしているところを見たことがなかった。

私はなんとなく家計簿をつけることで50万円が早く貯まるのではないかと思っていた。そこで私はメモ帳サイズのノートを1冊買って常に持ち歩き、自分が日々遣ったお金をメモしていった。1か月たったところでそれを電卓で合計してみると、自分の1か月の生活費を知ることができた。当時はノートパソコンも持っていないので、ノートとボールペンと電卓で家計簿をつけていた。

この1か月分の家計簿をもとにシミュレーションしたところ、目標の50万円が貯まるまでに1年ぐらいかかることがわかった。友人の中には夏休みにアルバイトを徹底的にやって50万円以上貯めたという猛者もいたが、彼は実家通いでアルバイト代をすべて貯金に回せるという背景があり、アルバイト代から生活費を捻出していた私にとってはそれは難しい話だった。「でも1年も待っていられない！」私はそう思い、対策を考えた。手元に残るお金をなるべく増やすためには、当時の私が実行したことはただ2つ。

①アルバイトを増やすこと
②無駄遣いをしないこと

その結果、当初の予測を大きく上回って、半年後には目標の50万円を超える60万円が手元にあったのだ！　私が具体的に何をやったのかは割愛するが、一発逆転のウルトラCを実行したのではなく、先述の①と②を地道に実行しただけだ。といっても、私は授業数の少ない文系ではなく朝から夕方までほぼ授業が埋まっている理系の工学部であり、昼間からアルバイト三昧だったというわけではない。私が当初の予定よりもかなり早く目標金額を獲得することができた理由は、やはり家計簿をつけたからだと思う。日々家計簿をつけ、月単位で集計することにより、自分が今目標の何％を達成しているのかを把握することができ、「もっとアルバイトを頑張ろう！」というモチベーションが高まり、無駄遣いをすることもなくなった。このことによって家計簿をつけていない時代よりも手元に多くのお金を残すことができるようになったのだと思う。

私はこの時の経験から家計簿をつけることの重要性が理解できたので、その後も続けることにした。そのおかげで、24歳で1度目の独立を果たした時には300万円を、29歳で2度目の独立を果たした時には800万円を貯蓄することができていた。この金額を多いと感じる人も少ないと感じる人もいると思うが、2度目の独立を果たすまでにビジネスパートナーと揉めて高額な弁護士費用がかかったり、幼なじみと会社を起ち上げたもののその後ケンカ別れになり費やした資本金が無駄になったりと、ロスも多かった割には、上手に貯めることができたのではないかと思う。こういったロスがなければ1,000万円以上は手元に残っていたと思う。

＞お金の自己マネジメント法をマスターする

　振り返ってみれば私は家計簿をつけることを通して、「お金の自己マネジメント法」について習得していたのだと思う。よくよく考えてみると、個人が家計簿をつけないということは、個人を会社に置き換えて考えると会社が帳簿をつけないのと同じことだ。帳簿をつけていない会社は目標とする売上を達成しているかどうかもわからないし、お金の遣い方も荒くなるだろうから、そんな会社の経営がうまくいくはずがない。そう考えるとあらためて家計簿の大切さが認識できるのではないかと思う。

　私は大学時代にはメモ帳とボールペンと電卓で家計簿をつけていたが、社会人になってからは自分のノートパソコンを購入し、『Master Money』というソフトで家計を管理していた。このソフトは当時起業オタク仲間のI氏（P.124参照）から教えてもらったものだが、入力が簡単で確定申告にまで対応できるとても素晴らしいものだった。残念ながら今はこのソフトの開発は止まっているが、今は銀行口座やクレジットカードやポイントカードの履歴を自動連携して取得して統合管理できるサービスがあったり、領収証をスマホの写真に収めるだけで経費入力できるスマホアプリがあったりと、家計簿をつけるための便利なサービスがたくさんあるので、家計簿をつけるハードルはかなり下がっている。こういう作業を「面倒くさい」と思っているうちは、お金がほしいという言葉とは裏腹に、お金を貯めることを放棄しているようなものだ。

　といいつつも、私は30歳以降は家計簿をつけなくなった。その理由は、20代のうちに家計簿をつけたことによって無駄遣いをしないという習慣が身についたこと、そしてお金を稼ぐ力が上がることによって自分の労働時間単価の感覚も上がり、家計簿をつけてコスト削減を図るよりも、目の前の仕事に専念して売上アップを狙ったほうが、総合的には手元に残るお金が多くなるという感覚があるからだ。「では、いつまで家計簿をつければいいのだろう？」と思うかもしれないが、家計簿をつけなくて良くなるタイミングはなんとなく自分でわかるものなので、あなたがまだ一度も家計簿をつけていないという場合は、ぜひつけてみてほしいと思う。

＞目標達成にはメジャーリング（測定すること）が重要

まだ家計簿をつけたことがない人であればピンとこないかもしれないが、お金を貯めたいのに家計簿をつけないということは、ダイエットをして今より10kg痩せたいと思っている人が、毎日体重を測定するのを怠るのと同じようなものだ。測定するということは目標に対しての現在の位置を認識するということであり、これにより目標達成までの距離をつかむことができ、その結果あとどのぐらい頑張れば良いのかが明確になる。結果的に目標達成までの時間を早めることができたり、実現可能性が高くなる。バイクがほしいと思っていても家計簿をつけていなかったら50万円が貯まる時期がもっと遅くなっていただろうし、もしかしたらほかにお金を遣いたいことが出てきて、いつまでたっても50万円が貯まらなかったかもしれない。私が日々家計簿とバイクの雑誌を持ち歩き、「バイクを買うための資金を貯める！」という目標に一点集中できたからこそ、当初の予想よりも短い期間で実現できたのだと思う。家計簿をつけるメリットは、

- ●収支やお金の流れを把握できるようになる
- ●無駄遣いを減らして計画的に貯蓄できるようになる

ということだ。そして、これは貯蓄に限った話ではない。

どんな分野であっても結果を出したいと思ったら
「メジャーリング（測定すること）」が重要なのだ。

私はビジネスにおいても売上をもっと上げたい、Webサイトのアクセスをもっと上げたい、サービスの購入率をアップさせたいと思った時にはまず現状を把握するために各種の数字を測定する。そしてその数字を定期的に観測し、思ったような結果が得られているかどうか、自分の行動の方向性が正しいのかどうかを必ず確認しながら進めている。あなたも測定の習慣を身につけて計画的に目標達成を目指してほしい。

Point

家計簿をつけると個人の財務体質を鍛えることができる

家計簿をつけるメリットは、お金の流れを把握して管理する財務能力の基礎が身につくことだ。計画的に貯蓄できるようになろう。

会社員は「年収から税金を自動的に天引きされたお金」を手取りとして受け取っているが、自営業は「税金を支払う前のお金」を遣えるという大きな違いがある。ここでは、税引き前と税引き後のお金の概念を説明しよう。

質問＆回答サポートページ ☞ http://super-engineer.com/support/book1/3-5

＞会社員と自営業は税金が違う!?

私は20代のうちはビジネスで様々な損失を出してきた。

- ●ポータルサイトの広告代理店ビジネスへの加盟金.......................... 80万円
- ●世界の偉人の考え方が収録された教材 120万円
- ●ビジネスパートナーとトラブルになった時の弁護士費用 50万円
- ●幼なじみに貸して戻ってこなかったお金.. 45万円

など、ざっと挙げただけでも300万円程度は無駄な出費をしている。それでも29歳で800万円、32歳で3,300万円と、着実にお金を貯めることができ、その後、資産運用をスタートすることができた。

　これはただ単に節約をして貯めただけではなく、宝くじに当たったものでもなく、「税引き前のお金と税引き後のお金」の違いを知っていたからなのだと思う。これを意識できているかどうかで、手元に残るお金に結構な差が出てくることになる。

　会社員の場合、もらった給料のなかから様々な費用を支払わなければならないが、これは「税引き後のお金」。自営業者の場合、会社や個人に入ってきた売上のなかから支払える費用がある。いわゆる「経費処理」というもので、これは税金を支払う前に遣えるお金で、「税引き前のお金」から支払っていることになる。

　あなたはこの違いについて考えたことがあるだろうか？　答えはもちろん、「税引き前のお金」を使える自営業のほうが有利ということになる。税金の計算は複雑だし、年々改正されていて、税金の計算方法を説明するのが本書の目的ではないので、具体的な計算をするのではなく、あくまでも概念として説明したいと思う。

　例えば年収400万円の会社員が20万円のパソコンを購入すると、400万円から税金を払った後のお金でパソコンを購入することになる。これが売上が400万円の自営業の場合、パソコンを仕事に使うという前提だとすると、税金を払う前にパソコンの購入費用

を必要経費として計上することができ、税金計算となる［収入（売上－経費）］は380万円となり、税額を計算するための元となる数字は400万円から380万円に下がり、その結果税額も下がることになる。

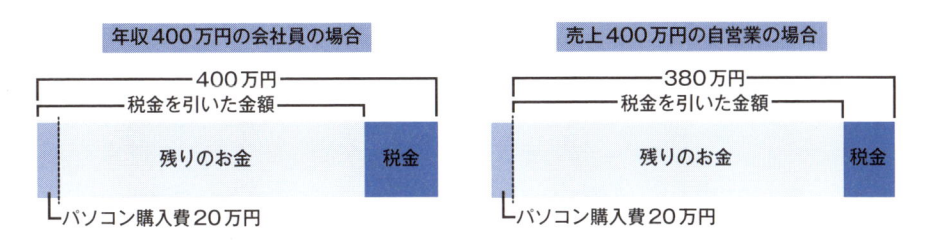

パソコンだけでなく、ほとんどの人が利用している携帯電話。これも仕事にしか使わないという前提で考えると、月額1万円かかっているとすると年間で12万円。税金計算となる［収入（売上－経費）］は368万円となり、税金はさらに下がる。

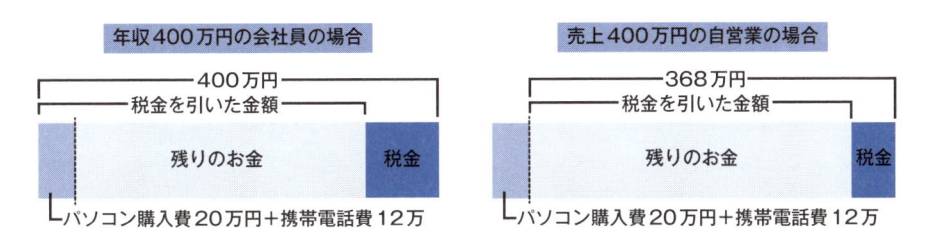

このほか、仕事のために遣う事務所費、水道光熱費、交通費など、やり方によっては必要経費として算入できるものがいくつかある。これらを必要経費として算入できると、さらに税金は下がることとなる。

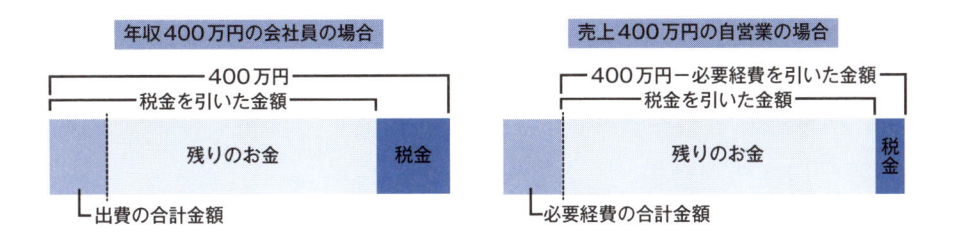

いわゆる「節税」ということだ。脱税は絶対にやってはいけないが、合法的な範囲での節税をやるかやらないかで、手元に残る金額は大きく変わってくる。

私達はこれ以外にも、健康保険という「見えない税金」を支払っている。なぜ見えない税金かというと、収入の額に応じて健康保険の金額が上がるからだ。会社員の場合、健

康保険料も天引きとなる。自営業となり、上手に必要経費を計上することができれば、見た目上の収入が下がることとなり、健康保険料も安くなる。つまり、より手元に残るお金が多くなるということだ。こういうことはまず学校では教えてくれないし、会社の上司も教えてくれない。でも知っている人はやっている。私自身も、人から教わったのではなく、会社経営についての書籍を読み漁るなかで知ったことだ。

さらに、我々のようなITを生業とする場合は、パソコンやスマートフォンなどの仕事道具にお金を使うことは、設備投資を行うようなものだ。仕事道具を最新のものに買い換えれば、仕事の効率も上がる。**仕事の効率が2倍になるということは、収入が2倍になったことと等価である。**もちろん、仕事の効率化をしたタイミングで実質的に入ってくるお金が増えることはないのだが、仕事を早く処理できるようになると、心理的に余裕ができて成果も上がるようになる。そもそも自営業は、税引き前のお金を遣えるという点において会社員とは「蓄財のエンジン」が全く違うのだ。

＞個人よりも法人のほうが節税対策に有利！?

個人よりも法人のほうが必要経費を認めてもらえる範囲が広くなっている。例えば、自動車の購入費用は個人事業主の場合はそれが事業用なのかプライベート用なのか曖昧な点があるので、必要経費として認めてもらえないケースもあるようだ。法人の場合は会社名義で自動車を購入しておくことで、ほぼ問題なく経費計上できる。「会社名義だから事業用ということにしましょう」という暗黙の了解になっているのかもしれない。また、自宅を会社の「社宅」扱いにすることでも大幅に経費計上できる。これは高い家賃を払っている場合はかなり有効ではないだろうか。また、会社の経営者向けの生命保険というものがあり、これも一定割合を経費計上できる。もちろん、個人で契約をしたければ個人でも契約ができる。年間7万円の法人住民税（2017年1月段階）を支払うだけで選択肢が増え、個人と法人の良いとこ取りができるようになるのだ。さらに、法人は節税対策以上のメリットがある。詳細は『5-7.1円も売上が上がっていない時から法人化する意味とは？』(P.130～133参照) にて解説してあるので、個人事業主にとどまらずに会社を起ち上げることも検討してみてほしい。

＞銀行口座の重要性

さて、ここまで会社と税金の話をしたところであなたに質問したい。

> あなたは「銀行口座の種類」を
> いくつ持っているだろうか？

✔ チェックポイント

- □ ①個人の銀行口座
- □ ②自分が所有する法人の銀行口座
- □ ③海外の個人の銀行口座
- □ ④自分が所有する海外の法人の銀行口座

　私はこれら4種類の口座をすべて持っている。これらを財布に例えると、種類の異なる4つの財布を持つことで蓄財しやすくなるのである。私が短期間のうちにある程度の資産を築くことができたのは、20代のうちに日本法人を作り、30代前半のうちに海外に個人の口座を作り、日本円で稼いだお金を外貨や海外不動産などに分散し、海外法人を作って新しいビジネスを立ち上げていったからだ。もし**①個人の銀行口座**だけだったとすると、資産の構築スピードは半分以下だったのではないかと思う。

　例えば、会社員のAさんの場合、副業で稼いだお金を個人の財布に入れると、所得が増えて税金も増えてしまう。ところが、会社員時代に法人を設立して副業で稼いだお金を法人の財布に入れると、Aさんの所得は増えないので、Aさんの税金は変わらない。法人では売上を必要経費で差し引いて残った金額が課税対象となる。もちろん、前述したように個人事業でも必要経費は計上できるが、個人よりも法人のほうが必要経費として認めてもらえる範囲が広いので節税に有利となる。会社員時代に自分の法人から給料を取らずに残しておけば、節税しつつ独立した時の運転資金にもできるのだ。

　海外の銀行口座を持つメリットは、海外で資産運用を行うための財布にできることだ。日本の銀行の定期預金は年間1％もなく、普通預金は当然それ以下なので、日本の銀行にお金を寝かせていても資産は増えないが、海外にはもっと利率の高い定期預金もあるし、より積極的な投資商品もある。ただし、魅力的な利回りの商品はそれなりにリスクがあるので、見た目の利回りにつられて大金を投入すると痛い目に合うことがあるので注意しよう。海外法人の銀行口座を持つメリットは、法人税の安い国でビジネスを展開すれば節税効果が得られることだ。いきなり海外は敷居が高いかもしれないが、まずは日本国内で法人を設立し法人口座を持つだけでも資産を加速度的に増やすことができる。

Point

異なる性質の銀行口座を持つ意味を理解しよう

　「会社員」＋「個人の銀行口座」の組み合わせが最も蓄財スピードが遅いと理解し、徐々に蓄財のエンジンをシフトしていこう。

収入を自分で決めることの意味とは？

会社員は「収入を会社から決められている」。対して独立起業すると「収入を自分で決めることができる」立場に変わる。収入を他人に決められる側から自分で決める側になるためには、どんなマインドが必要だろうか？

質問＆回答サポートページ ☞ http://super-engineer.com/support/book1/3-6

▶自分で年収を決めるとしたらいくら？

独立起業をする上で最も重要なことの1つとして、「自分の収入を決める」という作業がある。これは頭では理解できてもなかなか腑に落ちないものだ。我々は学校を卒業して会社に勤めた経験しかないうちは、自分の収入は常に他人に決められているからだ。会社の場合は雇い主である社長や人事部で給与が査定されて決められている。自分がもっと欲しいと思っても、会社の規定の範囲内でしか収入アップは望めない。だから会社員しかやったことがないうちは、収入を自分で決めるという感覚を持つことができないものだ。

問1

もし会社の社長から、「君は年収いくらほしいかね？」と聞かれたら、あなたは自信を持って自分の希望する年収をはっきり答えられるだろうか？
もし会社が自分で報酬を決めて良いというシステムになっていたら、あなたはいくらに設定するだろうか？

多くの場合、今の報酬よりも少し上に設定するのではないだろうか？　その理由は、あまり高く設定しすぎると報酬に見合った貢献ができるかどうかの不安も出てくるからだ。報酬に見合わない仕事しかできない場合、会社にいられなくなるか、減給されるかのどちらかの道を選択しなければいけないのではないかという不安だ。

問2

一方で、独立起業した後はどうだろうか？　上司や社長という存在がなくなり、自分自身が社長になるため、自分が報酬をいくら高く設定しても誰からも文句を言われることはない。年収1,000万円でも1億円でも、いくらでも好きな額を設定すれば良いのだ。あなたの理想の年収はいくらだろうか？

好きな金額を決めたら、その金額に責任を持たなければならない。社長はあなたなの

で、あなたが目標を達成できようができまいが、誰も文句を言ってくれない。

　では、自分で収入を決めるとはどういうことかについて説明しよう。例えば、1件成約すると10万円の報酬が得られるフルコミッション制の生命保険の営業の仕事があったとする。あなたの目標が月収100万円だとすると、1か月に10件成約すれば、目標は達成できることになる。1件成約するために平均10人に営業をする必要があるとすれば、10件成約するためには、母数として100人に営業をかければ良いということになる。すると、1日あたり平均3〜4人に電話したり直接会うなどしてアポを取れば良いことになる。理論上はこれで月収100万円は達成できる。しかし、「言うは易し行うは難し」という言葉があるとおり、多くの人が達成できずに挫折してしまうのはなぜだろうか?

▶多くの人が口にする「月収100万円」その根拠は?

「独立起業したらどのぐらい稼ぎたいですか?」という問いに対して、よく耳にするのが「月収100万円」という言葉だ。その理由は、多くの場合、会社員では月収100万円という「3桁万円」をクリアできるポストはなかなかないからだ。多くの場合は2桁万円にとどまるため、独立起業したら3桁万円を目指す人が多いのかもしれない。言うのは簡単だが、その実現可能性は、

> ①なぜ、その金額が欲しいのか?【根拠】
> ②そのためにあなたは、何を差し出せるか?【奉仕】

という2点がどの程度明確になっているかどうかで決まってくる。ほとんどの人は、会社からの給料でも十分生活できているため、それ以上の給料を目指そうとする場合には、それなりの根拠が必要だ。会社員時代以下の給料でも生活できるほど日本の生活環境は整っているので、明確な目的意識がないとズルズルと堕ちていってしまう可能性もある。世の中の仕組みは明確な目的意識がないのに収入だけアップするというように都合よくできているわけではない。そして、目指す収入が高ければ高いほど、実現するためのハードルは上がる。つまり、より努力をしなければいけないし、より仕事への時間や労力を割かなければいけないし、ビジネスの仕組みや場合によってはビジネスモデル自体も変えていかなければならない。目標金額だけ決めても、なぜその金額が必要なのかの「根拠」が曖昧であれば意志が弱くなるし、それに見合った「奉仕」がないと実現は不可能なのである。

　例えば独立起業して成功した社長がフェラーリに乗るというのはわかりやすい話だが、彼らは儲かったからフェラーリを買ったのではなく、儲かる前からフェラーリがほしか

ったのだ。つまり、「フェラーリがほしいから3,000万円稼ぐ必要がある」という明確な根拠を持っているのである。フェラーリを手にした後のライフスタイルのワクワク感を妄想しながら、普通の人では難しさや面倒臭さを感じるようなこともなんなくやってのけている。彼らは明確な根拠を持っているからこそ、先に挙げた普通の人なら敬遠するようなフルコミッション制の営業でも何でもやってとにかくお金を稼ごうという強い動機が生まれるのだ。

そして目標を達成するために寝ても覚めてもビジネスのことばかり考えている。これが「奉仕」に該当する。奉仕という言葉を遣っているのは、ボランティア精神を持てという意味ではない。**独立起業してお金をいただくためには、何の保証もない状態で、自分の時間や労力を「先に差し出す」必要がある。**これが会社員時代の給料との大きな違いだ。自分がビジネスに費やしている時間と報酬を比べてみると、特にビジネスの初期段階では「割に合わない」と感じるかもしれない。また、「奉仕」は行き過ぎると「犠牲」になることもある。上場企業の社長の多くは家庭崩壊しているとベンチャーキャピタルの担当者に聞いたことがある。仕事に注力するあまり、家族を顧みることができていない経営者が少なくないということなのだろう。この場合、家族との時間を犠牲にしている。また、何十億も運用している株やFXの個人投資家達は、市場が開いている間はずっとパソコンの前にはりついて取引をしている。ストレスも相当なものだという。彼らもまた、健康と時間を犠牲にしている。

私は「収入を決める方程式」として下記のように定義している。

$$収入＝根拠 \times 奉仕（犠牲）$$

つまり、それなりの収入を得ようと思ったら、それなりの根拠と奉仕が必要（時には犠牲）ということだ。ビジネスの世界で成功した人が豪華な暮らしを手に入れている裏側には、やはりこういった側面も必ずあるのだ。このことを前提として、自分がどの収入を目指すのかを決めると良いと思う。このように考えると、「高い収入を得るには犠牲が伴って大変ではないか、結局あまり高い収入を望まないほうが良いのか?」と思われるかもしれないが、『8-3.幸せの尺度の意識改革』(P.244〜247)で紹介する、私が提唱し自ら実践している『5 Llike Method』を取り入れることができれば、奉仕は苦痛を伴うものではなく充足感を得られるものとなり、どれだけ仕事をしても疲労感やストレスがなく、仕事をすればするほど顧客に喜ばれ、収入が上がり、さらに頑張ることができるというプラスの循環に入ることができるようになるだろう。

▶ 稼ぐためには明確で強い根拠が必要である

　起業を決意した22歳の頃の私は、ただなんとなく「お金持ちになって今よりいい生活がしたい」という漠然とした気持ちがあっただけで、「収入＝根拠×奉仕」の公式にあてはめるだけの明確な根拠を持っていなかった。そんな私に訪れた転機とは？

　私はアクセンチュアを2006年の5月末で退社することになっていたのだが、その直前の有給消化期間に妻と出会ったのだった。初回のデートで交際の申込をし、それから毎週末にデートをし、どんどん好きになっていった。結婚するなら彼女しかいないと思ったので、8度目のデートで自分からプロポーズをした。でも実を言うと、本当は結婚はもう少し先が良いのではないかと思っていた。当時の私は今後果たしてどのぐらい稼げるかもわからなかったので、妻のご両親が不安に感じるのではないかと思ったからであった。ところが、妻のご両親に会ってみたところ私の仕事や独立起業することに理解を示して下さり、特に反対されなかったので、独立起業とほぼ同時に結婚することになった。家賃27万円の新築タワー型マンションに引っ越して妻と共同生活をスタートしたことで、「2人分の生活費を稼いで妻や妻の両親に安心してもらいたい。そのためには意地でも月に100万円は稼がなければ！」という明確で強い根拠が生まれ、目標収入を達成できたのだ。独立のタイミングで結婚したことは、私にとっては良いタイミングだったと思う。もしあの時まだ独身だったら、100万円を稼ぐ必要性のある根拠が自分のなかに見いだせたかどうかわからない。

　多くの人は、「どうやって稼ぐか」を考えようとはするものの「なぜ稼ぐ必要があるのか？」についてはあまり考えることはない。本来、何の目的のためにいくら稼ぎたいかという根拠があり、その根拠をもとに動機（モチベーション）が生まれる。

　大事なのは「どうやって稼ぐか？[How]」ではなく、「なぜ稼ぐ必要があるのか？[Why]」なのだ。「なぜ[Why]」が明確であれば、「どうやって[How]」は後からいくらでもついてくる。

Point

稼ぐための根拠が固まっていれば、奉仕する動機が生まれる

収入を自分で決めて達成できるかどうかは、根拠を持っているかどうかだ。

- 独立起業したら報酬を決めるのは自分だと肝に銘じておく
- 自分で決めた金額には、自分自身で責任を持つ
- 目標収入を実現するには、根拠と奉仕が必要条件である
- 「どうやって稼ぐか？[How]」よりも
  「なぜ稼ぐ必要があるのか？[Why]」を大切にする

3-7 一生お金に困らない人になる

誰もが「一生お金に困りたくない！」と思うものだが、一生お金に困らない人になるにはどんな要素が必要だろうか？　ここでは、一生お金に困らない人になるためのマインドと処世術を共有しよう。

質問＆回答サポートページ ☞ http://super-engineer.com/support/book1/3-7

▶一生お金に困らないようになるには

　私は今後一生、お金に困ることはないと思う。そういうと私が一生働かなくてもすむほどの資産を持っていると思われるかもしれないが、そうではない。そもそも一生働かなくてもすむ資産とはいくらだろうか？　1億円、2億円と人によってイメージする数字は異なると思うし、今後の人生でやりたいことの内容によっても必要な金額は変わってくるので、私も今後の人生でいくら必要かなんて考えたことはない。それにも関わらず、一生お金に不安がないというのはどういうことだろうか？

　宝くじで1億円当たった人がその後すぐにそのお金を失うという話を聞くように、いくら資産を持っていても、［(収入) − (支出)］の値がマイナスであれば、いずれ資産はなくなってしまう。逆に、今1円も資産を持っていないとしても、［(収入) − (支出)］の値がプラスになれば、一生お金に困ることがなくなる。あなたが仮に自力で毎月20万円しか稼げないとしても、毎月15万円以下で生活できるようにコントロールすることができれば、理論上は毎月5万円ずつ貯金が増えていき、老後の心配もしなくて良くなるのだ。

　［(収入) − (支出)］の値を常にプラスにするためには、3つの力が必要不可欠となる。

> ## ✓ チェックポイント
>
> - ☐ ①収入を増やす力
> - ☐ ②支出を抑える力
> - ☐ ③両者を管理してコントロールする力

　世間一般で言われるところの「経済的な自由」を獲得するには、何も莫大なお金を稼ぐ必要はないのである。むしろ、収入と支出をコントロールする力さえあれば大丈夫なのだ。私はそういった意味で、もう一生お金に困ることはないだろうなと思うことができている。

あなたは「○歳までにいくら稼いで、○歳までにいくら貯蓄をすれば大丈夫」という計算をして安心したいかもしれない。でも、考えてほしい。今あなたの手元に1億円あれば、老後は安心かもしれないが、1億円を銀行に預けっぱなしにして少しずつ遣うような人生は、そのうちつまらないものに思えてくるに違いない。より多くのお金を稼ぐことができるようになると実現できることも増えるので、もっと欲が出るようになるものだ。旅行先のホテルも今まではせいぜい3つ星で満足していたところが5つ星でないと満足できなくなったり、国産車ではなく外車でないと満足できなくなったり、住む家のグレードも上げたくなったりする。つまり、「自分にとって一生涯に必要なお金」は、状況によって増えもするし減りもするので、考えても仕方がないのだ。大事なのは、[(収入)−(支出)]が常にプラスになるよう維持することだ。注意すべきことは、一時的に稼げるようになり生活レベルが上った後、事業の調子が悪くなり収入が減っているにも関わらず、生活レベルを落とすことができずに[(収入)−(支出)]がマイナスになってしまうパターンだ。こうなってくると気持ちに余裕がなくなり、現状を冷静に判断できなくなり、スランプに陥る。いざとなれば、いつでも駆け出しの頃の四畳半＋レトルトの牛丼の生活に戻れる覚悟があれば、どんなに事業が不調な時でも揺るぎない上昇志向を保つことができるのである。これが、「一生お金に困らない人」になるために私が到達した答えだ。一生お金に困らない人になるために必要な3つの力について説明しよう。

Point1 ▶ 収入を増やす力

●貪欲さ

そもそも稼ぐ目的がないと力が湧いてこない。私は自分のステージが上がっていくにつれ、様々な成功者と会う機会が増えていったが、たくさん稼いでいる人ほど、自分の欲求に素直に行動しているということがわかった。私も自分の欲求になるべく素直になるように心がけている。

●見積力

この力を身につければ、いつでも自分が望んだ金額を顧客から獲得することができるようになる。詳しくはChapter5とChapter6で触れるが、最初は小さい金額でも良いので、とにかくたくさんの取引経験を積むことで見積力をアップさせることができる。

●顧客対応能力

日々の顧客とのやり取りにおいて、コツコツとプラスのポイントを稼いでいき、常に優位な立場を維持する能力だ。詳しくはChapter6で解説する。

●障害対応能力

IT系の仕事において「障害」はつきものだ。つい「できて当たり前、できなければ評価が下がる」という「減点主義」に陥りやすいが、この能力をつけておくと、障害発生

という苦しい局面においても、逆に顧客からの信頼を勝ち得ることができ、良好な関係を維持することができるようになる。

●ITが苦手な顧客を持つ

これは私が独立起業してみて気づいた盲点だった。我々は会社にいる時に常にスキルアップすることを求められる。その結果、常に最新のITの環境に身を置かないと自分の価値が下がってしまうのではないかと「錯覚」してしまっている。ところが、IT業界以外の顧客からしてみれば、時は止まっているようなものだ。最先端の技術を磨くよりも、実は「ITに遅れている顧客を開拓する」だけで、自分の技術が進化しなくても10年、20年と食べていくことができる。事実、私の技術レベルは26歳のアクセンチュアに入る手前で止まっているが、それでも収入はどんどん上がっている。

●ビジネスが得意なパートナーと組む

我々ITエンジニアは、技術に精通していることと引き換えにビジネスを組み立てるのがとても苦手だ。技術とビジネスは相反する要素があり、片方の能力を高めると片方の能力は衰退する。そこで、これまでITの道を極めてきた我々が取るべき道は、「ビジネスが得意なパートナーを見つけて組む」ということだ。稀にITエンジニア上がりのビジネスマンで両方極めているスーパーマンもいるが、ほとんどの場合はビジネスが得意な人はITが苦手だ。こういう人と組むことができれば、お互いの得意な部分を出し合うことで相乗効果を生み出すことができる。

Point2　支出を抑える力

●作業の効率化

我々のような小規模な事業者にとって、自分の時間は最も重要なリソースだ。1つの作業を半分の時間で終えることができるようになれば、開発にかかるコストも半分にすることができる。つまり利益率が上がるということだ。そのために、常日頃から自身が使っているハードウェア、ソフトウェア、開発フレームワークといった仕事環境や、無駄なミーティングはしない、手戻りをしない仕事の進め方といった点について常にブラッシュアップし、効率化を図ることで、実質的に支出を抑えることができる。

●自制心

無駄な出費を抑えるためには、本当に自分に必要なものを見極め、その他のことにはお金を遣わないようにする自制心が必要だ。気のすすまない飲み会、世間体を気にして身につけているブランド品や高級時計、高級車、高級マンションなどは本当に必要なのか。もちろん、自分が本当に手に入れたいと思えるのであれば全く問題ないのだが、稼ぎが少ない時には躊躇なく生活レベルを下げることができる身軽さも重要だ。

Point3 収入と支出を管理してコントロールする力

●個人の家計簿

個人の収入と支出を記録し、把握する習慣をつけることで、[(収入) − (支出)] がマイナスにならない体質を作ることができる。詳しくは『3-4.ポイントは、とにかく「メジャーリング」』(P.90〜93参照) を参照。

●法人の会計

事業を行っていく上では永遠につける必要がある。税理士任せにするのではなく、自分でも数字を把握し、そして適宜事業計画を見直していくことだ。ただ、貸借対照表 (BS) と損益計算書 (PL) が読める程度で良いだろう。なぜかというと、会計資料とは過去の結果を見るためのものであり、数字だらけのものなのでこれを見るだけではどんな事業が儲かっているかや今後の事業の見通しはたてにくいからだ。税理士と話をするために必要最小限の知識をつけておけば良い。

●税金の仕組み

個人事業主や法人において、どのようなものが必要経費として認められるのかについて、「勘定科目」をひととおり理解しておいたほうが良いだろう。簿記の本を1冊読破すれば必要な知識を習得することができる。私は学生時代に簿記検定の3級を取得した。

●事業の先行きを判断する力

日々、顧客対応をしながら「この顧客とのビジネスはいつまで続くだろうか?」と考えておく。1年ぐらい続きそうであれば、その顧客からの売上は1年は見込んでよいことになり、その顧客からの毎月の売上×12か月分は、[将来得られる売上] としてカウントし、売上台帳の来来月の欄に数字を入れておく。これが積み上がっていけば安心材料になっていく。私の場合、事業年度の開始の時点で今期の売上の見通しがおおよそついているので、事業計画をじっくりと練ることができる。事業計画といってもとてもシンプルなもので、顧客単位、事業単位で売上の見込みと実績を月単位で入力するだけだ。私はこれをやっていたおかげで、実はシステム開発案件よりも運用案件のほうが利益率が高く安定的だと気づくことができたし、非労働集約型のビジネスを拡大することができた。詳しくは『付録:"平城式"売上台帳』(P.250〜253参照) にて解説する。

Point

収入を増やし、支出を抑えて、収支を管理する力をつけよう

お金をたくさん稼ぐことができるようになれば、一生お金に困らない人になれるわけではない。収支を管理してコントロールする力が必要不可欠だ。

「エンドユーザーの声が届かないB2Bの仕事は、モチベーションの維持が難しいです」

ITエンジニアしかいない環境で働いていると、自分の技術力に不安を抱えがちである。またユーザーの顔が見えない業務ではモチベーションの維持も難しい。しかし外に目を向けてみると、自分の技術で社会に貢献できることは多々あるのではないだろうか。

新卒から同じ会社に勤めて9年目、顧客管理システム開発に携わっています。残業も少なくゆるい環境のため業界での自分の技術力のなさが気になっています。平城さんの考えを参考にさせていただくと、誰でもビジネスに活かせる部分を持っていると思って良いのでしょうか？

N.A.さん (31歳)
顧客管理をするシステムに携わり、サーバ側のシステムの設計をしている。

そのとおりです。私達が日々会社で行っている仕事は、その会社の経営者の方が「マネーファースト（お金になるかどうかを先に考える）」の考え方にもとづいて会社を経営し、その過程で生まれたものなので、お金という対価をいただく価値のある仕事です。つまり会社で経験したことは他でもニーズがあるということです。まずは会社でやっていたことを社外の人に提供できないかを考えてみるとヒントになると思います。

会社での仕事は大規模システムの開発で、エンドユーザーの声が届くことがありません。そのためやりがいを感じられずモチベーションの維持が難しいです。平城さんはどのようにしてモチベーションを上げていましたか？

同じ仕事でも嫌々やると面白くなく感じ、積極的にやると面白く感じるものです。私は常に自分に与えられた仕事に前向きに取り組むようにしてきました。もちろん、最初からそのようにできたわけではないのですが、途中で頭を切り替えて前向きに取り組むと意外に面白く感じるし達成感も得られ、その仕事から学べることがたくさんありました。

Webデザインのビジネスをパートナーと準備中です。Webデザインはそのうち誰でもできるようになるからビジネスとして成り立つのは短期間だと想定する反面、まだまだIT系全般が苦手な方はいるから需要は続くのではないかとも思っています。平城さんも後者のお考えをお持ちでしょうか？

世の中がどんなに便利になっても、仕事の形が変わるだけで仕事そのものがなくなることはないと思います。例えば今回のWebデザインに関していえば、様々なツールが出てきて素人でもある程度のクオリティのものが作れるようになりましたが、ツールの使い方を教える仕事やツールを比較して紹介する仕事などが新たに生まれています。

支出を抑えることについて書かれていますが、本当にとことん抑えられていた様子が伺えます。「他のものを抑えてもこれだけは抑えたくない」というものはありましたか？

アクセンチュア時代は、当時独身で彼女がほしいということもあり、住むマンションとファッションにはある程度お金をかけていたのではないかと思います。メリハリはつけて良いと思います。

企業がセキュリティに関する教育やPCの利用ルールを徹底しているのに対し、個人はフリーWiFi環境でも仕事をしていたりと、企業と個人とでセキュリティレベルの差が大きいことが気になっています。これはビジネスの規模によるのでしょうか？ それとも人によるのでしょうか？

はい。企業と個人の差は大きいと思います。また大企業と中小企業の差も大きいと思います。個人の場合はその人の判断に委ねられますので、世の中の情勢を見ながら可能な範囲で対応すれば良いと思います。

Chapter 4

ビジネス思考に転換する

4-1

経営に「ヒト・モノ・カネ」は重要か？

4-2

「ビジネスライク」という言葉の意味とは？

4-3

「需要と供給」の本質を知る

4-4

「マネーファースト」という考え方

経営の三要素の活用法は従来のままで良いのか？

徹底的な効率化の先に辿り着いた「ノマド式経営」

「ヒト」は雇わない

「事務所」は借りない

「電話」は使わない

「カネ」は借りない

ビジネスライクになりきれないと落とし穴にはまる!?

「ビジネスライク」かつ良好な信頼関係を築く

「需要と供給」の意味とは？

「需要と供給」の本質を理解すれば商取引でも有利に交渉できる

「マネーファースト」の意味とは？

お金になるかどうかを真っ先に考える

4-1 経営に「ヒト・モノ・カネ」は重要か？

従来より会社経営に必要な資源は「ヒト・モノ・カネ」の三要素だと言われてきたが、副業の開始時点では経営資源が不足している状態にあることが多い。ITエンジニアのスキルを活かせばどんな経営手法が可能だろうか。

質問＆回答サポートページ ☞ http://super-engineer.com/support/book1/4-1

▶経営の三要素の活用法は従来のままで良いのか？

　一般的に『経営には「ヒト・モノ・カネ」が重要』と言われる（最近では、これに加え「情報」も重要とされている）が、私なりの見解をお伝えしておきたい。経営について書かれた書籍を読み漁っていると必ず出てくる「経営の三要素」。大学で経営学部を専攻すると、先生からこのお決まりのフレーズを習うかもしれない。ところが世の中で教えられている「ヒト・モノ・カネ」の使い方は一定以上の規模の会社の事例は豊富にあっても、我々のような小規模（1人〜数人程度）のビジネスの事例はあまりないのではないだろうか？　小規模なビジネスにおいても、「ヒト・モノ・カネ」の使い方を意識することで、堅実に経営することが可能だ。ここでは、経営の三要素について、多くの経営者が陥っている過ちについて言及しながら解説していく。

　ある取引会社とのミーティングの時の話だ。パートナー会社の社長が同席した。履きつぶした感のある革靴、シワのよったワイシャツ、アイロンのきいていないパンツ。表情にもどこか覇気がない。私の会社よりも多くの社員を抱え、資本金も大きいはず——。なのに、営業トークにもなんとなくメリハリがない。社員の噂では、経営状態も結構危ないらしい。こんな様子を見ながら、私は考えた。

> 今までは、「ヒト・モノ・カネ」をうまく使いこなすことが会社経営のコツであると言われてきたが、うまく使いこなせている経営者がどれだけいるだろうか？
> なぜ使いこなすことができないのだろうか？
> 「具体的な使いこなし方」を教えてくれる人がいないからではないだろうか？

　現在成功している経営者達も、果たして最初から「ヒト・モノ・カネ」をうまく使いこなせていたのだろうか？　失敗に失敗を重ね、時には持ち家を担保にして借金をし、会社を支えてきたかもしれない。「オン・ザ・ジョブ・トレーニング」でしかマスターす

ることができなかった。そんな時代だったから、世間では「10年続く会社は10％以下」などと言われてきたのではないだろうか。

「ヒト・モノ・カネ」の上手な使い方は、業種やビジネスモデルによっても異なるだろうし、ましてや学校で習ったからといって次の日から実践できるものでもない。

さて、ここで我々ITエンジニアの強みを活かして解決していこう。

- ITに強い
- 常にネットにつながっている

この強みを最大限に活用すると、これまでの経営の常識を打ち破ることができる。

- 会社を作ったら、人を雇うのが当たり前？
- 会社を作ったら、事務所を借りるのが当たり前？
- 会社を作ったら、銀行からお金を借りるのが当たり前？

本当に当たり前だろうか？

我々ITエンジニアには技術があるので、人の力を借りなくてもお金は稼げる。モノを売らなくてもお金は稼げる。PC1台とネット環境があれば仕事ができるので、事務所も必要ない。資金なしでもスタートできる。

さて、この利点を念頭に置いて、あなたが事業を起こすとしたら、ここからじっくり読んで考えてみてほしい。

創業期

まずはあなた1人で、手持ちの資金を遣って、自宅で副業からスタートしてみる。そして、実作業から会計、事務作業まで1人でやってみる。そして、お金が稼げるようになってきたら、少しずつ、稼ぐこと以外の作業、つまり会計や事務作業を外注する。

稼ぐこと以外の作業を外注化できるようになったら、次のステップに進む。自分が稼ぐためにやっている作業（プログラミングであれば開発作業）をより単純化できないか検討する。検討の結果、単純化できるところから外注する。いろいろな外注パートナーを試してみて相性を確認する。そうしているうちに仕事が増えて外注だけでは回りきれなくなるタイミングがくる。そこで始めて、外注から社員への転換だ。

まずは、外注パートナーに社員になってもらえないかお願いしてみる。難しいようであれば、他をあたる。この時点で社員化するメリットとして「稼ぐためのノウハウが確立されている」ので、社員を雇う、つまり増やしたマンパワーに比例して売上を伸ばすことが可能となる。

このようなステップを踏むことで、無駄なコストを最小限に抑え、ビジネスを順調に拡大していきやすくなる。

▷ 徹底的な効率化の先に辿り着いた「ノマド式経営」

私は2006年に29歳で2度目の独立を果たした後、「1人でどこまで稼げるか？」ということを追究してきた。それは20代にビジネスのパートナーシップにおいて何度もトラブルを経験したからという点もある。そこで私の一風変わった経営スタイルを紹介したい。

point 1 「ヒト」は雇わない

私と一緒にビジネスをしている人は、「ビジネスパートナー」か「外注パートナー」のどちらかである。ビジネスパートナーの場合は必要なコストはお互いに負担し合い、利益もシェアする。外注パートナーの場合はあらかじめ時間給を決めておき、稼働していただいた時間に応じて支払うようにしている。こうすることによって、正社員であれば「固定費」となる人件費を変動費化することができ、無駄のないリソース管理ができるようになる。外注パートナーの募集は『@SOHO』や自分のメールマガジンで行っているが、過去10年間で必要なスキルを持つ人を確保できなかったことは一度もない。

point 2 「事務所」は借りない

社員がいなければ事務所を借りる必要もないし、また私のようにいつも日本国内や海外を飛び回っている場合は、1か所に事務所を持つ意味があまりない。ただ、最近は2人の娘が成長して自宅が手狭になったので、自分の書斎としての部屋を借りることにした。普段はホテルのラウンジやカフェなど好きな場所で仕事をし、1人でこもって仕事をしたい時には書斎を使うようにしている。

point 3 「電話」は使わない

私は電話ほど「相手の時間を奪う」道具はないと思っている。なぜならばこちらが意図しない時にかかってくるし、電話に出るまで要件がわからないからだ。それが1分で終わるのか10分以上かかるのかでは、応答する時の心の準備が大きく変わってくる。独立起業当初は名刺に固定電話の番号を入れ、携帯電話に転送していたのだが、完全ノマド化を実現する過程で名刺から電話番号を削除し、そのかわりメールとSkypeもしくはSlackというチャットのツールで顧客やパートナーとやり取りしている。

point 4 「カネ」は借りない

私は不動産購入のための資金は銀行から借りているが、事業資金はすべて自己資金でまかなっている。他人の資本を受け入れれば100％自分の意思で決定できなくなり、事業の自由度が損なわれてしまうからだ。

私は、この経営手法を『ノマド式経営』と命名している。社員を雇っていなくても、固定の事務所を持たなくても10以上の事業を展開することができている。オンラインで「自分チーム」を結成し、メンバー全員がノマド的に仕事をしている。私はメンバーを縛らないし、逆に私がメンバーに縛られることもない。そしてこのチームの良いところは、お互いにストレスが一切ないということだ。これはまさにインターネットを活用した新しい組織のカタチではないだろうか？　この「自分チーム」を結成して運営していく方法は『8-2.働き方の意識改革』(P.240〜243参照)で解説する。

ほとんどの経営者は、安易に事務所を構え、安易に社員を雇い、安易に銀行からお金を借りている。まさに、昭和時代から唱えられてきた「三種の神器」を揃えるかのように。そんな経営手法だから、10年間生き残り続けるのが難しいのではないだろうか？

Point

「ヒト・モノ・カネ」の使い方を再定義しよう！

我々ITエンジニアは、PC1台とインターネット環境さえあれば、たった1人でも副業からスタートして独立起業し、「ノマド式経営」を実現しやすい条件を備えている。時代はどんどん変化している。既存の概念にとらわれず、ゼロベースでITをフルに活用することで、我々が新しい経営スタイルのお手本になることができるのだ！

「ビジネスライク」という言葉の意味とは?

仕事上の人間関係やビジネスパートナーとの関係に私情を持ち込むと判断が甘くなって手痛い失敗をする場合がある。「ビジネスライクに対応すること」は非常に大切なことではないだろうか。

質問＆回答サポートページ ☞ http://super-engineer.com/support/book1/4-2

▶ ビジネスライクになりきれないと落とし穴にはまる!?

「ビジネスライク」という言葉も、ビジネス社会においてよく耳にするが、この言葉の重みを実感としてわかっていない人が多いと思う。

意味

仕事と割り切って私情を挟まず能率重視で接するさま

会社で働くにしても、独立起業するにしても、仕事上の人間関係では「ビジネスライク」に対応する必要性を理解しておかないと大きな落とし穴にはまることがある。私の過去の実体験をもとに解説したい。

私は最初の会社員時代にインターネット上の『お仕事掲示板』でネットショップの運営者と出会ってショッピングカートのビジネスを立ち上げ、その半年後には東京の会社のF社長と出会ってF社長のビジネスを手伝っていた。こうしてショッピングカートのビジネスと、F社長のビジネスの2つを副業の主収入源として活動するようになっていた。

Character introduction

F社長
『お仕事掲示板』で出会った
東京の建築会社の社長

当時の私は大学を卒業し、福岡の学生時代のアパートにそのまま住んでいた。毎朝5時に起床して8時までの出社の間、『MSN Messenger』を立ち上げてチャットでやりとりしながら、F社長のビジネスを手伝っていた（当時は『Skype』はまだ日本に入って来ていなかった）。

その頃にF社長がよく口にしていたのが、「ビジネスライク」という言葉だった。当時まだビジネス社会に揉まれていなかった、今思えばとても甘々だった私は、この言葉の意味を頭ではわかっていても腑に落ちてはいなかった。

F社長の手伝いを1年ほどした頃、ショッピングカートのビジネスも軌道に乗り、副

業からの収入は会社からもらう給料と同じぐらいになっていた。

　当時の私は、インターネット関連で独立起業するならやはり本場のシリコンバレーに行きたいと思っていた。そのためには500万円ほど軍資金がいると考えていた。大学を卒業し、初めて就職した時点では全財産が10万円ほどしかなかったのが、徹底した節約と副業のおかげで、1年半で300万円ほどの貯金をすることができた。

　そんな時、F社長から「東京に来ないか」という提案をもらった。F社長は、建築業界に革命を起こすようなビジネスモデルを考えており、そのためにはITの仕組みが鍵となり、そのシステムを私が開発していた。過去1年間、月額3万円で1日あたり2時間以上、月にして60時間以上をF社長に捧げてきた私の尽力を評価して、システム担当役員に迎え入れてくれるという話になったのだ。私としては最終的にはシリコンバレーで独立起業したいと思っていたが、東京には住んだことがないし、18年間宮崎という田舎で生まれ育った私には、「大都会東京」への憧れがあり、「一度は住んでみたいな」と思っていた。

> シリコンバレーに行くための目標額にはあと200万円ほど足りない。でも、今の会社で身につけられる技術はほとんど身につけてしまったし、あと2年間福岡で悶々としているよりは1年ほど東京に住んでみるのもいいかな。

　そして私は会社を辞めて上京する決心をした。1年限定のつもりだったし、住む家の下見に行く時間とお金がもったいないと思ったのと、土地勘がなかったので、高校時代の同級生に東京都内で住みやすいところはどこか聞いてみた。「中野区か杉並区」という回答だったので、中野区のレオパレスのマンスリーマンションを1年契約で借りることにした。部屋はロフト付きではあるもののたったの12平米しかない、最も安いタイプで月額11万円のところ、1年契約にすると7万5千円に割引してもらえる条件だった。敷金2か月分を含む合計14か月分、105万円を一括で送金した。東京に1年滞在した後はシリコンバレーに行くつもりだったので、東京に持っていく荷物は必要最小限に絞り、その他はその場で処分し、引越し業者もネットで調べて最も安い業者に依頼し、上京することを家族とビジネスパートナーにだけ告げてひっそりと上京したのだった。12平米という狭さは覚悟していたものの、玄関の靴を脱ぐ場所にトイレの入リ口がついていたのには、さすがの私も驚いた。

　東京に着いた翌日から、私はF社長のオフィスに行って業務を開始した。勤務条件としては、これまでと違いフルタイムでの勤務となるため、月額10万円ということになった。「月額10万円？」今は戦時中ではなく平成だ。家賃はすでに前払いしているのでかか

らないとしても、月10万円で生活するには相当節約しなければならない。普通ならそう思うだろうが、私はショッピングカートのビジネスから毎月30万円ぐらいの安定収入があったし、従業員としてではなく経営陣として関わるのだから10万円もらえるだけでもありがたいものだと思っていた。他にも数名の役員はいたが、実働を伴っているのはF社長と私だけだった。

　F社長は派手な展開が好きなタイプで、すぐに事務スタッフを抱えることになった。私は毎日会社に通い、日本初、いや世界初となるシステムを生み出すために開発作業を行っていた。事務所にいるのは基本的には私と事務の女性だけ。年頃も近かったこともあり、次第に仲良くなっていった。

　ある日、昼食をとりながら話をしていて、その女性はハイキングが好きでおすすめの場所があるから一緒に行ってみないかと誘われ、私はここのところずっとプログラミングばかりしていたので気分転換に良いかと思い、その誘いに同意した。彼女は既婚者だったし、私としては特に恋愛感情があったわけではなく、単なる友達として捉えていた。そして私は特に意識せずにそのことをF社長に伝えたら、F社長はその場で激怒し、私を役員から解任すると言い出した。私はその時、なぜそこまで怒られるのか理解できなかった。F社長は私を役員から解任するばかりか、F社長が経営する別会社の造園会社での労務を命じてきた。私はF社長の仕打ちはあんまりだと思ったものの、自分が正しいのかどうかもわからなかったので、かなり迷いながらも従うことにした。私は当初、システム担当役員として迎え入れられていたので造園会社の現場スタッフの皆さんも私に一目置いてくれていたが、現場に入ったら私は見習い扱いをされることになった。現場監督もキマリが悪そうだったし、私の中では屈辱的な気持ちで一杯だった。この件の顛末としては、約1か月程度現場作業をこなした後、もとの業務に戻れることになった。

　F社長のやり方は極端だったかもしれないが、この事件を通して、

> 会社の経営者と従業員は労使関係にあるので
> 一線を引いておかなければならない。

という教訓を学んだのだと、今となっては理解できる。

　「ビジネスライク」とは、ビジネスに私情を持ち込まないということだ。家族や親しい友人と一緒にビジネスをする場合には特に注意しておかなければならない。昔なら戦（いくさ）、現代ではビジネスやプロのスポーツの世界など、真剣勝負をする場では私情は命取りになる。

▷「ビジネスライク」かつ良好な信頼関係を築く

> **心得** 「ビジネスライク」とは、私情とビジネスを分離すること

ビジネスパートナーと組んで共同事業を行う場合であっても鉄則だと思う。
私が過去にビジネスライクになりきれずに失敗した例としては、

- 幼なじみと会社を起ち上げて自分が100%株主であるにも関わらず言いたいことが言えず、ストレスが溜まって最終的には喧嘩別れとなってしまった
- お金がなかったビジネスパートナーに借用書も取らずにお金を貸してしまい、結果的に1円も戻ってこなかった（45万円の損失）

など、「ビジネスライク」という言葉の意味をわかっていなかった時代には数々の勉強代を払うことになった。共同経営で会社を起ち上げたはずなのに、経営陣の人間関係のもつれが原因でビジネスに暗雲が立ち込めてしまっては本末転倒になってしまう。

　友人に仕事を外注するような場合も要注意だ。もともとは仲の良い間柄であるだけに、相手に対して厳しいことを言いづらいのだが、仕事の受発注は労使関係のように基本的には利害関係が対立するので、どちらかが納得がいかない場合に言いたいことが言えず、不満足な結果となりやすい。

　つまり、満足のいく商取引を行いたい場合は、相手と一定の緊張感を保つ必要があるが、ビジネスライクに割り切れないという人の場合は、家族や親しい友人とは一緒にやらない、仕事も依頼しない、という選択も検討する必要があるのではないかと思う。

　しかし、そうはいっても、私も相手も所詮は生身の人間である。あまりにもドライで表面的に接しているだけでは真の信頼関係を築けない場面もある。「どこまでビジネスライクに接するべきか」は、時と場合にも、相手にもよる。「ビジネスライク」のバランスをよく心得てビジネスの対人コミュニケーションにうまく活用していくことが必要不可欠なことは言うまでもないだろう。

> **Point**
>
> ### ビジネスライクに対応し、私情とビジネスを線引きする
>
> 会社経営や仕事で関わる人間関係に私情を持ち込むとトラブルが生じることがある。ビジネスライクかつ良好な信頼関係を築こう。

「需要と供給」の本質を知る

我々は普段、商品やサービスの価格が決められる過程を見ることがない。
ところが、世の中のほとんどのものの価格が「需要と供給」のバランスで
決まっている。この本質を理解できればビジネスに応用することができる。

質問＆回答サポートページ ☞ http://super-engineer.com/support/book1/4-3

▶ 「重要と供給」の意味とは？

「需要と供給」という言葉も、ビジネス社会においてよく耳にする。

意味

需要とは：物やサービスに対する購買力の裏づけのある欲求
　　　　　消費者側の「買いたい」という意欲
供給とは：物やサービスを提供しようとする経済活動
　　　　　提供者側の「売りたい」という意欲
競争市場では、需要と供給が一致することにより市場価格と取
引数量が決定される。

　実際のところ、ビジネスは、ほぼすべてが「需要と供給」で成り立っていると言って
も過言ではない。「需要と供給」の本質を理解すれば、商品開発においても、商取引にお
いても、ひいては株価や為替の値動きを分析することにも活かすことができる。ここで
は、私の過去の体験談から商取引の話をしよう。

　私がこの言葉の本質を知ったのは、大学4年生の頃だ。その頃は、「なるべく早く起業
して成功したい」と考えていた。気持ちは焦るばかりだった。でも、どうしたらいいか
わからない。当時福岡に住んでいた私は、地元で開催されている異業種交流会に参加し、
起業のヒントを得ようとしていた。

　1998年、私は就職活動のまっただ中にいた。ある日、ふらっとコンビニに立ち寄ると、
『アントレ』という雑誌が置いてあるのに気がつく。リクルートが発行している雑誌で、
様々な起業スタイルを紹介しているものだった。この雑誌を読んではじめて、『アントレ
プレナー（entrepreneur：起業家）』という言葉を知った。当時この雑誌で紹介されてい
たのは、様々なフランチャイズのビジネス、そしてちょうど東京で一大ブームが起きて
いたITのビジネスだった。すべてが斬新で、「まずは会社に就職してから経験を積んで独

立しよう」と考えていた自分の頭を、ガーンと殴られた
ような感じがした。

　それから私は、毎月必ずこの雑誌を買って、隅から隅
まで読み漁った。ある時、23歳で社長になった東京の若
い経営者（S社長）にとても興味を持った。S社長の会社
は株式会社で、資本金は1,000万円。当時は、会社を作
ろうと思えば、最低でも有限会社で300万円は必要だっ
た。会社員をしながら毎年100万円貯金しても、1,000万
円貯めるには10年もかかる。

Character introduction

S社長
『アントレ』に載っていた
東京で会社を経営する若社長

> S社長は23歳という若さにして、どうやって1,000万円
> というお金を用意したのだろうか？　まさか、アルバイ
> トをして1,000万円貯めたというわけでもあるまい。

　S社長は京都に生まれ、高校時代に俳優を目指して上京するも、「役者の世界は、実力
だけではなく、権力で意思決定される要素が大きい」という問題に直面し、自分がその
権力を持てばいいと考え、俳優として活動することを断念し、芸能プロダクションをス
タートしたそうだ。写真で見るS社長は、俳優を目指していたというだけあって、かな
りのイケメンだった。私も大学3年の時に、唐沢寿明の『ふたり』という本を読んで俳
優を目指した時期があったので親近感がわいたこともあり、毎月アントレで何人もの起
業家が紹介されているなか、S社長だけにはどうしても会ってみたくなった。

　当時、福岡から東京に行くにはANAしかなく、22歳未満であれば利用できる『スカイ
メイト』という半額プランを使ったとしても航空券代は私にとっては高額だった。ちょ
うど、最終面接まで進んでいた東京の某IT企業が航空券を出してくれることになってい
たので、最終面接のタイミングに合わせ、S社長にもアポを取ることにした。アントレ
に載っていたS社長の会社の連絡先は、住所と電話番号だけ。今のようにホームページ
とメールアドレスが普及していたわけではない。直接電話しようとも思ったが、いきな
りだと断られそうだったので、手紙を書いて送ることにした。

　すると後日、私の自宅にFAXが届いた。手書きであまり上手ではない字だったが、S社
長の直筆の回答だった。私は喜びのあまり、飛び上がりそうになった。そしてすぐに電
話で折り返すと、受付の女性が出た。私は日程調整のお願いをし、希望の日に時間を作
ってもらうことができた。

　そして、面談の当日──。S社長の事務所に着くと、ご本人はまだ外出されているら

しく、専務という肩書を持った50代ぐらいの男性が応対してくれた。事務所内には専務が１人で、女性の事務員の姿はなかった。私はぶしつけにも専務に、「どうしてあなたのような年齢の方が、息子ぐらいの年齢のＳ社長についているのですか？」と質問してしまった。専務は、「Ｓ社長の経営理念に共感したから」というようなことを答えてくれた。

　30分ほど待たされた後、Ｓ社長が登場した。Ｓ社長は私を見るなり、「僕よりも歳上に見えるな」と言われてしまった。当時の私はかなりの老け顔で、20代前半にも関わらず、20代後半〜30代前半に見られたものだ。Ｓ社長は起業するに至った経緯と、これから何をしようとしているのかを話してくれた。

　そしていよいよ、私が聞きたかった本題に――。

> どうやって1,000万円という資金を用意したのですか？

> **物の値段は何で決まると思う？**
>
> Ｓ社長

> はっ、そ、それは何でしょうか？

> **需要と供給なんだよね。**
>
> Ｓ社長

私はピンとこなかった。Ｓ社長はとても頭が良く、結論を簡潔に言うタイプのようだった。

> 京都の実家の前の通りが拡張工事をすることになり、立ち退きの依頼があった。そこで僕が両親の代わりに交渉して、1,000万円を獲得したんだ。
>
> Ｓ社長

　なるほど。確かに、大学の先輩が借りていたアパートも、道路の拡張工事のため立退き料がもらえると言っていたな。立退料を交渉して1,000万円まで引き上げるとは、すごい。たった２つしか年齢に違いはないはずなのに、Ｓ社長のこの達観ぶりにはただ単に驚くばかりだった。

心 得 物の値段は需要と供給のバランスで決まる

立ち退き業者とS社長を1対1の商取引として「需要と供給」の概念に当てはめてみると、立ち退き業者には「買いたいと思う気持ち（需要）」があり、S社長には「売ってもいいと思う気持ち（供給）」があったということになる。取引価格は需要と供給のバランスによって変わる。需要が低ければ価格を下げて売るしかないが、需要が高ければ価格を上げても売ることができる。需要（立ち退きの欲求）が高かったので、価格（立退き料）を引き上げる交渉をして1,000万円で取引が成立したということだろう。

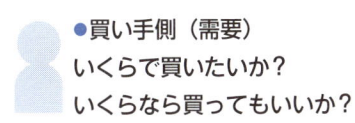
●買い手側（需要）
いくらで買いたいか？
いくらなら買ってもいいか？

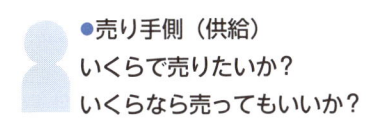
●売り手側（供給）
いくらで売りたいか？
いくらなら売ってもいいか？

文字として書けば当たり前のように思えるが、この本質を理解し、さらにビジネスに活用できている人は、ほとんどいないと思う。私は数年後に自分でビジネスをするようになってからも、S社長に言われた「物の値段は需要と供給で決まる」という言葉を常に思い出し、自分のビジネスにも応用してきた。

▶「需要と供給」の本質を理解すれば商取引でも有利に交渉できる

ほぼすべてのビジネスにおいて、「需要と供給」をしっかり分析できる者が有利だ。

例えば就職も商取引だと捉えれば、採用面接で給与を交渉することも可能だと気づくことができる。実際に私は、29歳で独立起業したばかりの時に、取引先の何社からか常駐しないかと持ちかけられた。この時は私自身が需要の高い商品だと捉え、相手が下手に出て取引条件を申し出ているということが肌感覚でわかった。こういう場合は、こちらが遠慮することなく希望の条件を伝えれば良いのだ。ただし、決して高飛車になってはいけない。あくまでもこちらも低姿勢に。取引先と常駐の条件を交渉する具体的な方法は、『5-5.常駐の条件を交渉して掛け持ちする』(P.146〜149参照) にて解説する。

Point

ビジネスは、ほぼすべてが「需要と供給」で成り立っている

「需要と供給」の本質を理解すれば、自分を安売りする必要がなくなり的確なサービスを生み出すこともできる。

4-4 「マネーファースト」という考え方

ビジネスは、漠然とした希望的観測ですすめていては、まずあてが外れてお金になることはない。需要があるかどうかを見込んで、確実にお金になると思うことをやる「マネーファースト」の考え方が重要だ。

質問＆回答サポートページ ☞ http://super-engineer.com/support/book1/4-4

▷「マネーファースト」の意味とは？

ここでは、私の定義する「マネーファースト」の考え方とエピソードを紹介しよう。

> 意味
>
> **これをやったら確実にお金になると思うことをやる**
> **お金になるやり方を選んでやる**

『スーパーエンジニア養成講座』のプレミアムコース参加者で毎月開催している『TrueCloudセッション（Skype会議）』。この月のテーマは、「自社ビジネスの構築法について」だった。そこで各自が現在チャレンジしている、もしくは構想中のビジネスプランについて話していただき、私からアドバイスをさせていただく形にした。

このなかに血圧測定アプリを作っているHさんがいた。

Character introduction

Hさん
血圧測定アプリを開発中の
フリーランスのITエンジニア

Hさん

> 勉強がてら、スマホの血圧測定アプリを作っています。

> このアプリは、どのような方が利用されるのを想定されていますか？

Hさん

> そうですねぇ…最近スマートフォンが流行っていますし、こういうアプリもどうかなと思って作っています。まあ、すでに同じようなアプリがたくさん出回っていますが。

血圧測定というと連想するのは病院や介護施設ですね。僕でしたら、医療や介護の業界の方に会って現在どういうところに困っているか、まずヒアリングをします。

はぁ、なるほどですね。でも、医療や介護の業界の方とファーストコンタクトを持つためにはどうすれば良いでしょうかね？

Hさん

僕なら、医療関係の方が集まるような場所に顔を出して交流を持ってみます。その時のポイントは、「医者」が集まる場ではなく、「医療経営者」が集まる場にします。医者でも勤務医の場合は、決済権限がないか権限があっても非常に限られていると思うので、経営者にアプローチしたほうが早いと思います。そして施設に出向いて、そこで働いている方達がどのようなオペレーションをしているのかを実際に見てみます。そうすれば、どのようなアプリを提供すれば喜ばれるか、つまり「お金になるのか」が見えてきます。また、このような業界は基本的にIT化が遅れていて、業界の人々もITが苦手です。すると、こういった場に出て交流を持つだけで、何かの仕事につながるチャンスも出てくると思います。なんといっても、おそらくその場では僕が一番ITに詳しいわけですからね。

なるほどですね！

Hさん

　私はこのような考え方を「マネーファースト」と呼んでいる。需要があるかないかわからないものを手がけるのではなく、「これをやったら確実にお金になる」というものを手がける考え方である。すでに需要が見えているので、あとはいかに良いものを提供できるかに集中すれば、確実に売れるものを作ることができる。

　私の経験をもとにして説明すると、ショッピングカートのビジネスモデルは、すでに実際にショッピングカートを使っている人たちの市場があって参入して行ったので「マネーファースト」の考え方にもとづいており、『@SOHO』の場合も、もともとは私自身が『お仕事掲示板』のヘビーユーザーだったので「マネーファースト」の考え方にもとづいている。やはり需要が確実に見えている物やサービスを手がければ「お金になる」のが早いし、近道なのだ。この「需要が見えている」という点が重要だ。ITエンジニア

の方たちの多くは「こういうものがあればいいんじゃないか」というイメージだけでなんとなく日曜大工的に作り始めてしまう。これはつまり「需要を探る」という部分からやってしまっているのだ。我々のIT化の能力は、ゼロからイチを生み出す部分よりも、すでに需要があるイチを10や100にする部分において威力を発揮しやすいのだ。

＞ お金になるかどうかを真っ先に考える

　私は33歳頃から自分の実績が世間で認められるようになり、それから、「大成功者」と呼ばれる人達と交流が持てるようになった。驚いたことに彼らは必ず「マネーファースト」の考え方をしていたのだ。いや、彼らは、「お金にならないことはやらない」と割り切っているのである。これは何も拝金主義ということではなく、「お金になるやり方を選んでいる」のである。

　例えば、社会的な意義があるビジネスはお金にならないイメージがあるが、社会的な意義がありながらお金になるビジネスもある。廃品回収ビジネスで大儲けをしている人がいい例だ。日本からタダ同然で廃品を入手して、東南アジアに売って儲けている。これは、商品（この場合は廃品）を供給する元（日本）と、提供する先（東南アジア）の両方で話をつけておけば、後は商品を右から左に流すだけでお金になる。まさに、「マネーファースト」の考え方だ。この考え方は一朝一夕で身につくものではないが、意識しておくだけでも全然違ってくるものだ。

　私がマネーファーストの考え方を自然と実践できるようになったのは、インターネット上で知り合った福岡のI氏との出会いが大きいと思う。当時（1999年）の私は、大学時代に一応就職活動をしていたものの、入りたい会社から内定をもらうことができなかったので、すべて内定を断って一度も雇われずにビジネスを立ち上げようとしていた。I氏は、いわゆる"起業オタク"で、一度就職をしたものの会社勤めが性に合わず、辞めて実家

Character introduction

I氏
インターネット上で知り合った
起業オタク

の福岡に戻ってきて、独立起業を志望している人に向けて、インターネットビジネス関連のメールマガジンを発行していた。I氏は私よりも4歳ぐらい歳上で、当時の福岡では、私と同じぐらいの世代で独立起業に関して情報発信をしている人は他にいなかったので、私は興味を持ってI氏に会いに行った。I氏と私は同世代ということもあり、すぐに意気投合し、定期的に会ってお互いが考えたインターネット上のビジネスモデルについて意見交換をするようになった。当時の私は漠然と発想をしていたので、いつもI氏からツッコミを入れられていたものだ。私はI氏からの問いに対していつも答えられないでいた。私にもそんな過去があったのだ。

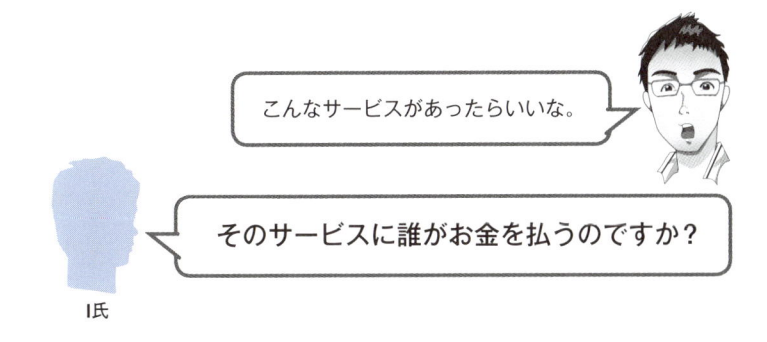

こんなサービスがあったらいいな。

そのサービスに誰がお金を払うのですか？

I氏

では、「マネーファースト」の考え方を身につけるにはどうすれば良いか？

チェックポイント

□① 徹底的に人に会い、ビジネスニーズを理解すること
□② ビジネスが上手な人に会いに行くこと

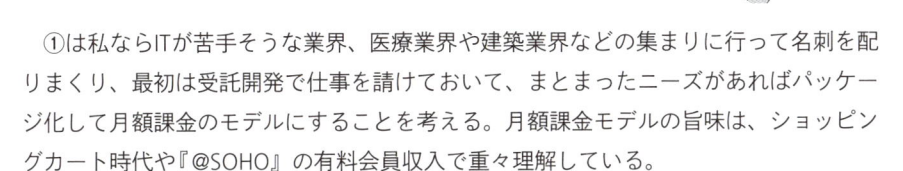

①は私ならITが苦手そうな業界、医療業界や建築業界などの集まりに行って名刺を配りまくり、最初は受託開発で仕事を請けておいて、まとまったニーズがあればパッケージ化して月額課金のモデルにすることを考える。月額課金モデルの旨味は、ショッピングカート時代や『@SOHO』の有料会員収入で重々理解している。

②は私なら経営者の集まりに参加する。そこでも名刺を配りまくり、自分がITが得意なことをアピールする。経営者のほとんどはITが苦手だが、ITの重要性を理解しており、ITを活用すれば自分のビジネスを拡大できるということをわかっている。ところが、多くのITエンジニアが「出不精」なために、どこに行けば優秀なITエンジニアに知り合えるのかがわからないのだ。だから我々が自ら相手の土俵に乗り込んでいけばいいのだ。

ITはあくまでも手段であり、目的ではない。普段ITに携わっている我々は、「○○ができる」ということは理解していても、「○○が求められている」ということをあまりにも知らなさすぎるのだ。ニーズがわかれば、お金になるかどうかも見えてくるだろう。

Point

「マネーファースト」で考える習慣を身につけよう

自分が考えたサービスに誰がお金を払うのか？　想定する顧客に会って
ビジネスニーズを理解し、お金になるやり方でやるようにしよう。

お悩み相談室❹

「家庭を持っている人がビジネスをする際に気をつけることはありますか?」

自分のビジネスを始めると、会社員として働いている時とは別の課題が見えてくる。
最新情報はどこから取得するのか? ビジネスの幅を広げるタイミングはいつか?
家庭とのバランスはどう取るか? こうした課題へのマネジメント能力が問われる。

独立すると、自分が得た情報しか入ってこないのでは?という気がして、そうなると知識不足になるのではないかと懸念しています。平城さんは常に最新のIT情報をお持ちの印象があります。どのようにして最先端の情報を入手していますか?

N.A.さん(31歳)
顧客管理をするシステムに携わり、サーバ側のシステムの設計をしている。

実は私の技術レベルはアクセンチュアに入った26歳の時点で止まっています。技術を高めるのをやめた理由は、ビジネスを成功させるためには技術よりも大事なことがあるとわかったからです。ただし、スキルアップはやめたとしても非IT業界の人からすれば私は圧倒的にITスキルを持っていると思うので、ITを武器にはしています。会社によってはその会社でしか手に入らない情報があるので、会社を辞める不安要素になると思いますが、今は会社の外であってもネット上に最新情報がたくさん公開されているので、最新情報の取得には困らないと思います。

今後はITに限らず、機会があればビジネスの幅を広げようと思っています。平城さんは今様々なビジネスに携わっておられるかと思いますが、最初から並行して行われていたのでしょうか? それとも最初は1つのことを身につけてから次へと広げて、最終的に並行してビジネスをされているのでしょうか?

やはり1つずつ立ち上げていきました。人の脳はマルチタスクには対応できますが、マルチゴール(複数の目標)を追うことには向いていないと思います。複数並行して立ち上げるよりは、1つずつ集中してやったほうが結果を出しやすいと思います。

ITノマドのおすすめ持ち歩きツールを教えてください。特に最低限これさえ持ち歩いていれば仕事はできる！ 軽量シリーズが知りたいです。

最軽量ということであれば『iPad Pro』がオススメです。専用のキーボードを使用すればタイピング速度も維持できますし、サーバ上で開発するスタイルであれば『iPad Pro』からターミナル経由でサーバにログインし、開発をすることもできます。

子育てしながらITノマドのスタイルでお仕事されている平城さんだからこそ聞いてみたい質問です。女性で家庭を持っている人が、IT系で起業（副業）する際に気をつけることはありますか？ 家事とのバランスや、仕事で緊急対応が必要になることを想定した上での日々のスケジュール管理、顧客にどのように対応すべきかなど、知りたいです。

子育てをしているのは自分の都合であって顧客には関係ないことなので、子育てが仕事に支障をきたすような雰囲気を感じさせないことだと思います。私は子守中に顧客から電話がかかってきてもその場では出ずに、後で静かなところへ移動してかけ直すようにしていました。

家族と一緒に生活する中で仕事をする場合、集中している時に家族から声をかけられたりすることもあると思いますが、そのような時は平城さんはどのように対応されていますか？また、家族で旅行されているときもノマドワーカーは仕事をすると思うのですが、その時の仕事の仕方も伺いたいです。

あらかじめ「今から大事な仕事があるから」と声をかけるようにしています。そうすれば家族も気を遣ってくれます。家族で旅行中も、やはり「○時から○時までは仕事するね」という感じであらかじめ了解をとるようにしています。

Chapter 5
稼ぎを倍増するための営業戦略

5-1

1円も売上が上がっていない時から法人化する意味とは？

5-2

稼げるエンジニアになるための近道とは？

5-3

顧客から絶大な信頼を得て仕事を獲得する3つのルール

5-4

独立して最初の顧客をどうつかむか？

5-5

常駐の条件を交渉して掛け持ちする

5-6

会社員が相手であることを意識する

5-7

高い見積額を提示する際の心理的な障壁を取り除く方法

5-8

見積を下げさせないための心理的テクニック

1円も売上が上がっていない時から法人化する意味とは？

会社員をやりながら副業を始める時や会社を辞めて独立する時に、個人事業にするか法人化するかという選択肢があり、法人化するタイミングにも迷うことがある。ここでは、法人化したほうが良い理由を解説しよう。

質問＆回答サポートページ ☞ http://super-engineer.com/support/book1/5-1

▶ 法人化したほうが良い2つの理由

ITエンジニアにせよ、そうでないにせよ、私が様々な方にお会いして感じることは、「あれ、まだ法人化していないの？」ということだ。私から見て、法人化したほうが良いのにまだ法人化していない人が圧倒的に多いのだ。では、「いつ法人化するか？」という話になるとよく目安として取り上げられるのが、「売上が○○円以上になったら法人化すべき」という話だ。「売上が一定以下であれば個人事業主のほうが税金が安く、一定以上になれば法人化したほうが税金が安くなるから」という理由からなのだが、この考え方には重要な点が抜けている。

私は『@SOHO』を立ち上げる前に、売上が「0（ゼロ）円」の段階で会社を作った。その理由は2つある。

> ①信用を得ることができる
> ②腹が据わる

Point1 ▶ 信用を得ることができる

1つ目の理由は、「信用」だ。『@SOHO』のWebサイトに初めて訪問した方が会員登録しようかどうか迷っている時に、Webサイトの「運営者情報」に個人名が書かれているのと、会社名が書かれているのとでは、どちらのほうが安心できるだろうか？　当然、会社名が書かれているほうが安心できる。最初から法人化しておくことによりWebサイトを繁盛させるためのポイントとして重要となる会員数が増えやすくなれば、結果的にはそのビジネスの売上が増加することになる。

また、私が独立起業当初の主力事業にしていた、企業のシステムの受託開発に関しても、一定規模以上の企業は、個人とは取引をしてくれない。特に上場企業はそのあたりがかなり厳しい。ところが、実質的には1人で事業を行っていても、法人化していると

企業は取引をしてくれたりする。これはとても不思議なことだ。従来は、法人は個人よりも元手となる資金が多く、売上規模も大きいということから個人よりも信頼性があり、取引に値するというロジックだと思うのだが、商法改正により1円でも会社が作れるようになり、いわゆる「1人法人」が増えてきた。私もそうだ。個人事業主としての私と1人法人の私とでは、元手となる資金やマンパワーは一切変わらない。それにも関わらず、1人法人の私であっても、法人というだけで上場企業や年商100億円以上の規模の会社との取引ができるのだ。仮に私が個人事業主として活動していれば、これらの企業との取引はできなかったと思う。なぜこのようなことが起きるかというと、私が1人会社であることは、お付き合いをしていけば顧客の窓口担当者は知ることになるだろうが、会社の決済権を持っている人が知っているとは限らない。むしろ知らないことのほうが多いだろうから、会社としては実態よりは体裁で相手を判断しているところがあるのだろうとわかった。

> とりあえず法人化しておけば取引のチャンスは増える。
> 逆に個人事業のままでいると、「売上の機会損失」が発生しているということだ。

　他にも法人化していたことにより良かった点があった。『@SOHO』は私がまだ会社員時代に立ち上げたのだが、立ち上げた当初から数社から事業提携のお話をいただいていた。その打ち合わせの場には会社の有給休暇を使って行っていたのだが、もし私が個人だったら提携の話はいただけなかったかもしれない。提携の声をかける前に必ずその相手のホームページを確認すると思うのだが、その時に相手が個人よりも法人のほうがしっかりと事業を行っているという印象を与えることができるからだ。

　また、ベンチャーキャピタルからも数社からコンタクトいただいたことがあった。ベンチャーキャピタルの目的の1つは出資をして株式市場に上場させ、上場益を得ること。出資をするにしても相手が法人化していなければ会社を作るところからスタートしなければいけないし、果たして会社も作っていない個人のほうが将来的に会社を大きくしたいという目標を持ってやっているかどうかもわからない。つまり、事前のフィルタリングの段階で候補から外れてしまうということだ。すでに相手が株式会社を起ち上げてくれていれば、お互いの方向性が確認できれば、後は出資比率を決めて出資をするだけだからだ。私の場合、事業拡大よりも事業の自由度を優先しているので他人の資本は受け入れることは考えていなかったが、興味本位でベンチャーキャピタルの担当者に一応会うことは会った。その時に様々と話を聞くなかでこのようなことがわかったのだ。

2つ目の理由は、「腹づもり」だ。個人事業として開業する場合は、役所に開業に関する資料一式を提出するだけで無料でできる。廃業する時も役所に廃業届を出すだけで済むし、廃業せずに放置しておいても特に固定コストがかかるわけでもない。

一方、法人の設立は法務局への「登記」という作業が発生する。そして一度設立をしたら、毎年赤字でも「均等割」と言われる法人の住民税を最低でも7万円支払わなければならないし、経理も複雑になるのでさすがに税理士なしで確定申告するのも難しい。法人は一度作ってしまったら持っているだけで必要最小限の維持コストがかかるということだ。また、会社をたたもうと思った時にも、会社を精算するための費用がかかる。つまり会社とは、作る時も作った後も閉じる時もお金がかかるのだ。赤字にならないように必死で頑張らなければならないし、簡単にやめるわけにもいかなくなる。

> 法人を設立するということは、「自分を本気にさせる」という意味があるのだ。

法人の維持にかかる最低限の費用としては、法人住民税の均等割の7万円、そして経理も『freee』や『MFクラウド会計』などのオンラインの会計サポートサービスを利用すれば年間20万円ぐらいでおさまる。事務所代は自宅やカフェを利用すればかからないので、法人の最低維持費は年間30万円ぐらいだと考えることができる。この30万の法人維持費がかかっても、その分、社会的信用を得て売上アップと節税効果が狙えるのであれば取り返せるのではないだろうか。

私が独立して初年度1,500万円、2年目3,300万円という売上（ITなのでほぼ利益）を達成できたのは、やはり最初から法人化していたことが大きかったと思う。世間で一般的に言われている「売上が800万～1,000万円に達したら法人化する」という税務面だけの基準にとらわれていると、実はある落とし穴に陥ることになる。1つ目は、「売上が1,000万円未満のうちは法人化しなくて良い」という気持ちが生じてしまい、売上が1,000万円いかないのが自分の中での安心領域となってしまい、1,000万円という数字に自分から壁を作ってしまうのだ。そもそも論になってしまうが、独立起業後初年度から売上1,000万円を超えていくつもりであれば、最初から会社を作るのではないだろうか？　つまり最初から会社を作らない人は、潜在意識にも「当面は売上1,000万円を超えることはないだろう」と自分に言い聞かせているようなものだと思う。

法人化して得られるメリットとは

最初から法人を設立せずにビジネスをスタートするということは、

> ● 売上や信用面で機会損失をしている可能性が高い
> ● 自分の中に「稼がなくてもよい」という暗示をかけている

というデメリットに留意して、どの時点で会社を作るのか検討していただきたい。

法人化して得られたメリット

● 『@SOHO』を起業して、最初から会員数が順調に伸びていった

● 『@SOHO』に多くの企業や広告代理店から提携の依頼がきた

この時お会いした担当者に「個人だとお付き合いしにくい」と言われていた。

● 受託開発事業で、売上規模100億円以上の企業や上場企業と取引をすることができた。先方の担当者は、私が1人法人であることも知っている。結局のところシステム開発などの取引も、会社の規模などの「看板」ではなく、「人」に対して発注するのだ。ただし、その取引をするための最低ラインが「法人化」ということだ。

● 車を会社経費で買うことができた

私は現在少し高めの車に乗っているが、これは会社名義で購入して、全額会社の経費で支払を行っている。個人事業の場合、車の購入代金が経費として認められる可能性は会社よりも低いようだ。

● 上手に節税ができた

法人の場合、ある年の決算で赤字になったらその赤字の額を翌年の決算に繰越すことができるため、赤字の枠を9年間有効に使うことができる。例えば、1年目に500万円の赤字が出て、2年目に100万円の黒字が出たとしても、1年目のマイナス500万円と2年目のプラス100万円を差し引くと400万円のマイナスとなるので、2年目も税金は法人住民税の均等割の7万円のみとなり、利益に応じた法人税はかからないということになる。個人事業の青色申告の場合も3年間（2017年1月段階）赤字の繰越ができるが、やはり法人のほうがこの赤字幅を活用しやすい。

Point

売上が1円も上がっていなくても法人化を検討しよう

①取引先から信頼を得やすい　③事業に対する覚悟が生まれる
②取引先の幅が広がる　　　　④節税面でメリットが大きい

稼げるエンジニアになるための近道とは？

月収100万を最も早く達成できる方法は何だろうか？　技術を極めて労働単価を上げるよりも、ベンチャー企業に飛び込むよりも、スマホアプリで一攫千金を狙うよりも…もっと良い方法があるのではないだろうか。

質問＆回答サポートページ ☞ http://super-engineer.com/support/book1/5-2

▷ 稼げるようになるにはどうすればいいか？

 問

あなたは、「稼げるようになるために何をするのが最も近道でしょうか？」と訊かれたら、何と答えるだろうか？

① 最新の技術を極め、自分の市場価値を高め、多くの企業から引っ張りだこになる
② 見込みのあるITベンチャーに飛び込み、CTOになって株式上場まで我慢する
③ スマホアプリなどで一発当てる

結論から言うと、これらの方法はかなりハードルが高い。

①は自分のスキルアップのための努力が必要だし、ハイレベルな争いになると最後は才能がモノをいう。また、高給で迎え入れてくれる企業を見つける必要もあるし、そのようなチャンスに巡り会える可能性は極めて低い。仮に見つかったとしても、「雇われの身」であれば、せいぜい年収1,000万〜1,500万程度だろう。

②は会社の運命に自分の身を委ねることになるので、会社の経営がうまくいかなくなった場合のリスクが大きい。もっとも、スタートアップ企業において様々な業務を経験する良い経験にはなるだろうが。

③も、スマホアプリで大ヒットをおさめ急成長しているベンチャー企業もあるが、そもそもどんなものがヒットするのかといったマーケティング力も必要だし、運や時流に左右される要素も大きい。これはエンジニアが苦手とする分野である。

これらよりもっと簡単で、私がおすすめしたいのは、「**毎月10万円支払ってくれる顧客を10社持つこと**」である。それだけで月収100万円、年収にして1,200万円の生活だ。1社あたりの売上を20万円にできれば、年収は倍の2,400万円となる。

どうやって10社も顧客開拓するんですか？
どうやって毎月安定的な収益を確保するんですか？

と疑問に思うことだろう。

　実際には、顧客が10社未満でも年収2,000万円超を達成することも可能である。私の場合、主な顧客は4〜5社程度である。

　ここでは、「顧客開拓」について、我々が持ちやすい誤った認識について説明したいと思う。これは独立してわかったことだが、世の中の人々は、我々エンジニアが想像している以上に「ITリテラシーが低い」のである。我々が普段、当たり前のように考えていること、やっていることは、世の中の人々にとっては難解で未知の領域なのだ。つまり、「自分よりITリテラシーが低い人々、会社」はすべて見込み顧客となるのである。相手が自分より詳しくないのだから、こちらのペースで取引を進めやすいし、極端な話、そもそもこちらがスキルアップする必要もない。ITの進化は非常に早いが、現実ではその進化について行けていない人々がほとんどなのだ。

自分自身がスキルアップをすることは確かに重要だが、「売上を伸ばす」という目的を満たすための行動としては、スキルアップすることよりも「自分よりITリテラシーの低い顧客を見つける」ほうが、はるかに簡単であり、目的に早く近づくことができる。

↑↑↑ココ、かなり重要！

　ちなみに、私が持っている顧客は、「保険」「花」「コスメ」「飲食」といった、まさにITとは関係が薄い業界である。従って、ITに疎い業界に絞って顧客開拓を進めると、取引も非常にスムーズにいく。

今度、このようなことをやりたいんだけど、平城さん、費用はどれぐらいかかりますか？

はいはい、概算で50万ですね。

そうですか、それではお願いします。

私は、見積を出して「値切られた」ことはほとんどない。むしろ、「値切ってくる」顧客とは多くの場合、付き合わない。このような顧客は、長期的に良好な関係を築くことは難しいからだ。ほとんどがこちらの「言い値」で取引が成立している。このような関係が成立している理由としては2つ挙げられる。

　まず1つ目は、自分より顧客のほうがITリテラシーが低いから、「見積の妥当性」の判断ができないという点。もし相手もIT業界の人間であったら、「相見積」をとったりして徹底的に価格を下げようとしてくるだろう。

　次に、普段からの顧客とのやり取りを通じて、こちらが必要以上のコストを上乗せする、いわゆる「ぼったくリ」はしないだろうという信頼感を勝ち得ているから成り立っている関係だ。一度この関係を構築することができれば、顧客にとってあなたは必要不可欠な存在となる。

　医療業界や美容業界といった業界に特化して顧客開拓をしている事業者は、まさにこの手法の恩恵を受けている。特に、パソコンなどのように、素人にとっては「わからないことだらけの機械」の使い方についてちょっと指導するだけで、その日から神様のように慕われる。我々ITエンジニアが見落としがちな点だ。

> 稼げるようになるための近道は、自分のスキルアップをすることではなく、自分よりスキルの低い顧客を見つけることである！

↑↑↑ココ、かなり重要！

　ちょっと街を歩いただけでも、まだまだITが足りていない業態がいくらでも見つかるだろう。だからといって、いつまでもCOBOLのような言語で食べていけるというわけではないが。

＞ 『釣りバカ日誌』のハマちゃんになれ！

　ある日、知り合いの社長が新会社を設立したというので、事務所に遊びに行ってきた。この社長は、某上場企業の社長を長年勤めた後、スピンアウトしたのだ。年齢も50代で、ビジネス人としてはかなりの先輩だ。『Gmail』の使い方と『ポケットWi-Fi』の設定がわからないというので、教えてあげたところ非常に喜ばれた。ちょっとしたことが、実は信頼獲得に大きな効果を与えてくれるのだ。知り合いといっても数回会った程度だったのだが、この社長は私のことを「先生」という眼差しで見て下さるようになった。こうやって信頼を得ることで、この会社のIT関連の業務については、真っ先に弊社に相談が来ることになると思う。

このように、「IT」という「特殊技術」を持つ我々は、上場企業の社長とも師弟関係を結ぶことができる。例えるならば、我々は『釣りバカ日誌』のハマちゃんになれば良いのだ。普段は社長（スーさん）と平社員（ハマちゃん）の関係があるのだが、釣りになると立場が逆転、スーさんがハ

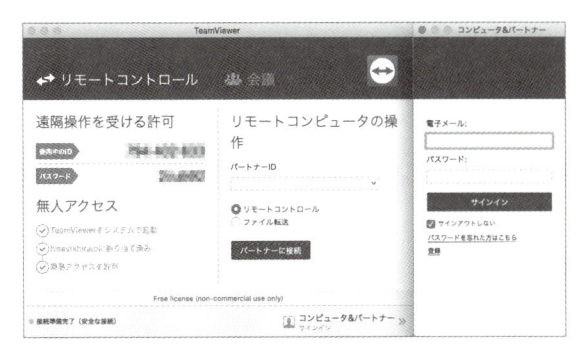

TeamViewer（https://www.teamviewer.com/ja/）

マちゃんのことを「先生、先生」と慕っている。このような関係づくりである。

　ちなみに、この社長のパソコン関係のお世話をするために、『TeamViewer』というソフトを仕込んでおいた。

　いわゆる「リモート管理ソフト」で、VNC等と違って、ソフトを起動した際にワンタイムパスワードが発行されるため、セキュリティーリスクが非常に少ない。このソフトにより、社長が困った際にすぐに私に相談が来ることとなる。もちろん、自社のITに関する相談も。ちなみに、私はこのやり取りで、この会社に全く営業していないということがわかるだろうか？

＞独立起業して仕事を得るのは実は簡単！?

　このように、いざ実際に独立してみると、想像していた以上に簡単に仕事が入ったりと、独立前の不安が一気に拍子抜けするようなケースがいくつもある。その理由は、我々が「技術を持った」ITエンジニアだからだ。単なる「物売り」の営業マンには絶対に真似できないモノを、我々は持っているのだ。一般の人から見たら難解で理解不可能な専門用語。このことがわかれば、ちょっと見渡しても顧客となる対象は数えきれないほど存在すると思えないだろうか？　そう考えると、会社員として会社内で出世を目指すより、はるかに闘いやすいステージではないかと思う。

Point

ITが苦手な顧客を開拓すれば収入を倍増できる

我々のような「技術という武器を持っている」ITエンジニアであれば、ITが苦手な顧客を相手に商売を展開すれば、まさに "鬼に金棒" だ。ビジネスをマスターして最強のITエンジニアになろう！

5-3 顧客から絶大な信頼を得て仕事を獲得する３つのルール

ITエンジニアの多くは営業活動に苦手意識を持っているが、そもそもITエンジニアに営業活動は必要だろうか？　ここで紹介する３つのルールを着実に行っていれば、営業などせずとも仕事はどんどん舞い込んでくる。

質問＆回答サポートページ ☞ http://super-engineer.com/support/book1/5-3

▷顧客から絶大な信頼を得て仕事を獲得する方法とは

　私は29歳で２度目の独立起業を果たしてから、一度も自分から営業活動をしたことがない。顧客から絶大な信頼を獲得することができるので、一度お付き合いした顧客からは必ず継続的に相談がくるし、また顧客から別の顧客の紹介をしてもらえたり、顧客の担当者が別会社に移籍した際に、その担当者が移籍後の会社から話を持ってきてくれたりするからだ。では、顧客から絶大な信頼を獲得するにはどうすればいいのか？　私が顧客対応をする時に絶対に守っているルールを３つ紹介したい。

✔ チェックポイント

□①ゼロベースで顧客の立場に立って考える　—顧客志向—
□②「できない」は死を意味する　—「できない」と言わない—
□③相談された仕事は必ず受ける　—顧客の期待に応え続ける—

Point1　ゼロベースで顧客の立場に立って考える　—顧客志向—

　これは、**顧客の担当者の立場になって考える**ということだ。言葉に書くと当たり前のように思えるが、それがきちんと実現できているかどうかはまた別の話だ。
　例えば、よくある営業マンの行動を想像してほしい。ある営業マンは顧客先に訪問し、会社から決められた主力の商品を売り込む。顧客に本当にその商品が必要かどうかはお構いなしで、自社の商品のメリットをとくとくと語る。売り込まれた顧客としては、その商品が本当に自社に必要かどうか、導入してどのようなメリットがあるか、自社で判断をしなければならないし、自社で判断ができなければ第三者の意見を聞く必要も出てくるだろう。この営業マンが考えていることは、顧客のメリットよりも自社のメリットだ。**もちろん、顧客のメリットも考えてはいるのだが、それよりも自社のメリットを優先している。**これが多くの営業シーンの実態である。

一方、私の営業スタイルはこうだ。まず顧客から相談を受け、顧客先を訪問したら、今回の要望をひととおりヒアリングする。その際に、自分も顧客の会社の一員になったつもりで一緒に解決策を考えたり、開発案件であれば必要とされる機能を一緒に考える。

重要

顧客の相談を受けるときに重要なのは、自分の利益は一切考えないことだ。 顧客はこちらよりもITの知識が不足しているので、できること・できないことの区別、いくらぐらいで実現できるのか、最適な解決手段を判断することができない。課題すら認識できていないこともある（例：Webサイトのアクセスが減っている理由がわからない、など）。

顧客の社内の一員として、自分の脳を貸し出し、一緒に最適解を導き出す。ここまでが第一の仕事だ。そしてそこで得られた最適解を実現するために、こちらができることを考える。その結果、こちらの助けではなく他のサービスを利用したほうが良い場合や、まだ時期尚早だと判断した場合は、その旨を正直に伝える。

つまり、この時点では自分の利益を考えず、最初から第三者の立場に立った意見を伝えるのだ。これをやってしまえば、顧客としては第三者に相談する必要がなくなり、私を絶対的なパートナーとして認めてくれるようになる。その時は仕事に至らなくても、時期が来たら必ず私に助けが来るはずだ。今はどんなビジネスであっても必ずITの活用は必須であり、どんな会社でも必ずIT化の部分の課題を抱えているものだ。一度信頼関係を作っておけば、顧客の会社でITに関する何らかの課題が出てきた時に必ず声がかかるだろう。こちらから売り込みをしなくても、相手のほうから頼ってくれる。これが我々ITエンジニアのメリットの1つだ。

Point2 「できない」は死を意味する ─「できない」と言わない─

私はこれまで顧客から様々な相談を受けてきたが、「できない」と言ったことはない。もちろん、「未来に行けますか？」と言われたら、現在の技術では難しいと答えるかもしれない。でも、インターネット上の様々な情報を調べて、その調査結果をまとめて「現時点では○○の部分まではできると思います」と報告すると思う。私が多くのITエンジニアを見ていて思うことは、あまりにも「できない」とギブアップするタイミングが早すぎるということだ。ほとんどの場合は技術的に不可能だということではなく、「**（仕様が複雑になるから面倒くさいから）できない**」というものだった。

（仕様が複雑になるから面倒くさいから）できません。

あまりにも顧客の要望を聞き入れて仕様が複雑になってしまうと、作っている立場としてはストレスフルになってくるし、バグが発生する確率も高くなるので、システムをなるべくシンプルに保ちたいという気持ちはよくわかる。

> 仕事だからやるのが当たり前ではないだろうか？
> 「できない」と言ってしまうのは、ITエンジニアとして
> 死を意味する。「できない」と言わないようにしよう！

私は逆に、顧客のほうが「こんなことできないだろうな」と思いながら相談してきたことに対して、私が「いえ、できますよ」と答えた時の、顧客の表情が不安から喜びに変わる瞬間、これが快感でならない。まさに医者でいえば「俺に直せない病気はない」と言っているようなものではないか。こういう考え方はとても格好いいと思うし、エンジニアとしての誇りではないかと思う。ちょっと頑張ればできることを（かなり頑張らないといけないこともあるが）、面倒くさいという理由で「できない」と回答し、顧客の期待に応えないということは、私からしてみれば、エンジニアとして堕落しているとしか考えられない。一見できなさそうなことにチャレンジしてできるようにするところに自分の成長があり、その先に達成感が得られるのだと思う。

あなたが顧客の要望をすべて吸収し、顧客が理想とするシステムが完成したとする。そのためにシステムの裏側が大変複雑になってしまったとすると、メンテナンスはしにくくなるが、逆にそれはあなた以外の人がシステムを触りづらくなる。つまり顧客からしてみれば、システムに精通しているのはあなただけということになり、簡単に他社にそのシステムを任せづらくなるのだ。実際、私の顧客のあるショッピングサイトについては、ありとあらゆる要望を取り込んだ結果、かなりシステムが複雑になってしまい、おそらく他のプログラマが見てもかなり嫌がられるだろうと思われるものがある。

Point3 相談された仕事は必ず受ける —顧客の期待に応え続ける—

私は、今までどんなに自分のスケジュールが詰まっていても、顧客から相談された案件はすべて請けてきた。IT業界では、余裕を持ってじっくりと対応できる案件は少ない。ほとんどが切羽詰まった状態で依頼を受ける「ギリギリ案件」か、すでにドロドロの状態になっている「火消し案件」だ。特に、我々のような小規模な事業者が受託できる案件は、顧客側もITリテラシーが高くないことが多く、無理なスケジュールで相談をされる場合が多い。こういう場合、私は自分の睡眠時間を削り、徹夜してでも納期に間に合わせてきた。スケジュールが厳しければ厳しいほど、このような時の顧客からの信頼は絶大なものとなり、その顧客からの仕事の継続が確定することになる。なぜかというと、

依頼する側の立場になってみれば、自分が苦しい時に助けてくれた相手にはやはり恩義を感じ、信頼を寄せるものではないだろうか？

　ところが、私の事業が拡大するにつれ、依頼する側になってみて驚いたことに、少しでもスケジュールが厳しければ辞退する人がなんと多いことだろうか！

重要

これはITエンジニアに限ったことではなく、デザイナーなど、様々な職種について言えることだが、私からしてみれば、「辞退するなんて、お金と顧客の信頼がほしくないのか？」と思えて理解できない。自分の体力は削ることになるかもしれないが、そこで踏ん張ることで、未来永劫営業をしなくて良いだけの信頼を勝ち取ることができるのに。逆に言えば、顧客が苦しい時に助けられない業者には、二度と仕事は回って来ないだろうと私は思う。なぜかというと、あなたが苦しい仕事をパスしたら、別の誰かがその仕事を引き受け、その人が顧客から絶大な信頼を獲得することになるからだ。

あなたは自分がそのスキルを持ち合わせていない仕事の相談をされたらどうするだろうか？　「自分にはできません」とその場で断っていないだろうか？
顧客が苦しい時に助ける。これが一番の信頼獲得方法だ。

　私はある時、顧客から「Javaプログラマがほしい」と相談を受けたことがあった。私はJavaが使えないので、普通であれば「できません」と断って終わりだろう。ところが、私は『@SOHO』を使ってJavaが使えるITエンジニアを探し、候補者を顧客に紹介し、結果的に仕事が決まり、顧客にも大変喜ばれた。普通に考えれば、顧客が自分で『@SOHO』で募集をかければ、直接ITエンジニアを獲得してコストカットできると思うのだが、IT業界のことがよくわからない顧客からしてみれば『@SOHO』でどのような文章を書いて募集をすれば良いかもわからず、私に丸投げしたほうが良いと判断していたようだった。つまり、顧客は自分にとって面倒な作業を代行してくれることに対して価値を見出してくれていたのだ。

Point

3つのルールを忠実に行い、顧客から絶大な信頼を獲得しよう

①ゼロベースで顧客の立場に立って考える　—顧客志向—
②「できない」は死を意味する　—「できない」と言わない—
③相談された仕事は必ず受ける　—顧客の期待に応え続ける—

独立して最初の顧客を
どうつかむか？

「カネなし、コネなし、経験なし」の全くゼロからのスタートで独立しても、ITエンジニアであれば、テレアポや飛び込み営業のような営業手法を一切とらなくても、最初の顧客をつかむことができる。

質問＆回答サポートページ ☞ http://super-engineer.com/support/book1/5-4

＞ITエンジニアの営業スタイルとしてあるべき姿とは

　ここでは、私がITエンジニアとして2度目に独立してから、全く営業せずに最初の顧客をどうつかんだかをお話しよう。全く営業したことがないと言うと驚かれるのだが、それは私が特別に運が良かったとか能力があったからというわけではない。過去と現在はすべてつながっているので、与えられた仕事をきっちりとこなしていくことが重要だということだ。

　私が2度目の独立を果たした時は29歳。ちょうど会社を辞める1か月前ぐらいに、どこからこの情報を聞きつけたのか、ある方から連絡を受けた。その方は、1年前に一度だけお会いして名刺交換をしていた方だった。1人は、ITのことを話しだしたら止まらない根っからのコンピュータオタクの方で、私は"マニアックI氏"と呼んでいた。もう1人は、元一級建築士I氏の会社の役員をしていた通称"ダルマN氏"。ちょっと小太りだがインテリジェントな感じで、いかにも裕福そうな印象だった。ダルマN氏は、もともと建築士として独立を果たした後、ITベンチャーである今の会社の経営に参画したということだった。

　ダルマN氏は、私にこう言った。

Character introduction

I氏
ITベンチャーのエンジニア
通称"マニアックI氏"

N氏
ITベンチャーの役員
通称"ダルマN氏"

> 平城君、会社を辞めるんだって？
> じゃあうちの会社を手伝ってくれない？

ダルマN氏

　私は会社を辞める1か月前に、この会社からトライアルとして約30万円の仕事を受注

した。ある出版社のショッピングサイトの構築だった。この30万円が高かったのか安かったのかはともかく、私がそれまでに受託したことのある「持ち帰り案件」のうち、最高額であることは確かだった。私はこの案件を約1か月かけて仕上げ、きっちりと納品した。その後、マニアックI氏に会社に呼び出され、ほぼ専属で働いてほしいといったニュアンスのことを言われた。

> こんな感じで仕事をしてもらえるのであれば、どんどん仕事を振ることができるよ。ちょうどうちは上場を目指しているので、どんどん売上を作っている段階なんだよ。

ダルマN氏

　それとなく常駐してほしいということも言われたので、この会社と1日あたり4時間、週に3日間の常駐契約を結んだ（『5-5.常駐の条件を交渉して掛け持ちする』[P.146〜149]を参照）。金額は1か月あたり20万円がベースで、これを超える時間働いた場合は一律25％増し、深夜（22時以降）に業務をした場合は一律50％増しの金額という契約を結ぶことができた。また、まとまった案件の場合は、最初から「持ち帰り案件」として扱い、見積ベースで金額を取り決めるという話もとりまとめた。

　私は週に3回、マニアックI氏の会社に通い、開発業務をこなしていった。当時のE社はとても忙しく、毎月かなりの数のWebサイト制作業務を請け負っていた。社内体制は営業マンが5人程度、デザイナーが4人程度、事務スタッフが数名程度の規模。あれ、ITエンジニアさんはどこに？　私は、当初この会社の開発案件がどのように回っているのか、不思議でならなかった。常駐してみて判明したのは、それまでは開発業務はマニアックI氏が一手に引き受けていて、通常1か月ほどかかるような開発業務を数日でやってしまっていたことだ。かなり天才肌な感じだったので、I氏の言葉を理解できる人は皆無だった。といっても、一般的な根暗なオタクという感じではなく、とても人付き合いの好きな"明るいオタク"という感じだった。I氏によると、今まで様々な会社や個人に外注したことがあったが、どこも続かなかったということ。確かに、I氏は普段は明るく振る舞っていたものの、業務が立て込んでくるとピリピリと緊張が張りつめた状態になり、スタッフに怒鳴り散らすことも少なくなかった。そのような現状を目の当たりにしたら、確かにほとんどのITエンジニアは引いてしまうだろう。私はここで、逆の発想をした。

> I氏とうまくやれる人が少ないということであれば、I氏とうまくやることができれば、仕事はすべて自分に回ってくるのでは？

I氏は、そのうち会社の役員に抜擢されることになり、開発の実業務をこなすことが難しくなってきたので、全面的に私に仕事を任せたいという話になった。そして私は、傍から見たらE社の社員と変わらないような形で業務を任されることになった。I氏から振られてくる仕事は基本的に納期ギリギリで徹夜することも少なくなかったが、私はそれに耐えた。時にはE社の営業マンと一緒に顧客の会社に訪問し、E社の名刺を持って技術的な話の説明に行ったりしていた。当時の私はすでに法人化していて自分の会社の名刺は持っていたので、E社の名刺を渡すことに抵抗がなかったというわけではない。でもそこは割り切って対応していた。

▷ 顧客から相談された仕事は断らずにすべて引き受ける

E社は一度上場したところまでは良かったものの、上場後に株価は下がり続け、ある会社に吸収合併されることになった。まずE社の経営陣が総入れ替えとなり、社風が大きく変わることに。当然社内はバタバタすることとなり、社員がどんどん辞めていった。そんな状態だったので、営業マンの対応ミスなどもあり、顧客対応もきちんとできておらず、営業マンでもない私がリカバリしている状況だった。

そんななか、E社を辞めたある社員が、顧客に「平城さんは実はうちの社員ではないんですよ」と漏らしてしまっていたようなのだ。ある日顧客から私に連絡があり、

> 平城さんがE社の社員でないと聞いた。それならば平城さんと直接取引をしたい。

と言われたのだ。これには私も戸惑った。E社やI氏にはとてもお世話になっているし、恩義も感じている。ここで私が直接仕事を引き受けたら、E社から仕事を奪うことにならないだろうか？　当時の私には、相談できる人もいなかったので、数日考えた末、引き受けることにした。理由としては、やはり一番大事にしなければならないのは顧客であり、当時のE社はとてもではないが顧客の要望に答えられているわけではなかった。顧客が私と直接取引をしたいと望んでいるであれば、引き受けるべきだと判断したのだ。ただし、やはりE社には恩義を感じていたので、顧客にはそのことを説明し、E社には伝えないという条件で仕事を引き受けることにした。このような会社は1社ではなく、数社から同じような話をもらっており、この際すべて引き受けることにした。

その数か月後、結果的にはE社の経営陣はすべて退職することになり、E社を吸収合併した会社の主力となる事業はWeb広告の代理店業だったので、経営陣はWeb制作事業からは撤退するという判断を下したのだった。あの時に私が顧客から仕事を引き受けていなかったら、顧客は露頭に迷っていたかもしれない。この他にも、E社を辞めていった営業マンやWebディレクターが新しく就職した先から仕事をいただけることもあった。私

はいただいた仕事をただこなすだけで精一杯で、自分の会社のホームページを作ったのも、実は2回目に独立起業してから3年が経過した頃だったのだ！

　あれから10年が経過しようとしているが、当時つながった顧客の一部とはまだお付き合いが続いている。このような形で、私は2回目に独立してから現在まで結果的に一度も営業をすることなく、ITのビジネスを続けることができている。「営業」という言葉を見ると、どうしても「自分から売り込まないといけない」というイメージが強く、苦手意識を感じている人は少なくないと思う。でも、

> **目の前の相手に真摯に対応すること。**

　これを続けるだけで、営業などしなくても「紹介」という形で仕事は舞い込んでくるのである。逆を言えば、そういった対応ができるITエンジニアが少ないということだ。

　それはさておき、そもそもE社とのつながりはどうして発生したのか？　実は話はショッピングカート時代に遡る。そもそも私がダルマN氏と知り合わなければE社とも出会うことはなかったのだが、ダルマN氏とは、ある知人を通じて知り合った。その知人とは、私が23歳で創り上げたショッピングカートのレンタルシステムの初期のヘビーユーザーだった。彼が私のことをかなり気に入ってくれていて、事あるごとに様々な人を紹介してくれたのである。つまり、私が23歳の時に自作のプログラムを公開していなければ、E社との出会いも、その後の顧客との出会いもなかったということだ。23歳の頃の私は「ITの力で世の中を変えて見せる」と本気で思っていたので、その思いが通じたのかもしれない。確かに、私が当時開発したショッピングカートは、月額3,000円という安価な料金設定ながらも商品データベースや売上管理や顧客管理の機能を持っており、利用者の中には「こんな仕組みが作れるなんて、感動しました！」と言っていただけることもあった。このことから私は、「魂を込めた仕事は、後につながっていくものなのだな」ということを学んだ。本書を読んでくれているあなたは、まずは1社で良いので徹底的に顧客に喜ばれる仕事をすることに注力してほしい。

Point

顧客が顧客を呼んでくれて次の仕事につながっていく

①魂を込めてプログラムを自作し公開する
②一定の人達の目にとまり、熱烈なファンができる
③熱烈なファンが、新しい顧客を連れてきてくれる
④顧客からの要望に答え続けた結果、次の仕事につながっていく

常駐の条件を交渉して掛け持ちする

顧客の期待を上回る良い仕事をしていれば、複数の顧客から「常駐してほしい」と求められる場合がある。こちらから希望の日時と単価を設定して交渉する術を身につけ、常駐を掛け持ちして収入を拡大しよう。

質問＆回答サポートページ ☞ http://super-engineer.com/support/book1/5-5

▶ 常駐の条件を交渉して収入アップをはかるコツとは

> せっかく独立したのに、常駐するなんて、俺は嫌だ！

　独立したITエンジニアは、こう思うに違いない。ところが私は、独立直後にこの常駐というワークスタイルを掛け持ちしたことにより爆発的に収入を拡大することができたのだ。ここではそのときのエピソードをお伝えしよう。

　私がショッピングカート事業を行っていた時代に私のことを大変気に入ってくれている顧客が何社かあり、そのなかの1社の社長さんが知り合いのWeb制作会社（E社）に私のことを紹介してくれたことがあった。その会社の役員をしていたダルマN氏（初出：P.142参照）が、私が独立したことを聞きつけ、仕事を手伝わないかというオファーをくれたのである。最初の仕事は30万円程度の出版社のショッピングサイトの開発で、これをしっかりと納品したところ、システム担当の方にかなり気に入ってもらうことができ、今度はもっと仕事をお願いしたいから常駐してくれないかという話になった（『5-4.独立して最初の顧客をどうつかむか？』[P.142〜145] を参照）。

> せっかく独立したのに常駐で仕事をしていては、会社員とあまり変わらないじゃないか。また、時間給で仕事をすることになるので、案件単位で仕事を請けるよりも収入を拡大しにくくなるんじゃないか。

　当時の私は、独立したら好きな場所で仕事をしたいと思っており、独立しても常駐していては意味がないと考えていた。ところがよくよく考えてみると、これは逆にチャンスかもしれないと思い、話に乗ってみることにした。その際に、私に対する時間給を自分で設定する必要が出てきたので、頭を捻って考えてみた。

　通常、常駐というと始業から終業までべったりと会社にいないといけない印象があるが、『1-1. 会社員も 1 つの契約形態にすぎない』（P.26 ～ 29 を参照）の考え方に従い、思い切って交渉してみることにした。この時私は、「常駐は週に 5 日、9 時～5 時に働かなければならない」という固定概念から脱却することにチャレンジしたのだ。実際、よく話し合ってみると、先方が常駐してほしい理由は、最初はお互いのことがわからないので、その場にいたほうが効率も良いだろうから、ということだった。

　私は以下の条件を提示し、先方は特に難色を示すことなく受け入れてくれた。

- 週に3回常駐する
- 1日あたり4時間で週に12時間
- 規定の時間をオーバーしたら時間単価を1.25倍
- 深夜の時間帯の作業には1.5倍
- ある程度まとまった開発案件の場合は、時間単位での請求ではなく「見積ベース」での請求にする

　[1 日あたり 4 時間で週に 3 回／月に 48 時間で 20 万円]を時給に換算すると 4,166 円程度、超過した時間は 1.25 倍になるので時給 5,208 円程度、深夜の時間帯は 1.5 倍なので時給 6,249 円程度となる。

> 時間単価はあまり高いとは言えないが、ベースとなる収入を作るうえでも、しばらくやってみるか。

という気持ちで E 社の常駐をスタートした。

　ちょうどその少し後に、私の別の取引先（B 社）とその関連会社（C 社）からも声がかかって、B 社からは IT 面のサポートをしてほしいという依頼が、C 社からはショッピングサイトを立ち上げたものの全く軌道に乗っていないのでサポートしてほしいという依頼があった。私はすでに週に 3 回、常駐する契約があることをお伝えし、それでも良いならという形で提案をした。B 社のニーズは、特に実作業は行わなくて良いので、常駐してパソコンのトラブル対策やサポートなどをしてほしいというものだった。C 社のニーズは、実作業はこの会社の社員が担当し、私はショッピングサイトの運営方針についてアドバイスを行ってくれれば良いということだった。いわゆるコンサルティングだ。B 社は C 社のオフィスを間借りする形になっていたので、B 社と C 社間の行き来をするのに移動時間はかからない。もともと、B 社が窓口となって C 社からの相談も

発生していたので、私は 2 社分まとめて提案内容を作成した。金額は月額 40 万円。私はすでに E 社と 20 万円の基本契約を結んでいたので、ここでこの金額を提示するのは、最初はためらった。しかし、冷静に考えると、

> B社とC社は私の力を必要としている。誰でも良いというわけではなく、私でないといけないようだ。

と思った私は、『4-3.「需要と供給」の本質を知る』(P.118 〜 121 参照) で書いたとおり、需要と供給の原理と照らし合わせ、以下のメールの文面で 40 万円と提示した。

E-mail

差出人 : "Hisashi HIRAJO" <hirajo@lifescape.jp>
件名 : 常駐のお話の件です
日時 : 2006 年○月○日 ○ : ○ : ○ JST
宛先 : < ○○○ @ ○○○ . ○○○ >

○○○○様
お世話になっております。
御社からお話をいただいた常駐の件ですが、前向きに検討させて頂いております。
私からの希望条件を整理してみましたが、如何でしょうか。
ご意見を頂戴できれば幸いです。

<勤務時間>
現在、日本橋の会社 (火・水・金) の 13 時〜 17 時常駐しているため、
その時間帯を除く平日週 5 日を想定しております。

時間に換算すると
　　終日の勤務(8 時間)× 2 日 = 16 時間
　　午前中の勤務(約 3 時間)× 3 日 = 9 時間
　　合計　　25 時間
となりますので、月あたり約 100 時間程度となります。
なお、日本橋の会社に常駐している間も、電話やメールは対応できます。

<担当業務>
・○○○○○のサイト構築業務
※2007 年 1 月オープン予定とのことですので、それに間に合わせるように進めます。
・○○○○○社の Web・ネットワーク関連業務のサポート
※ 必要に応じてサーバ管理等も承ります。
・Web ／ネットワーク関連業務についての C 社のスタッフ育成

<報酬>
以下の固定報酬と、サイト売上に応じたインセンティブ報酬のご検討をお願い致します。
　　・固定報酬 …月額 40 万円
　　・インセンティブ報酬 …相談の上、決定

<プログラムソースの著作権について>
双方にメリットが得られるように、以下の考えに基づいて著作権管理を行うことの
ご検討をお願い致します。

・本業務においてライフスケープが従来から所持しているプログラムソースを○○○○○社へ提供し、○○○○○社はこれを自由に使用できる。
・本業務において作成したプログラムソースは、○○○○○社とライフスケープで共有し、双方にて自由に使用・改変できる。

株式会社ライフスケープ
平城　寿　hirajo@lifescape.jp

　結果としては「極力滞在できる時間に滞在する」という形で、会社での直接のアドバイスのほか、メールや電話でのサポートも行うという形で、B 社からは月 10 万円を、C 社からは月 20 万円という契約を取りつけることができた。私の提示額よりも 10 万円下がることとなったが、B 社と C 社に関しては固定の業務が発生するわけではなく、基本は常駐するけれども必ず常駐していなければならないというわけではないというとてもゆるい内容だったので、私としては悪くない条件だった。

　以上の形で、私は 3 つの会社との契約を取り交わし、ベースで 50 万円の安定的な売上を確保することができたのだ。そして実際には E 社の業務がかなり多く、契約している月 48 時間では到底終わるものではなく、時間外手当て (1.25 倍) や深夜手当 (1.5 倍)、見積ベースの持ち帰り案件の組み合わせによって、毎月の売上は 200 万円～ 400 万円を推移していった。私はこの経験から身を持って交渉術を学んだのである。

心得　世の中は何でも言ってみないとわからない。

　またこのことから言える大事な点として、会社員時代とは考え方を大きく切り替える必要があるということだ。会社員時代は、そもそも会社が決めたルールが出来上がっているため、交渉する余地がほとんどない。ところが独立後の世界では、日々様々な会社との取引が発生する。そこにはあらかじめ決められたルールはなく、すべてはお互いの交渉によって決まっていく。つまり、自分が受け身のままであれば、「良い条件」はほとんど手に入れることができないと考えて良いだろう。逆に、積極的に条件を設定する動きをすれば、意外と簡単に実現できるものである。

Point

自分の単価を自分で決めて顧客と交渉する術を身につけよう

価格交渉で弱気になる必要はない。顧客の立場からすると、優秀なITエンジニアは抱えておきたいと思うものだ。常駐をスタートしたら、価格以上の高い価値を提供し、顧客に自分の価値を認識してもらうことが重要だ。

会社員が相手であることを意識する

取引の相手が会社員なのか、自営業者なのかによって、お金に対する意識が違うため、取引の進め方も変わる。では、取引の相手が会社員である場合は、どのように取引を進めていけばうまく運ぶだろうか？

質問＆回答サポートページ ☞ http://super-engineer.com/support/book1/5-6

＞会社員を相手に取引を進めるコツとは

　取引をうまく運ぶために私が意識していることの1つに、「相手は会社員である」ということがある。もちろん、直接経営者とやり取りをすることもあるが、多くの場合はその従業員、つまり「会社員」を相手にしている。会社員を相手にするということはどういうことなのか？　ここでは、私が会社員時代には見えていなくて、独立起業して初めてわかったことについてお伝えしたいと思う。

　私が独立してから、大きく拍子抜けをした出来事の1つ。

> **心得**　会社員が相手であることを意識すれば、ビジネスは簡単だ。

　あなたが現在、現役の会社員であるとしたら、大変失礼な表現に聞こえるかもしれないが、まずはこれから説明するその理由を読んでいただきたい。

　会社員の使命は何だろうか？　本質的には「会社に貢献すること」だと思うが、実質的には「上司に評価されること」となっているケースが多いだろう。つまり、あなたが取引をする会社の担当者が、社内でうまく立ち回れるようにサポートをしてあげることができれば、関係を良好に保つことができるのだ。

　例を挙げよう。私がある顧客からWebサイト構築の仕事を受注したときのこと。当初の私の見積額は約240万円。見積書を担当者にメールで送信後、電話がかかってきた。

TEL

平城さん、少し負けていただくことはできませんか？

う〜ん、仕様もまだ細かく取り決めできていませんし、現時点で安くしてしまうと、品質の維持が難しくなります。

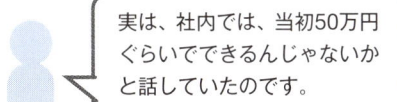

実は、社内では、当初50万円ぐらいでできるんじゃないかと話していたのです。

そうですか。こちらも、ギリギリのラインなのですが、一度検討してみます。ちなみに、どのぐらいの価格が御社のボーダーラインですか？

そうですね…200万円を切るぐらいでしょうか。

わかりました。ちょっと検討してみます。

いったん電話を切る。数時間ほどした後、私のほうから先方へ電話する。

大変お待たせいたしました。社内で検討した結果、税込で200万円を切るよう調整させていただきました。修正したお見積をメールしましたので、ご確認ください。

ありがとうございます。それでは、この内容で社長決裁に回します。

その後即座に社長決裁が下りて、取引は成立した。

　さて、ここで、本題に戻ろう。あなたは、自腹で200万円以上のお金を払って人に仕事をお願いしたことはあるだろうか？　会社の仕事として業者に200万円以上の仕事を発注した経験ならあるかもしれない。ただし、それは所詮「会社のお金」であり、あなたのお金ではない。自分のお金ではないから遣うことには何の抵抗もないし、遣ったお金がどのように遣われるかというところまでシビアに考えないだろう。

　今回のケースで担当者が困っていたのは、当初50万円ぐらいでできると思っていたのに、いきなり240万円という数字が出てきたからだ。40万円値引きすることによって、担当者の心理的負担を減らし、また、会社からの担当者の評価も下げずに済んだ。いわゆる「お土産を持たせる」というやつだ。

　このように、会社員というものは、「会社からの評価を気にして」仕事をしている。だから、相手の会社内でのポジションやその時の社内の状況などを把握し、「担当者の評価を上げる」お手伝いをしてあげることで、いわゆるwin-winの関係を維持することができるのだ。相手が会社の担当者、つまり会社員であれば、こちらが思っているほど相手

概算見積書

株式会社○○○○○御中

○○○サイト構築の件につきまして

発行年月日　2010 年○月○日
有効期限　　2010 年○月○日

いつもお世話になっております。
下記のとおりお見積致しますのでよろしくご査収ください。

Lifescape
株式会社ライフスケープ

お見積額（税込）	~~¥ 2,415,000~~ ¥ 1,995,000

〒103-○○○○
東京都○○○○○○○○○○-○-○-○○○○
担当：平城　寿
TEL：03-○○-○○○○
TEL：03-○○-○○○○

お支払い条件：末締め翌月末払

項目	単価	数量	単位	金額
＜サーバ環境構築＞	¥100,000	1	式	¥100,000
サーバ環境設定				
＜サイトデザイン＞				
サイトデザイン（ページ制作費込み）	~~¥400,000~~	1	式	~~¥400,000~~
	¥100,000			¥100,000
＜プログラム開発＞				
・β版オープンまでの機能開発	~~¥1,000,000~~	1	式	~~¥1,000,000~~
（新着情報表示 / クーポン表示 / マイページ / 管理者機能）	¥900,000			¥900,000
・正式オープンまでの機能開発	¥800,000	1	式	¥800,000
・パスワードリマインダ				
・クーポンのメール配信				
・決済機能				
・クーポン購入履歴				
・お気に入りのクーポン				
・友達へ知らせる機能				
・Twitter 各種ソーシャルメディア連携				

備考		小計	~~¥2,300,000~~ ¥1,900,000
		消費税	~~¥115,000~~ ¥95,000
	※2010 年当時の消費税［5％］にて計算	税込合計	~~¥2,415,000~~ ¥1,995,000

値引き交渉が入ることを見越して、見積金額を自分が受注したい金額よりも多めに提示した例。
ここでは、はじめに240万円を提示し、先方の要望どおり「200万を切る」ように値引きした

は金額の絶対額をそこまで意識していないのである。これが、経営者が相手となると話が違う。見積の根拠について細かく聞いてくるだろうし、何よりもまず「お金に厳しい」からである。こちらも自営業の身なので、お金には厳しいのであるが、担当者が会社員である場合、相手のほうが自分より「お金に緩い」のである。つまり、このことを意識しておくと、見積の時点で心理的な駆け引きをする必要が出てきた際に、変に弱気になって安い金額で取引を承諾したりすることを回避できるのだ。

私がこのことに気づくことができたのは、最後に勤めたアクセンチュア時代に学んだことが大きく影響している。彼らは、顧客の窓口担当者やその上司の性格、組織図まで、徹底的に調べつくしていた。最初私は、なぜそこまでするのか理由が全くわからなかった。しかし、一緒に業務をこなしていくうちによく理解できるようになった。

会社というものは組織で成り立っているので、組織を動かすためには社内決済、つまり社内での承認プロセスのなかでのキーマンの意思決定が必要となってくる。そのため、自分がやり取りしている担当者の背後に控えている会社の内情を理解し、担当者が社内で評価されるような「お膳立て」をしてあげることで、取引がスムーズに運ぶということを体験したのだ。

あなたが顧客とこのような関係を作ることができれば、顧客の担当者はあなたを離してくれなくなるだろう。なぜならば、担当者にとってもあなたは取引をしやすい相手であるからだ。事実、私の顧客の担当者のなかには、転職して会社が変わっても、また私を頼って来てくれる方が結構いる。

＞ 3つの顧客タイプに応じた対応方法とは？

実は私は、この担当者が「値引き」を要求してくることを、あらかじめ予測できていた。その理由を説明しよう。

顧客のタイプは、以下の3とおりがある。

> タイプ①毎回値引きを要求する顧客
> タイプ②時々値引きを要求する顧客
> タイプ③全く値引きを要求しない顧客

言うまでもなく、**タイプ③**の顧客と付き合うのが一番良いが、現実はそうもいかない。あなたは**タイプ③**のような顧客は本当にいるのだろうか？と疑問に思うかもしれないが、世の中探せばいるものだ。特にITが苦手な顧客ほど、**タイプ③**の傾向がある。

このような顧客に出会えたら絶対に手放してはいけないが、出会うまでは**タイプ①**や

タイプ②の顧客の相手をしながら食いつなごう。私は20代前半からネット上の「お仕事掲示板」を通して、様々なタイプの相手と 取引をしてきた結果、自然と**タイプ①**や**タイプ②**の顧客への対処法が身についてしまっていたようで、この時もうまく乗り切ることができた。

　私はこの会社の別の担当者とやり取りをしたことがあったので、この会社は**タイプ①**に属すと分析していた。また、今回の担当者の上司から、「今回は急ぎの案件なので、アイミツなどはせず、平城さんのところにお願いしたいと思っています。だから、見積については安くしてください」とも聞いていた。

> 今回は急ぎの案件なので、アイミツなどはせず、平城さんのところにお願いしたいと思っています。だから、見積については安くしてください。

心 得	値引き交渉が入ることを見越して、見積金額を自分が受注したい金額よりも多めに提示する。

　私は、最初からこの案件は200万円で受注できれば、十分利益が出ると考えていた。そこで、わざと40万円ほど上乗せして見積書を提示した。これを受け取った担当者は、ドキッとしたに違いない。それも無理はない。当初、社内では50万円ほどの予算として話を進めていたようだったからだ。これは本当かもしれないし、取引に見積額を下げるための相手の嘘かもしれないが、どちらにしても私があわてる必要はない。

　なぜなら、今回のこの顧客のプロジェクトは、社長から「なるべく早くスタートしろ」との命令が下っていたことを知っていたからである。今回の顧客は、私以外の業者に見積依頼を投げて比較検討する時間がなかったのである。また、先方からすれば、受注が確定していることをちらつかせ、見積価格が下がることを期待していたのだろう。

　実際、このような甘い言葉に応じ、「顧客の奴隷になっている」業者は多い。ところが、私は「あらかじめ200万円を着地点、割引額を40万円と定義して、240万円を顧客に提示」したのだ。

　担当者としては、当初の見積額よりも40万円も下がっているのだから、上司にも「自分が交渉して値段が下がった」という成果を認めてもらえる。割合としては、240万円が200万円になったのだから、2割近く安くなっているから、妥当なところだろう。こうして、担当者の顔も立てつつ、win-winの取引を成立することができた。

　ちなみに、その後その上司から電話がかかってきた。

TEL

もう少しなんとかなりませんかねぇ。

う～ん、さすがに難しいと思います。

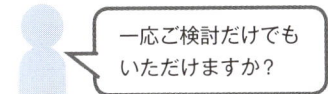

一応ご検討だけでもいただけますか？

う～ん…。

いったん電話を切った。私は値引き交渉に応じるつもりはなかったので、私のほうからは電話はしなかった。すると、しばらくして、元の担当者から電話があった。

見積のままでお願いします。

ありがとうございます！

　つまり、最後の上司の電話は、「最後の駄目もとの値切り」だったのである。まさに**「タイプ①毎回値引きを要求する顧客」**のパターンだ。

　ちなみにこのWebサイトは、自分の開発フレームワークを使って構築したので、実工数でいうと1か月もかかっていない。つまり、1か月で200万円近く稼いだことになる。これを聞いて、あなたは私のことを「ぼったくり」「悪人」と思うだろうか？　1か月以内でできるのだから、100万円程度で受注したほうが「良心的」なのだろうか？　私は1人で会社をやっているので、このWebサイト構築案件における作業も1人ですべてこなした。その対価として200万円は「もらいすぎ」だろうか？

　次のテーマでは、我々が陥りやすい、「高い見積額を提示する際の心理的な障壁を取り除く方法」について解説する。

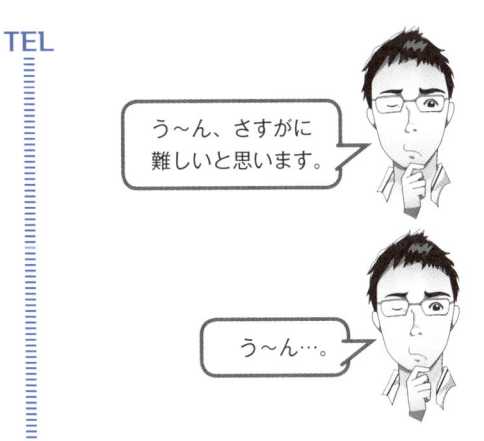

> **Point**
>
> ### 取引の相手の立場を見極めて交渉すればうまく進む
>
> 取引の相手が会社員である場合は、相手が社内でうまく立ち回れるように便宜を図れば良い。値引き交渉も裏事情を読めば慌てないで対応できる。

高い見積額を提示する際の心理的な障壁を取り除く方法

あなたは、会社員時代の給与を基準にして見積価格を決めようとしていないだろうか？　高い見積額を提示することで、顧客に「高いですね」と言われて成約を逃すことを怖れていないだろうか？

質問＆回答サポートページ ☞ http://super-engineer.com/support/book1/5-7

＞ 見積価格を決める時の注意点

ここでは、見積価格を決める時に、我々が注意しないといけないことを解説しよう。

 重要

> 見積価格を決める時は、会社員時代の給料を基準に考えてはいけない。

　会社員時代の私の月給は、手取りで40万〜50万ほどだったので、『5-6.会社員が相手であることを意識する』（P.150〜155参照）の受注金額である「200万円」は、この4倍以上になる。

> こんな額を提示するなんて、ドキドキものだ。
> 相手は何と思うだろう？

と思う人が多いに違いない。私も起業したての頃は会社員時代の給与と比較して、ドキドキしながら見積を提示していたのだから。これを別の視点から考えてみよう。5-6のサイト構築の案件は、他の会社が受注したら次のようなチーム構成で担当したことだろう。

- Webディレクター：1名
- Webデザイナー：1名
- プログラマ：1名〜2名

ここで、仮にこのチーム構成で社員に下記の給料を支払っていたとする。

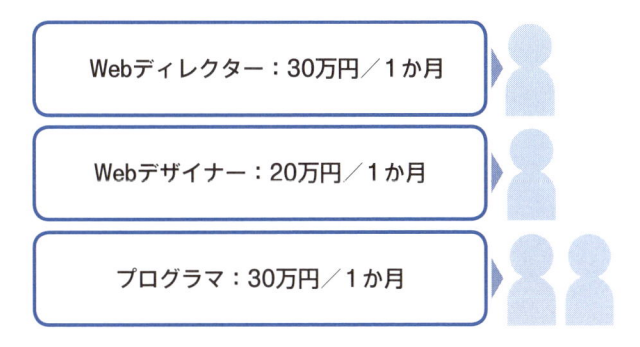

Webディレクター：30万円／1か月

Webデザイナー：20万円／1か月

プログラマ：30万円／1か月

そして、プログラマー2名体制で対応したとすると、プロジェクトに必要な人件費は1か月あたり以下の金額となる。

$$30万円×1人+20万円×1人+30万円×2人＝110万円$$

「独立したら独立前の給料の3倍は稼がないといけない」という定説は聞いたことがあるかもしれないが、この根拠は、会社を運営していくためには、『3-1.我々は、「安定的に」搾取されている!?』(P.78〜81参照) で書いたとおり、会社組織を運営していくためには様々なコストがかかり、また安定的な経営を実現するためには内部留保もしておく必要があるというものだ。

これをもとに、この会社で受注するために必要なコストを計算すると、

$$110万円×3倍＝330万円$$

となる。なんと、私の見積額240万円よりも90万円も高いではないか。ちなみに、この会社が200万円でこの案件を受注したとすると、スタッフの人件費ですでに110万円遣っているので、残りは90万円しかない。会社の維持費などを考えると、これでは赤字プロジェクトとなるだろう。

もうおわかりかもしれないが、能力が高ければ高い人ほど、同じ仕事を人より短時間で終えることができるので、自分の会社員時代の給料と比較するのは、本来意味のないことなのだ。そもそも、『3-1.我々は、「安定的に」搾取されている!?』(P.78〜81参照) で書いたとおり、仕事ができる人ほど、もらっている給料は実際の貢献に対して割安にな

っているのだから、会社員時代の給料は参考にならないと思ったほうが良い。そうではなく、実質的な価値によって価格を決めるべきだ。

では、実質的な価値とは何だろうか？　ここで思い出してほしいのが、『4-3.「需要と供給」の本質を知る』（P.118〜121参照）で書いたとおり、

心 得　世の中の商品やサービスの価格は「需要と供給」で決まる。

例えば、ホームページ制作という業種にあてはめて考えてみよう。昔はページ単価2万円以上というのもめずらしくなかったが、今では5,000円をきることもめずらしくない。それは、ホームページ制作に関わる人達が増えて、「供給者」が増えたからだ。もちろん、それと同時に需要も増えているのだが、ホームページ制作に使えるツールも年々充実しているため、どんどん生産性が高まり、制作コストは下がっている。

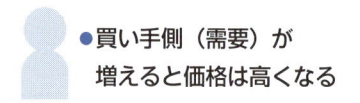 ●買い手側（需要）が
　増えると価格は高くなる

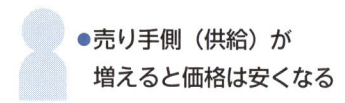 ●売り手側（供給）が
　増えると価格は安くなる

また、個人のスキルレベルによって、同じ結果を1時間で出せる人もいれば、1日かけても出せない人もいるわけなので、IT業界で昔から行われてきた「作業工数（作業にかかる時間のこと）」をもとにした見積計算方法は、数人程度の小規模の案件に関していえば、全くそぐわないと私は考えている。

極論を言えば、**見積価格は「言い値」で良い**と思っている。ページ単価や時間単価という概念にとらわれすぎてしまうと、価格競争の波に巻き込まれどんどんジリ貧になってしまう。私はここにとらわれる危険性を最初から理解していたので、価格競争に巻き込まれることなく、こちらが主導する形での関係を顧客と構築し、自分の希望の見積額を顧客に提示することができるようになっていったのだと思う。

だから、世の中に出回っている「価格表」を参考にはしても、最終的に見積価格に反映する際には、別のアプローチをとるべきなのだ。ちなみに、私が最初から見積価格を200万円と提示していたとしても、顧客は値引きを要求してきただろう。なぜかというと、顧客は「当初は50万円でできる」と言っているのだから。

これに対し、私が値引きをしなかった場合、「融通のきかない頑固な業者だ」と思われただろうし、仮に同じ40万円を値引きして160万円で受注したとしても、喜ばれる度合いはたいして変わらなかっただろう。人の心理とはそういうものだ。ちょっと考えると当たり前のことなのだが、自分にあてはめて考えてみるとなかなか気づくことができないポイントだ。

▶ それでも、高い見積を提示するのは気が引けるのですが…

まだ踏ん切りがつかないあなたのために、もう１つお伝えしたいことがある。「高い」と思っているのは、誰だろうか？　顧客だろうか？　あなただろうか？　「高い」とは比較に遣う言葉だが、それは何に対して高いのだろうか？　自分の感覚ではなく、「市場の価格」に対して高いのであれば、その価格は見直すべきかもしれないが、そうではないのであれば、何も臆することはない。事実、『5-6.会社員が相手であることを意識する』（P.150〜155参照）のエピソードでは、担当者は当初は50万円でできると思っていたので、さすがに240万という金額を知るとびっくりしていたが、途中からは、

TEL

やっぱりそれぐらいかかりますよねえ。そのように社長にも説明しているのですが…。

……………!!（内心驚く）

と言うようになったのだ。つまり、担当者からすれば、50万円というのが馬鹿げた数字であり、240万円というのが世間の相場だと感じるようになったということだ。なぜか、途中から私の味方をするかのような発言をするようになっていった。これには正直、私も驚いた。また、この件から大きなことを学んだ。なぜこのようなことになったかというと、後から自分が担当者の立場になって考えてみるとよくわかった。

あなたは、240万円で提示された見積を「半額にしてください」と言う勇気はあるだろうか？　自分で相場がわからないものに対して大幅な値引きを要求するなんて、そんなことをしたら普通の感覚を持っていれば「相手を怒らせないだろうか？」と心配になるだろう。また、自分が相場を知らない、なんていうことを相手に悟られようものなら、自分の無知を相手にさらけ出すようなものだというのもあるだろう。だから、この担当者は、見積の根拠が理解できていないにも関わらず「私も当然これぐらいはかかると思っているのですが…」と私に話を合わせてきたのだろう。

Point

見積価格は会社員時代の給与を基準にしてはいけない。
自分の提供するサービスを市場価値で計って決めよう。

「高い」「安い」という見積の感覚は、根拠が明確でない場合が多い。
高い見積を提示して、価格以上に高い価値を提供できればよいのだ。

5-8 見積を下げさせないための心理的テクニック

高い見積額を提示して相手から値引きを要求されたとしても、無条件で値引き交渉に応じなくても良いだろう。自分では最終的な落としどころを想定しておきながら、値引き交渉の心理戦に負けない対応力を鍛えよう。

質問＆回答サポートページ ☞ http://super-engineer.com/support/book1/5-8

＞ 2つの心理的テクニックを使え！

『5-6.会社員が相手であることを意識する』（P.150〜156参照）のエピソードでは、私は取引を有利に進めるための2つの心理的テクニックを使っている。

✓ チェックポイント

- □ ①品質を問うテクニック
- □ ②時間差のテクニック

Point1 ▶ 品質を問うテクニック

相手から「240万円から値引きしてほしい」と言われたときに、ただ単に「それは難しいですねぇ…」と回答していたらどうだろうか？　相手は私がただ単に「ケチ。融通がきかないなぁ」と思っただけだろう。

ところが私は、以下のように回答した（詳細はP.150を参照）。

TEL

平城さん、少し負けていただくことはできませんか？

う〜ん、仕様もまだ細かく取り決めできていませんし、現時点で安くしてしまうと、品質の維持が難しくなります。

「品質の維持」は顧客のためであり、それを心がけているという姿勢を伝えることによって、「顧客のことを考えて提示した金額」であることを印象づけた。そうすると、相手がこの金額を値切る時に少なからずうしろめたさのようなものが生まれる。また、「品質

が維持できなくなるかもしれない」という不安感も与えることにもなる。業者に安くお願いしたとしても、結果的に問題が多ければ、その修復やら何やらで結果的にコストが高くつくことも珍しくない。これにより、相手が値切るという行為を、「当たり前のこと」から「相手に無理を言ってお願いしている」という感覚に変えることができた。

Point2 時間差のテクニック

私は「値引きを検討します」といってから、かなり相手を待たせた。10分ほどで「値引きできます」と回答していたら、

> あれ、そんなに簡単に判断できるの？
> じゃあこの40万円の差額は何なの？

と思うだろう。相手が待てる限界ギリギリまでジラしたのである。
私は、あらかじめ、

> **何時までに回答すれば良いですか？**

と聞いておき、その時間が5分ぐらい過ぎた頃に、担当者に電話したのだ。

▶顧客をだましているのだろうか？

以上の話を聞いて、あなたは私に「何て姑息な奴だ」と反感を覚えるかもしれない。しかし、『5-7.高い見積額を提示する際の心理的な障壁を取り除く方法』(P.156〜159参照)の計算例を考えてほしい。一般的な会社が受注したら330万円というのが妥当な金額であろうということを。500万などと提示したらさすがにボッタクリであるが、私としては、「**企業努力により、他社よりも安い価格で、自社は高い利益を確保している**」だけであり、何も後ろめたいことはないのだ。事実、顧客は私の仕事に大変満足している。

つまり、私は自社の企業努力を行うことにより、業務の徹底的な効率化を図った結果、他社が引き受ける場合よりもかなり短期間で、つまり省コストでWeb制作を手がけることを実現している。これは製造業に例えるとわかりやすいのだが、製造ラインを改良することによって製品を作る時間を短縮化できれば、競合他社と比べて競争力が高くなり、会社に残る利益も多くなる。仮に他社と比較して同等のクオリティのものを半分の時間で作れるからといって、価格が半分になるわけではなく、価格はあくまでも「需要と供給」によって決められている。もちろん、他社よりも低コストで製造ができるところは

値段を下げやすいので、業界で最安値付近の価格をつけているケースはあると思うが。私はIT業界でこれと同じことをやっているだけだ。様々な工夫をすることによって1人で3人分の作業をこなすことができるようになれば、単純計算で3倍の収入をとれるようになるのだ。これが、私が独立起業してとてもやりがいを感じた点である。自らの努力がすべて自分に成果として返ってくるのだ。

▶ ビジネスの取引額はすべて「中和」で決まる

もう1つ、見積の段階での価格交渉において重要な考え方があるので紹介しておこう。

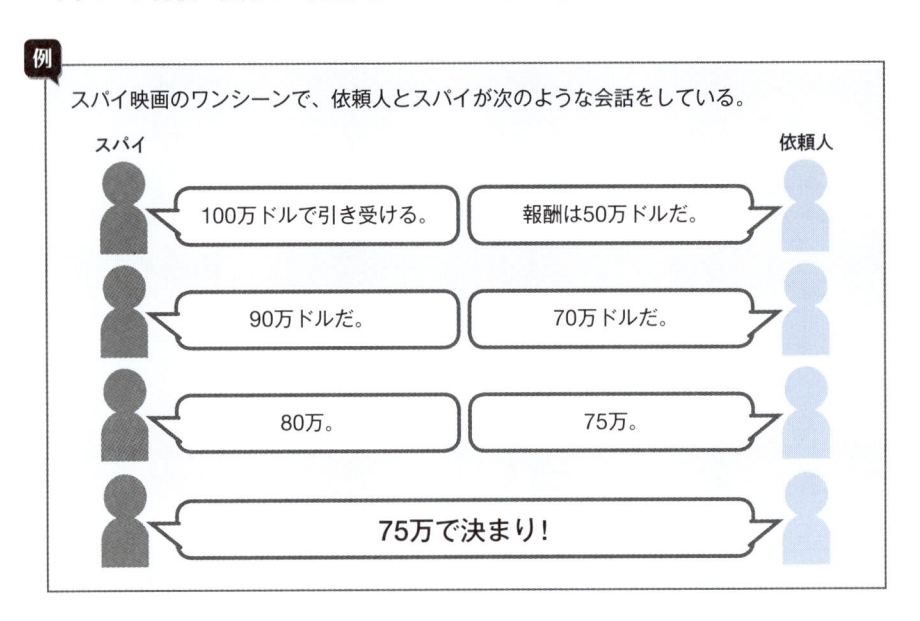

このようなシーンはよく見るが、ビジネスにおいてはどうだろうか？
『5-6.会社員が相手であることを意識する』（P.150〜155参照）のエピソードでは、

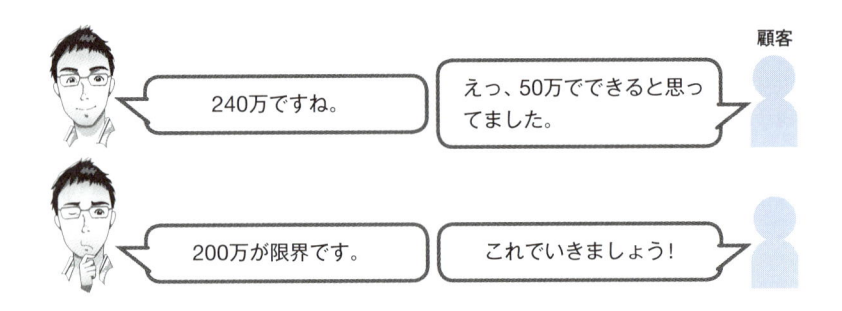

という価格交渉の流れだった。

　最初から私が200万と提示していたとしても値切られ、150万〜160万ぐらいに落ち着いていたと思う。つまり、「ビジネスの取引額は、お互いが想定した金額の範囲で決まる」のである。間違っても、それ以上にも、それ以下にもならない。私が150万で提示したものが、顧客からの要望で200万に跳ね上がったりはしないのである。それが、両者の想定のちょうど中間に収まるのか、低めに収まるのか、高めに収まるのかは、両者の力関係次第だ。

> **重要**
>
> 取引の価格は、「お互いが想定した金額の範囲で決まる」。
> 「市場の許す限り高い見積」を提示しよう！

　あなたが利益を最大化したいと考えているならば、取るべき行動は、「**市場の許す限り高い見積を提示する**」ということだ。最初は、顧客も「高っ！」と思うかもしれないが、ちゃんとした根拠のある数字であれば何も問題はないし、それでも顧客が高いと感じれば値引きを要求してくる。最終的にいくらかの値引きが発生したとしても、あなたには「想定内」のことなので、どっしりと構えて受け入れることができる。つまり、取引の価格とは、最初はギャップがあって当然で、最終的にはお互いの歩み寄リによって成立するものだ。我々はお店で物を買う経験はたくさんあるが、「取引の交渉をする」ことについてはあまり経験を積む機会がない。私も、独立してしばらく経ってから気づいたのだが、このことを意識しておくことで、見積の際の心理的な不安がかなり解消された。

　とはいっても、最初のうちは、自分が妥当だと思える見積額に自信が持てないかもしれない。私も最初からできるようになったわけではなく、23歳の頃から数万円単位の小さい取引をたくさん積み重ねていき、経験を積んでいくなかで身につけていった感覚であり、誰でも経験を積むことによって身につけることができると思う。あなたは高い見積を提示するということに対して抵抗感を感じるかもしれない。でも、ビジネスはお金を稼ぐために行うものであり、お金を稼ぐことは世の中に存在するすべての民間企業が行っていることなので、堂々とお金を稼いで良いのだ。

> **Point**
>
> **取引の場数を踏んで値引き交渉の対応力を鍛えよう**
>
> 値引き交渉で負けないために、「①品質を問うテクニック」と「②時間差のテクニック」を活用しよう。取引の最終額はお互いの想定内で決まる。

「業務をアウトソーシングする際の、人選の ポイントは何でしょうか?」

ビジネスが軌道に乗ってくると、アウトソーシングやパートナーシップの必要性が出てくる。ここでの人選がその後の事業拡大を左右すると言っても過言ではない。では、自身のビジネスを飛躍させる人選のポイントは何だろうか。

> 突発的な依頼が多い顧客の場合、他の顧客のために割けられる自分の工数の見込みを立てづらく、他社の案件を受けにくくなると思いますが、どのように対応すべきでしょうか?

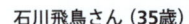

石川飛鳥さん (35歳)
業務改善プロジェクトのプロジェクトリーダー。
人事、採用、経営企画の業務をITを活用して最適化していくプロジェクトのマネジメントをしている。

> 『4-4.「マネーファースト」という考え方』(P.122〜125参照) にもとづいて、1か月の自分の目標収入に達成するまでは、仕事を請け続ければ良いと思います。突発的に来るからといってすぐに対応する必要があるかどうかはまた別の話です。対応タイミングを後ろ延ばしにするなどして、マネジメントしていけば良いと思います。

> 自分のキャパを超えた依頼を受ける時に、『@SOHO』などでアウトソーシングの活用を検討することになると思います。業務をアウトソーシングする際に、人選と契約条件で重視されているポイントを教えていただいてもいいですか?

> こちらが開示した案件の情報に応募する時の応募メッセージの内容である程度の実力が判断できます。仕事ができる人というのは応募メッセージもしっかりと的を得た内容で構成されています。ここで最初にフィルタリングをかけ、次に重視するのはレスポンスの速さになります。これは事務所で机を並べて作業をするのであればさほど重要ではないかもしれませんが、私のワークスタイルはオンラインでつながってリモートでの共同作業になるので、レスポンスの速さというのは仕事の進捗に大きく影響してくるからです。

安定的に案件の受注ができてくると、ナンバー2の人材を育成することにより、事業規模を拡大していくことを考えると思います。優秀なナンバー2の獲得と育成方法についてご見解をいただけませんか？

技術的に自分よりも優秀な人を探すことだと思います。ナンバー2を育成する必要性が出てきたということは事業が軌道に乗ったということであり、さらに伸ばすためには自分がより営業面や経営面にフォーカスしていく必要があります。この時に自分より優秀な人を確保できれば、自分よりも良い仕事をしてくれるので仕事を手放しやすくなります。自分よりも技術的に優秀でない人を確保すると、育成するために時間と労力がかかります。「自分よりも技術的に優秀な人が自分についてきてくれるのだろうか？」という疑問があると思いますが、技術とお金を稼ぐスキルはまた別のものなので大丈夫です。

ITリテラシーが強くない業界で顧客となりえる方々と知り合う機会はあり、名刺交換をするのですが、名刺交換後の関係の築き方が上手くないことからチャンスを活かせていません。チャンスと思える見込み顧客と名刺交換後に、受注を得るまでに信頼関係を築く方法を教えていただけませんか？

やはり名刺交換をした時の会話が重要だと思います。私の場合はひたすら聞き役にまわり、その場で相手の課題解決のために一緒に考えます。ただ単に先方が知らなかったことを教えてあげるだけでも、それで課題解決ができれば喜ばれますからね。この場合は自分に見返りがあるかどうかは一切考えません。そしてその後は、相手から連絡があるまでこちらからはアクションをしません。会話の時点で相手を満足させることができれば、仕事が発生した際に必ず相談があるはずです。相談がないということは、そもそも仕事が発生しなかったものだと捉えます。『5-2.稼げるエンジニアになるための近道とは？』（P.134〜137参照）で説明した『釣りバカ日誌』を思い出してください。こういう関係づくりができれば、引っ張りだこになりますね！

Chapter 6

主導権を握るための
顧客対応術

6-1

顧客をコントロールする

6-2

見積の極意［基本編］

6-3

見積の極意［実践編］

6-4

見積は早く、請求は遅く

6-5

値引き交渉への対抗術

6-6

合法的にリスケする

顧客とどんな関係を築いていけば良いか？

Point 1 市場を選ぶ

Point 2 顧客を教育する

自分が狙った価格で受注する方法とは

もう1つ、知っておいてほしい重要なこと

説得力があり、受注できる見積書を作成する方法とは

万が一値引き交渉にあった時の最終手段は「出精値引き」

見積書と請求書は提出するのに最適なタイミングが違う？

見積書を提出する最適なタイミング

請求書を提出する最適なタイミング

長期的な案件の場合の支払いはどうすれば良いか？

手付金は要求すべきかどうか?

受注するより先に見せる

顧客はなぜ値引き交渉をしてくるのか？

値引きを拒むことへの罪悪感を克服する方法

どんなに厳しい納期でも、一度も断ったことがない理由とは？

某ショッピングサイトの開発案件

6-1 顧客をコントロールする

取引を継続したいからといって、下手に出て顧客に従っているだけでは、力関係で不利な立場に陥ってしまう。顧客とフェアで良好な関係を築くために、どのような心がけで対応していく必要があるだろうか？

質問 & 回答サポートページ ☞ http://super-engineer.com/support/book1/6-1

> 顧客とどんな関係を築いていけば良いか？

あなたは顧客の言いなりになっていないだろうか？　あなたが顧客をコントロールできるようになると、取引をあなたの思い通りに進めることができるようになる。ここでは、「顧客をコントロールする」ということはどういうことかについて、お伝えしよう。

誰もが顧客と取引をする際に自分が有利な立場に立ちたいと思うものだ。ところがその思いとは裏腹に、顧客の奴隷になってしまっている。そして奴隷にならない方法を知らないがために、そこから抜け出すことも諦めてしまっている人がいかに多いことだろうか。　顧客の奴隷にならずに取引を有利に進めることができるためにあなたが意識していなければいけない重要な要素、それは「パワーバランス」だ。これをうまくコントロールすることによって、あなたは常に顧客より強い立場を維持することができる。

私がこういうことを言ってもあなたはこう思うかもしれない。

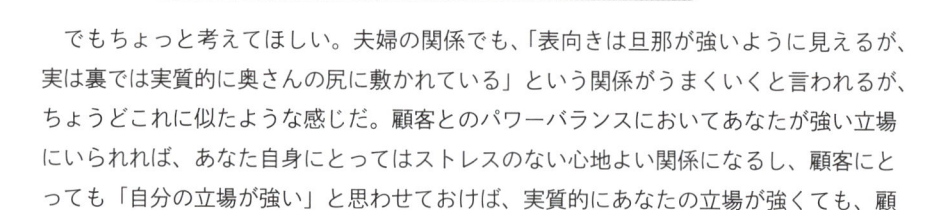

顧客より強い立場だって？
お金を払ってくれる側のほうが強いに決まっているじゃないか。顧客より強く出るなんて、私にはできない！

でもちょっと考えてほしい。夫婦の関係でも、「表向きは旦那が強いように見えるが、実は裏では実質的に奥さんの尻に敷かれている」という関係がうまくいくと言われるが、ちょうどこれに似たような感じだ。顧客とのパワーバランスにおいてあなたが強い立場にいられれば、あなた自身にとってはストレスのない心地よい関係になるし、顧客にとっても「自分の立場が強い」と思わせておけば、実質的にあなたの立場が強くても、顧客にとってはストレスではない。

医者と患者の関係といったほうが良いかもしれない。患者は医者のことを信頼し「先生」と呼ぶ。そして医者にお金を払う。医者は患者の治療をする。患者に対して感じの悪い医者も少なくないが、感じの良い医者が絶大な人気を誇ることは言うまでもないだろう。このような関係においては、患者は、「喜んで」お金を払ってくれるのである。

それでは、顧客にとってあなたが親切な医者になるにはどうすれば良いか。そのためには、次のポイントを押さえることが重要である。

チェックポイント

☐ ①市場を選ぶ
☐ ②顧客を教育する

Point1 ▶ 市場を選ぶ

市場選びで重要なことは、自分のITスキルより顧客のITスキルのほうが低いことが絶対条件だ。間違っても、自分と同じ業界（例えば、システム開発会社の外注など）を選択すべきではない。もちろん、「自分はITでは誰にも負けない」と思う自信がある場合は、同業種でも構わない。また、これはあくまでも売上を拡大する目的においての選択方法なので、ただ単にスキルアップしたいという場合には、あえて自分よりもITスキルが高い顧客を選んでも良いだろう。

Point2 ▶ 顧客を教育する

顧客の注文すべてに「Yes」と答えるべきではない。これは、頭でわかっていても実践できていないケースが多い。

 ①最も悪いパターン
＝顧客の言うままに作業する
　（つまり、顧客の犬）

 ②「一見良く見えるが、もう少し」というパターン
＝基本的に顧客の要件に沿って作業をするが、場合によっては顧客の意見を訂正しながら作業を進める
　（つまり、顧客と同レベル）

 ③最良のパターン
＝そもそも顧客の要件が正しいかという点から一緒に考えて提案できる
　（つまり、顧客の先生）

②まdegければできている人は多いと思うが、③が実践できている人はそうそういないと思う。繰り返し言う。**顧客は「教育」することが可能である。**

例を挙げよう。ある顧客の担当者は、システムに関してことあるごとに「不具合だ、不具合だ」と言っていた。メールの件名に、【不具合】や【至急】といった文字を入れ、否応なしに私に送りつけてきていた。あなたもこのような経験はないだろうか？　これらは我々ITエンジニアにとっては、寿命が縮まるワードである。なぜこういうことになるかというと、顧客の多くは、不具合の本来の定義をきちんと理解できていないからだ。不具合の定義は我々と顧客の間で以下のように異なっていることが多い。

不具合の定義

正解）仕様と異なる動きをすること。
顧客の理解）自分の思う通りにならないこと、すべて。

　それでは過去に実際にあった事例をもとに説明しよう。そのシステムは、もうリリースして2年近くが過ぎようとしていた。顧客と私の間に1社が入っており、この会社の営業担当が目茶苦茶な顧客対応をしていたため、顧客も慢性的なストレス状態であり、ことあるごとに私に「不具合メール」を送りつけてきていたのである。
　私はある時、顧客にこのようなメールを送った（顧客と私の仲介となっている会社をA社として書いている）。

E-mail:Send Message

差出人 : "Hisashi HIRAJO" <hirajo@lifescape.jp>
件名 :「不具合」について
日時 : 2006 年○月○日 ○ : ○ : ○ JST
宛先 : < ○○○ @ ○○○ .ne.jp>

○○○○様
お世話になっております。
本件について 1 点補足させて頂きます。

ソフトウェアの受託開発における瑕疵担保期間（無償対応期間）については、
商法では 6 か月以内とされています。
（当事者間で期間の取り決めがあった場合には、その期間が優先されます。）

瑕疵担保期間を過ぎた場合は、例え不具合であっても
有償対応となるのが一般的で、そのために「メンテナンス契約」
というものが存在します。

（この取り決めがないと、ソフトウェア開発業者は一生、
無償サポートをしないといけないということになり、皆潰れてしまいます。）

●●●●に関しては、携帯サイトのオープンからは 1 年 6 か月、
PC サイトのオープンからも 1 年が経過しておりますが、
貴社と A 社の契約関連書類を拝見する限り、

インフラ（ネットワーク・サーバ関連）についての保守内容については
記載されているようですが、プログラム部分については記載されておりません。
つまり、プログラム部分の保守については契約対象外となっているように思われます。

従いまして、Ａ社側でも無償対応は困難であると思われますし、
また技術的にも難しいでしょうから、
今回の件も最終的には、Ａ社から弊社側に「やって欲しい」と
相談を持ちかけられることと思います。

一方、弊社とＡ社の間では、瑕疵担保期間は３か月とさせて頂いており、
その後はプログラム保守契約は結んでおりませんでしたが、
最終的に貴社のビジネスに影響があってはいけないとの老婆心がありましたので、
これまで●●様からご連絡頂いた際には、私の方で対応させて頂いておりました。

（マニュアル制作の話も、Ａ社へのヒアリングの結果、
Ａ社では貴社が満足のいくものを作れないと判断しましたので、
私の方で無償で対応する、という形にさせて頂きました。）

この背景をお伝えしておかないと誤解が生じると思いましたので、
お伝えさせて頂きます。

また、先日弊社よりご提案させて頂きましたプログラム保守契約の件につきましては、
「固定で月額 10 万円」もしくは「都度見積」とご呈示させて頂きましたが、
「都度見積」をご選択頂いた場合には、不具合対応に関しても、
上記の理由から、都度お見積となってしまいますのでご留意ください。

以上は事務的な内容で、お気を悪くされましたら申し訳ございません。

●●様からご紹介頂きました●●の案件につきましては、
開発期間が短いにも関わらず、システム上の大きな障害もなく、
安定した状態で運用できております。
これも、プロジェクト管理を含め直接やり取りさせて頂いているからだと思っております。

また、これからは私の気持ちですが、
本来このような「契約が云々」といった話はしたくありませんし、
一度関わらせて頂いたサイトですので、成功して頂きたいですし、
そのためにご用命頂けるのであればご協力は惜しみません。

最後に、早くお互いにストレスフリーな状況が作れますことを心より願っております。

株式会社ライフスケープ
平城　寿　hirajo@lifescape.jp

　私はこのメールを送った直後、「さすがに言いすぎたかな」と多少不安になったが、こ
れを理解してもらえない顧客とは付き合う必要はないとも思っていた。
　すると数日後、顧客からは、次のような回答が返ってきた。

平城様

お世話になっております。●●です。

契約等に関しまして、内容理解いたしました。
実際は、契約締結も不十分なまま、ここまで運用してきてしまっており、
それも含めて仕切り直す必要があると思っています。

現在の売上規模では、すべての開発・運用を停止する可能性も
ゼロではありません。

今年に入ってからインフラ保守以外はデザインも含めて月額 10 万未満で
運用してきていますが、●●●●は、過去に費やしたコストを取り戻す
フェーズにあり、積極的に仕掛けていくことができない状況です。

いろいろな意味で、踏ん張り時です。

いつもご協力いただき、あたたかいご支援に感謝しております。
今後ともどうぞよろしくお願いいたします。

株式会社○○○○
○○○○○○○
○○○@○○○.ne.jp

このメールを読んだ私はホッとした。

　それ以降、この顧客は非常に理解を示して下さるようになった。また、これも顧客からの要望により、それまでの顧客とA社との契約は解除され、弊社にて直接取引をさせていただくことになった。

　本テーマのタイトルは「顧客をコントロールする」としているが、それはこちらの都合で相手を操作するという意味ではなく、

顧客にこちらの状況を理解していただいてフェアな関係を構築する

というのが本来の意味である。

　この顧客のメールの回答を読んでもわかるとおり、私は顧客との取引に関して自分の思うとおりの状態を構築することができていて、なおかつ顧客も喜んで下さっている。

　顧客との良好な関係は、一朝一夕で実現できるものではない。

✓ チェックポイント

- □ ①顧客との関係性についての心構え
- □ ②日々のきめ細かな対応
- □ ③交渉時の表現方法

良好　顧客との良好な関係を作るポイント

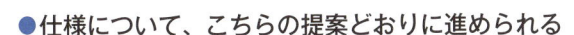
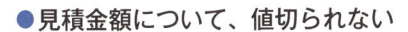

交渉時の
表現方法

日々のきめ細かな対応

顧客との関係性についての心構え

　①②③の3つが揃って実現できるものだ。これが実践できるようになると、顧客との関係においてストレスがなくなり、日々の取引もスムーズに行うことができ、あなたのビジネスの収益を最大化することができる。顧客をコントロールすることができるようになると、次のようなメリットが出てくる。

- ●仕様について、こちらの提案どおりに進められる
- ●見積金額について、値切られない

　つまり、顧客から先生のように思われるので、「下手な交渉」はしてこないのである。ただ、ここで勘違いしてはいけない。あくまで低姿勢に、誠実に、顧客を立てるのである。顧客を小馬鹿にしたり、横柄な態度をとって良いというわけではない。あくまで低姿勢に、誠実に、顧客を立てるのである。先に述べた「理想の夫婦」の関係のように。

Point

顧客とフェアな力関係を築いて、顧客の成長を助けよう

日々きめ細かに対応し、丁寧な表現を用いて説明しよう。そうして顧客を育て信頼を獲得していけば、取引の交渉がスムーズになっていく。自ずとリピートして永続的に良好な関係を築くことができる。

見積の極意 [基本編]

独立すると、顧客から案件を受注する前に「見積」という行為が必ず発生する。ここでは、会社員時代に自分で見積を作成したことがないITエンジニアのために、見積書作成の基本や注意点を解説しよう。

質問＆回答サポートページ ☞ http://super-engineer.com/support/book1/6-2

＞ 自分が狙った価格で受注する方法とは

　私はこれまでに、多くのITエンジニアに独立起業についてのアドバイスをしてきたが、共通して抱えている課題として「見積の仕方がわからない」というものがあった。私も独立起業した直後は多少この壁はあったが、何とか乗り越えることができた。そして私と彼らを比較することにより、多くの方が見積においてつまづくポイント、多くの方が勘違いをしているポイントがあることがわかったので、そのことについて解説しよう。

　まず独立をするまでに「一度も見積をしたことがない」という方が結構多いことがわかった。確かに、一定規模以上の会社に所属していれば、見積は営業マンや一定以上の役職を持った上司が対応し、若いITエンジニアが見積に触れる機会は少ないだろう。一方で、独立後に1人で請け負う案件は、会社で取り扱う規模のものと比べてかなり小さくなる。つまり、数万円〜数十万円、多くても500万円未満の仕事について、自分1人で見積を作成したことがない人が多いのだ。

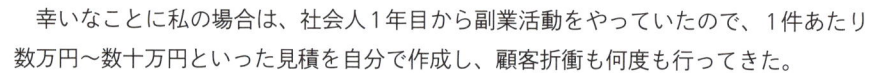

> （一度も見積をしたことがないから）
> 見積の仕方がわかりません。

　幸いなことに私の場合は、社会人1年目から副業活動をやっていたので、1件あたり数万円〜数十万円といった見積を自分で作成し、顧客折衝も何度も行ってきた。

　私が2度目の独立起業を果たしたのが29歳の時なので、それまでに6年ぐらい、規模は小さいながらも1人で見積作成から納品までの一連の流れを経験していた。その結果、私は「**自分が狙った価格で受注する**」ということが可能になったのだ（もっともこの経験は、就職の面接ではほとんど実績として認めてもらえなかったのが皮肉的なのだが）。

　では、見積はどのようなステップで作成していけば良いのだろうか？　あなたが初めて見積を作成する場合、もしくはまだ見積を作成した経験がそれほどない場合を想定して説明しよう。

見積の手順［基本編］

Step 1 自分の時間単価を決定する

Step 2 顧客の支払い能力をチェックする

Step 3 顧客が支払える最大の金額を提示する

Step 1　自分の時間単価を決定する

　現在のあなたの会社員としての給料、派遣社員としての給料、もし現在すでに独立しているのであれば、もともともらっていた給料をベースに考える。月給を1か月の平均労働時間で割ると、時給を算出することができるので、「**時給の2倍**」を目安として決めてみよう。

> **例**
>
> 　会社員時代の給料が月に30万円で、平均労働時間が160時間だった場合、
> 　時給は30万円÷160時間＝1,875円となり、この2倍は、3,750円となる。

　会社員時代の2倍というと高いように感じられるかもしれないが、会社というものは、一般に1人の社員を雇って維持するために、その人に払っている給料の2倍～数倍のコストがかかっている。また、この時間給計算にはボーナスが含まれていない。つまり、顧客から見て、あなたに2倍の時給を払ったとしても、直接あなたを雇うよりもコストが同等以下で済む場合が多いということになる。

　「場合が多い」と書いたのは、一般的に会社の規模によって社員にかかるコストには差があるからだ。会社の規模が大きくなればなるほど、コストが上がる傾向にある。もっとわかりやすく計算したいと思ったら、あなたと同じ職種の「派遣社員」の価格を調べてみれば良いだろう。派遣社員と同じ金額で設定すれば、まず相場から大きく外れることはないだろう。自信がないうちはまずは給料と同額で設定しておき、顧客との関係が醸成されていけば、徐々に上げていっても良いだろう。もっとも、これはあなたが自分の単価を決められない場合の決定方法と考えてほしい。なぜならば、過去のあなたの給料の額はただその会社があなたに払っていたという事実があるというだけで、それがあなたの価値についての正当な評価ではないと思うからだ。特に、『3-1.我々は、「安定的に」搾取されている!?』（P.78～81参照）に書いたとおり、あなたが社内の平均値よりも高いパフォーマンスを出している人であれば、あなたの給料は本来得られる額よりも低く圧縮されているわけなので、会社員時代の給料はあくまでも参考値であり、最終的に

それを採用するかどうかは、あなたの自己評価次第だ。

　私と同じ年で私よりも早く20代前半からWeb制作会社を経営していた知人の社長は、自分の時間単価を2万円と設定していた。その理由としては、彼は最新のWeb業界についての知識を毎月2万円以上かけて吸収しているからだということだった。私はそれを聞いて「何を根拠のないことを」と思ったものだが、重要なのは本人がそれで納得しているかどうかだ。本人が自分で決めた単価に納得し自信を持っていれば、不思議と納得感が生まれるものだ。実際、この社長が直接営業すると、仕事はしっかりと取れていたようだ。

Step 2 顧客の支払い能力をチェックする

　顧客は案件に対してあらかじめ「予算感」を持っていることが多い。顧客との打ち合わせのなかで、その予算感を探るようにしてみてほしい。ストレートに「ご予算はおいくらぐらいでしょうか？」と聞く方法もあるが、私的にはこれはあまりおすすめしない。こちらが値踏みをしようとしている感じがするからだ。理想は、何気ない会話のなかで顧客のほうから予算感を話してくれるような話の流れに持っていくことだ。顧客はこちらよりもITに疎いので、例えばWebサイトを構築するにしても、そのWebサイトがどのような機能で構成されているかを理解できていないことが多い。私はその機能を一緒に洗い出すところから始める。顧客は自分が実現したいことをひととおり説明し終わった後、私に聞くだろう。

> この機能をすべて実現するために、いくらぐらいでできるのでしょうか？

　この場合、私は即答はしない。すると、顧客のほうから、

> ●●円ぐらいかかりますかね？

と言ってくる場合がある。

　こうなれば、チャンスだ。●●円の金額の少し下のラインを提示すれば、まず金額面では受注確定となる。なぜならば、**顧客が具体的な金額を出す時の心理としては、「損益分岐点」を意識している**からだ。つまり、開発コストが●●円以上なら赤字、●●円以下なら黒字という考え方をしているので、仮に●●が100万円だとすると、99万円で提案すれば受注できるというわけだ。

Step ❸ 顧客が支払える最大の金額を提示する

顧客の支払い能力がわかったら、顧客が支払うことのできる「最大の金額」を提示する。顧客の予算があなたが想定した金額よりも高いか低いかによって次の交渉法が変わってくる。

◆ 顧客の予算があなたの想定よりも高い場合

この場合は、ほかにあなたと競合する相手がいたとしても気にせずに、あくまでも自分ベースの見積を出すべきだ。これはちょっと意外に思ったかもしれない。見積は高すぎると失注し、安すぎると請け負ったこちらが苦労するので、このさじ加減がなかなか難しいものだ。

> **重要**
>
> 顧客から仕事を受注したいと考えた場合、値引きは最も簡単にメリットを提示できるように思えるかもしれないが、私からしてみれば、値引きは顧客に提供できる価値としては最も簡単で、最も最低の行為だ。

価格を下げるという行為は全く知恵を絞る必要がなく、誰にでもできることだからだ。それよりも、「その価格分の価値を顧客に提供するにはどうすれば良いか?」を考えたほうが良い。これが自分の付加価値を高めることになっていくのだから。

自分の付加価値を高めるための知恵を絞ることをしなければ、安さでしか勝負できなくなり、価格競争の波に飲み込まれてしまうだろう。つまり、単なる「下請け業者」に成り下がるということになる。顧客は、価格と品質の両方を見て判断したいものなので、仮にあなたの価格が他社よりも高かったとしても、あなたの仕事の質が高ければ、どうしてもあなに発注したいと考えるものだ。このような場合に顧客はどうするかというと、あなたが提示した価格で発注してくるか、あなたに値引きのお願いをしてくる。前者であった場合はラッキーなのでそのまま受注する。後者の場合に初めて値引きの交渉に応じるのだ。相手のほうから値引きのお願いをしてきて、こちらが受け入れたとなれば、その後の取引もこちらが有利に進めることができる。ただし、無理な値引き要求は、絶対に受け入れないほうが良い。常に無理をして安い金額で請け負っていては、こちら側のストレスが蓄積していき、顧客と長期的に良好な関係を築くことは難しいからだ。私も

まだ20代の駆け出しの頃、とにかく受注することを優先して自分が本来ほしい金額よりも低い価格を提示してしまい、作業単価が下がりきつくなるという、同じような失敗を何度も経験してきたから言えることだ。価格交渉においては、ぜひ毅然とした態度で対応するようにしてほしい。適切な価格で取引を継続することができれば、こちらとしてもモチベーションが高い状態でお付き合いができるので良い仕事ができるし、顧客に良い結果をもたらすことができるのだ。

> **あなたが希望の金額を提示するということは、実は顧客にとっても良いことなのだ。**

　また時々、毎回値切ってくるような顧客がいるが、こういった顧客にとらわれないほうが良い。私はこれまでに様々な人物や会社と取引をしてきたが、「**常に値切りをしてくる顧客からの仕事を請け続けることで、実は本来自分にとって付き合うべき顧客を開拓するチャンスを逃している**」ということにもなるからだ。あなたもぜひ、このような顧客とは決別する勇気を持ってほしいと思う。

◆ 顧客の予算があなたの想定よりも低い場合

　顧客の予算がそもそもあなたが想定した金額よりも低い場合がある。これは顧客のITについての知識が不足しており、費用感が全くわかっていないような場合に起こりやすい。このような場合、多くの方はその場で受注を諦めてしまうようだ。ところが、このような場合でも受注を確定させる方法がある。

> それは「**顧客の予算の範囲内でできることを定義すること**」だ。顧客があなたに相談をしてきているということは、お金を支払う用意があるということであり、後はただ単に顧客が捻出できる予算とその範囲でできることのすり合わせを行うだけで良いのだ。

テレビ番組で「1,000万円で東京都内に家を建てたい！」のような企画があるが、あれと同じようなもので、少ない予算でも顧客の希望をなるべく実現できるようなやり方を親身になって一緒に考えること。これをすれば、あなたの懐も痛めることなく、顧客の望みもかなえてあげることができる。ここまでやってくれる業者はなかなかいないので、これを一度やれば受注も確定することができ、あなたの信頼度はぐっと上がるはずだ。

＞もう1つ、知っておいてほしい重要なこと

　顧客から見て、あなた以外に発注するかどうか比較検討している取引先が会社である場合、あなたは圧倒的な価格競争力を持っている。ある一定程度以上の規模の会社には、総務や経理などのいわゆる「非生産部門」という直接的にお金を生まない部署が存在するし、高い家賃を払ってオフィスを借りている。こういったコストが、最終的には顧客への提示額に跳ね返ってくるからだ。

　一方、あなたが個人事業主もしくは1人法人の社長であれば、コストが必要最小限で済む。つまり競合他社が会社組織である場合、仮にそこよりも同等以下の金額で受注しても、あなたははるかに儲かるのだ。ただし、顧客へのサービスレベルは同等以上のものを提供することを心がけてほしい。

鉄 則	価格は同等以下で、サービスレベルは同等以上で。

　この鉄則を守ることができれば、顧客にとってもメリットを提供でき、こちらも儲かる、まさに、Win-Winの関係が出来上がる。この「魔法のルール」に気づくことができれば、至る所にビジネスのチャンスを見出すことができるのだ。

　私の場合、相談を受けたらまず8割以上の確率で受注できる。受注に至らなかった場合、顧客の相談にのった時間はある意味無駄になるので、受注の確率が上がるということは、それだけ自分の時間の遣い方に無駄が減るということ。つまり、「利益率が上がる」ということだ。私が過去に相談に乗ったITエンジニアの方々は、どうも案件を選り好みする傾向を感じる。3万円でも100万円でも、顧客の予算に応じる柔軟性を持つことが、結果的には売上も利益率も上げることができるということなのだ。

Point

見積の習熟度が上がっていくと、自分が狙った価格で受注できる

価格を下げて安請け合いせず、希望の価格を提示して受注できるようになろう。
付加価値を高める努力も必要だ（P.187のフローチャートも参照）。

- 自分の単価が決められない場合は会社員時代の2倍を目安にする
- 顧客の予算感や損益分岐点を探り、顧客が支払える最大の金額を提示する
- 価格は同等以下で、サービスレベルは同等以上を心がける
（競合他社が会社の場合）

見積の極意［実践編］

顧客にとって納得感がある見積書とはどのようなものだろうか？ IT業界の見積書は一般的に「工数」で表記されていることが多いが、ここでは私が実践してきた8割以上の受注率を実現できる見積手法を解説する。

質問＆回答サポートページ ☞ http://super-engineer.com/support/book1/6-3

▶ 説得力があり、受注できる見積書を作成する方法とは

これまで自分の手で見積書を作成したことがない人、なかなか顧客に説得力のある見積書が作れない人のために、私の見積書の作成方法を伝授しよう。

◆ 小規模案件向け見積法

私はこれまでに、数万円の取引の見積から会社員時代に億単位の見積を経験したことがある。見積の手法は案件の規模や状況に応じて様々なものが存在するが、我々のような小規模事業者にとっての最適な見積手法という前提で、私の見積法を紹介したい。

＜大前提＞
あなたは、下記のような見積書を見たことがないだろうか？
この見積書には、2つの問題点がある。

- 要件定義　　　　　1万円／人日×2日＝2万円
- 外部設計　　　　　1万円／人日×2日＝2万円
- 内部設計　　　　　1万円／人日×2日＝2万円
- 開発　　　　　　　1万円／人日×3日＝3万円
- システムテスト　　1万円／人日×2日＝2万円
- バッファ　　　　　1万円／人日×2日＝2万円

問題その1 内訳が工程単位で書かれている ------------------------------

ソフトウェアの開発工程というものは非IT業界にいる顧客から見てよくわからないからだ。つまり、顧客から見て妥当性が判断できないということだ。見積書の明細は工程単位で書く代わりに機能単位で書くことをおすすめする。

また、値引き交渉が入った場合に、機能単位で書かれていればただ単に安くするので

はなく、優先度の低い機能を見送って次回に対応するなどして、こちらの作業量を減らす形での交渉がしやすくなる。ただし、「データベース構築」など、顧客にもわかりやすい作業は作業単位で見積の明細に含めるのはアリだ。

> **鉄則❶** 見積書の明細には工程単位ではなく機能単位や
> 作業単位で項目を表記する

問題その2 明細に時間単価が出てしまっている----------------------------

金額の表記には時間単価を含めてはいけない。優秀なプログラマは、平均的なプログラマの何倍ものパフォーマンスを発揮できるものだが、それを時間単価として表現してしまうと、「高いプログラマ」と印象を持たれてしまう。高いというイメージを持たれてしまうと、顧客としてはあなたに発注したくても心理的にハードルになってしまう。これは不思議なもので、例えば合計金額が同じ10万円だとして、内訳が［時間単価2,000円×50時間］となっているのと、［時間単価5,000円×20時間］となっているのとでは、後者のほうが高いというイメージを持つのではないだろうか?

> **鉄則❷** 金額の単位は「時間単価×工数」ではなく「一式」と書く

それでは、具体的な見積のステップを説明しよう。

見積の手順【実践編】

Step 1 作業工数を計算する
Step 2 作業の内訳を機能単位で見積書に入力する

Step 1 作業工数を計算する

顧客からのヒアリングをもとに作業内容の全体が把握できたら、作業にかかる全体の工数(時間や日数)を検討する。工数は機能単位で決めていく。顧客の仕様が明確になっているかどうかによって、ある程度のバッファの時間を設ける。仕様が不明確なほどバッファは多くとっておく必要がある。各機能の工数が算出できたら、『6-2.見積の極意［基本編］』(P.174~179参照)で算出した「自分の時間単価」をもとに、まずは［(時間単価)×(工数)］で金額を計算する。ただしこれは内部向けの数字として使う。顧客に

提示する時には、**鉄則②**で書いたとおり機能単位に「一式」として表記する。

Step 2 作業の内訳を機能単位で見積書に入力する

　Step 1 で機能単位で計算した金額をもとに、見積書にも機能単位で金額を入力していく。分割する機能の数としては、少なすぎず、多すぎずというちょうどよい数字を目安にする。合計金額が高ければ高いほど、分割する機能の数は多いほうが良い。分割数が多ければ多いほど1つの機能の価格が安くなり、たとえ全体の価格が同じであっても細かく明細金額が書かれていたほうが、人は妥当性を感じるものだからだ。仮に100万円の見積書があったとして、50万円の項目が2つ並んでいるよりも10万円の項目が10個ならんでいたほうが、妥当性を感じる。

　ただし、あまり多すぎても顧客が混乱するだけなので、見積書が1枚に収まる程度に最大でも20程度に抑える。ちょうど普段私が使っている見積書のテンプレートは、20行まで明細を入力できるようになっている。

> 私の場合、顧客から見積依頼を受けた打ち合わせの場で細かい仕様まで確認してしまう。そして見積をする段階で頭の中でプログラムをある程度作ってしまうので、見積と結果が大きくブレることはない。今まで泥臭い現場を経験し自分で1からプログラムを作れるからこそなせる技だ。

　一度見積書を作成してみたら、自分のなかで妥当感があるかどうかを最終チェックする。重要なことは、自分にとって無理な見積になっていないか、それで受注したとして感覚的に納得しながら作業ができるかということだ。

　無理をして安請け合いして受注できたとしても、心のなかのどこかに「こちらが妥協してあげている」という感情があるので、つい作業が雑になったり、顧客からの要望を面倒だと思うようになりがちだ。結果として顧客に対して良いサービスができず、お互いにとってよくない状況を生むことになる。

　『6-2.見積の極意［基本編］』（P.174〜179参照）で書いたとおり、顧客が支払える最大付近の金額を見積書に反映して提出することは、勇気がいる。なぜならば、顧客に高すぎると思われて失注してしまうのではないだろうかという不安があるからだ。しかし、**顧客がどうしてもあなたに発注したいと思っていれば、最終的には価格の相談をしてくる**はずで、もし価格交渉もなく顧客から連絡が途絶えたとしたら、そもそも顧客はあなたに対して「安さ」以外の付加価値を感じてくれていなかったか、もともと「**安ければどこでもいい**」というスタンスだったかのどちらかなので、縁がなかったものとしてき

概算見積書

株式会社○○○○○御中

○○○サイト構築作業につきまして

発行年月日　2012 年○月○日
有効期限　2012 年○月○日

いつもお世話になっております。
下記のとおりお見積致しますのでよろしくご査収ください。

Lifescape
株式会社ライフスケープ

〒103-○○○○
東京都○○○○○○○○○○○-○-○-○○○
担当：平城　寿
TEL：03-○○-○○○○
TEL：03-○○-○○○○

お見積額（税込）	¥ 3,570,000

お支払い条件：末締め翌月末払

項目	単価	数量	単位	金額
＜各種登録機能＞				
会員情報／○○情報／ワークショップ情報／求人情報	¥100,000	4	式	¥400,000
＜各種承認機能＞				
○○情報／ワークショップ情報／求人情報	¥200,000	3	式	¥600,000
※申請があったものについて管理者側で承認・通知する機能です。				
＜マイページ機能＞				
会員情報管理／○○情報管理／ワークショップ情報管理	¥200,000	4	式	¥800,000
／求人情報管理				
＜その他＞				
○○検索／クーポン検索／ワークショップ・スクール検索	¥500,000	1	式	¥500,000
求人エントリー／メルマガ登録	¥200,000	1	式	¥200,000
よくある質問／用語集／Q&A 等の登録管理機能	¥200,000	1	式	¥200,000
＜ページデザイン＞				
トップページ／コンセプト／よくある質問／会社情報	¥1,000,000	1	式	¥1,000,000
／提携企業向け／規約関連／お問い合わせ／広告について				
／○○募集／○○種類解説／○○講座／○○ブログ集				
／インストラクター／○○コラム集／特集ページ／キャンペーン				
出精値引き				-¥300,000

備考		小計	¥3,400,000
		消費税	¥170,000
	※2010 年当時の消費税［5％］にて計算	税込合計	¥3,570,000

見積書の明細には工程単位ではなく機能単位や作業単位で項目を表記する。金額の単位は「時間単価×工数」
ではなく、「一式」と書く。先方から値引き交渉があって値引きする場合は「出精値引き」を明記する

っぱりと忘れよう。

　私も、顧客に見積書を提出する時には、見積書を作成した後、顧客に送信するまでに「本当にこの金額で良いだろうか？」と、一晩かけて考えることも珍しくない。それだけ時間を割いて妥当性を検討しているのだ。

> **重要**
>
> 仮に1時間検討するだけで5万円の見積アップの妥当性を見出すことができれば、その作業は時給5万円の価値があったということになる。

　見積とは、それだけ重要な作業なのだ。物を販売する商売や株や不動産などの投資活動においては「仕入れがすべてだ」と言われる。なぜかというと、**売る時の価格は「需要と供給」の関係から一定の値に収束していく**からだ。つまり、売り時には差をつけられないから仕入れが重要だということだ。なるべく安く仕入れることができれば、その時点で「**含み益**」が出ているということになる。

　転職試験においても同じようなことが言える。会社に入る前に精一杯自分をプレゼンして入社時の給料を高く設定してもらうのと、入社してから昇給を目指すのとでは、圧倒的に前者のほうが簡単だ。

　同様に、我々ITエンジニアの商取引においては見積がすべてであると言っても過言ではない。作業する側は十分に納得感があり、顧客から見ても「高い」と思われない見積書、それが最高の見積書だ。この「見積力」をつけられるかどうかが、独立起業後の成功のカギを握っている。

◆テスト工数は含めるべきかどうか？

　鉄則②で機能単位や作業単位で見積を出すと説明をしたが、間違っても「テスト工数」などという項目を見積書には入れてはいけない。その理由は、非IT業界にいる顧客にとってはテスト工数と書かれてもそれが妥当かどうかの判断がつかないからだ。テスト工数を多くとれば「十分なテストを行っている」ということにはなるのだがその分金額に跳ね返ってくるし、逆にテスト工数が少なすぎても品質に影響が出る可能性がある。また優秀なプログラマほど、プログラムを書く段階でバグが少なく抑えられるしテスト工数も少なく抑えることができる。つまり、顧客はテスト工数を見ても妥当性の判断もできないし、高いか安いかの判断もできないのだ。もちろん、我々同業者であっても妥当性の判断をすることはなかなか難しい。でも実際にはテストを行う必要があるので、それを見積に盛り込まないわけにはいかない。ではどのようにするかというと、テスト工数は機能単位の見積のなかに含めてしまい、見積書上には表記しないようにするのだ。

建築に例えると、あなたが家を建てる見積を建築業者に出してもらって、その中に「耐震テスト」といった項目が入っていたら、違和感を感じないだろうか？ そもそも建築基準法にもとづいて規定の強度を保つ設計で作っているだろうし、建築業者はこれまでに何十件、何百件、何千件と家を建てているわけだから、耐震構造が基準を満たしているものが完成して当たり前で、基準を満たしているかどうかのテストを自分の家で、しかもお金を取られてやるのはおかしいとあなたは思うはずだ。それと同じようなもので、素人目線で考えると「腕のあるプログラマはテストしなくても完璧なものが作れるものだ」と思い込んでしまっている。

▶ 万が一値引き交渉にあった時の最終手段は「出精値引き」

顧客が価格を下げたがっていて、なおかつ機能も減らしたくない。そういうケースだって当然ある。そういう場合には、しぶしぶいくらかの値引きに応じることになるのだが、そこでも簡単に応じてはいけない。簡単に応じてしまうと、顧客に、

> なんだ、簡単に値引きに応じられるんじゃん。

と思われてしまい、次回以降も値引き要求をしてきたり、最初から値引きされた水準で話が進められてしまいかねないからだ。『5-8.見積を下げさせないための心理的テクニック』(P.160〜163参照) で書いたとおり、商売において最終的な価格はお互いの言い値の中間地点で決まるわけなので、「**簡単に値引きに応じるということは、本来あなたが得られるはずの利益を最初から放棄している**」と考えることもできる。

そこでなるべく値引き幅を小さくするために、1人会社であっても「社に持ち帰って検討させていただきます」と言ったり、わざと相手を待たせて心理的に優位に立つ作戦を使ったりするわけなのだが、こういった交渉の結果、最終的に値引きした金額を効果的に提示する方法がある。それが「**出精値引き（しゅっせいねびき）**」という言葉だ。直訳すると「精を出して値引きすること」ということだが、これは本来値引きできない部分を値引きしたという意味を持っている。

意味

「出精値引き」とは、一生懸命努力して何とか値引きしていることを表す。本来は値引きできないところを「顧客のために精一杯値引きしました」というニュアンスがある。「もうこれ以上は負けられません」というメッセージが込められている場合もある。

つまり作業の量や質を落とした形ではなく、純粋に「こちらが負けてあげた」という意味になる。この言葉は建築業界でもよく遣われているようだが、値引きした見積書を出す場合に、値引き後の価格だけが書かれた見積書を出すのではなく、値引きした金額を「-¥300,000円」という数値で見積書に表記しておくのだ。しかも、赤色で目立つように入れておく。請求書にもそのまま入れておく。このことは2つの意味を持っている。

／インストラクター／○○コラム集／特集ページ／キャンペーン			
出精値引き			-¥300,000
		小計	¥3,400,000

先方から値引き交渉があってあえなく値引きすることにした場合は、見積書にも請求書にも赤字で「出精値引き」と記入し、値引きする金額を明記しておく（P.183を参照）

1つ目は、あなたと顧客の間に「過去にこれだけ値引きをした」という履歴を明示的に残すことができるということだ。きちんと履歴を残すことで心理的に「貸し」をつくることができるし、もともとあなたが提示した価格が残っていることで、顧客との間の相場感が崩れるのを防ぐことができる。つまり次回の取引においても、値引きする前の水準で交渉を始めることが可能になる。一方、値引きした価格しか書いていない場合、次回の取引において値引き後の水準で交渉が始まる可能性があるということなのだ。

2つ目は、業者に値引きをさせたということは顧客の担当者にとっては「成果」であり、値引きがあったことを明記しておくことは、担当者の成果を社内に示すことになり、担当者の社内評価が上がることにつながる。つまり、担当者に「お弁当を持たせる」ということだ。

重要

見積書とは、作業の内訳を示すものではなく、顧客がビジネスの意思決定をするためのものだ。

「顧客が本当に知りたいのは、各機能にいくらかかるのかではなく、顧客の予算でどこまでのことができるか」である。この2つは似ているようだが大きく違う。つまり顧客はやりたいことが予算の範囲内でできることさえわかれば、細かい部分には興味がないのだ。このことを前提に考えると、私の見積法がよく腑に落ちるだろう。

Point

これを頭に入れておけば、あなたも見積名人に！

これまで説明した手順で見積を行えば、格段に受注率が上がるはずだ。ただし最初から思うようにはいかないかもしれない。私も23歳の頃から最初は数万円の取引からスタートし、様々な個人や会社とたくさんの取引を経験するなかで、次第に感覚が磨かれていき、今では100万円を超える取引を自分が狙った価格で受注できるようになった。あなたにも必ずできるので、6-2と6-3の見積法を合わせてマスターしよう。

6-2. 見積の極意 [基本編] フローチャート

❶自分の時間単価を決定する
- 会社員時代の2倍が目安
- 自己評価が高ければ2倍以上でもOK

❷顧客の支払能力をチェックする
- 顧客の予算感、損益分岐点を探る
- 自然な会話の中でそれとなく聞き出す

❸顧客が支払える最大の金額を提示する
- 顧客の予算が想定より高い場合
  他社は気にせず自分の希望の価格を自信を持って提示する
- 顧客の予算が想定より低い場合
  顧客の予算の範囲でできることを一緒に考える

6-3. 見積の極意 [実践編] フローチャート

❶作業工数を計算する
- 作業にかかる全体の工数を検討する 工数は機能単位で決めていく
- 仕様が不明確であればバッファを多くとっておく
- 各機能の金額を（時間単価）×（工数）で計算する（見積書には「一式」と表記）

❷作業の内訳を機能単位で見積書に入力する
- 分割する機能の数は、多すぎず少なすぎずちょうどよい数を意識する
- テスト工数は機能単位の見積の中に含める。見積書には表記しない
- 値切り交渉に応じる時は「出精値引き」を明記する

6-4 見積は早く、請求は遅く

ITエンジニアのような技術職をやっていると、会社員時代には見積書や請求書を扱う機会に恵まれない。では見積書と請求書を提出するタイミングは、それぞれいつ頃が最適だろうか？

質問＆回答サポートページ ☞ http://super-engineer.com/support/book1/6-4

▷ 見積書と請求書は提出するのに最適なタイミングが違う？

私はビジネスにおいては心理戦が重要だと思っている。相手のパワーバランスや自分がどのように評価されているかなどは、ちょっとした振る舞い方で大きく変わってくるものだ。ここではその一部についてお伝えしたいと思う。

「見積は早く、請求は遅く」。これは、私が取引において心がけていることだ。以下の2つのポイントを押さえよう。

✓ チェックポイント

□ ① 顧客から見積依頼を受けたら、なるべく早く提出する
□ ② 請求書は、あまり早すぎず、適度なタイミングを心がける

▷ 見積書を提出する最適なタイミング

まず、見積書の提出タイミングについて解説しよう。顧客から見積依頼があったら、私は基本的に数日以内に提出している。これは、仕事を依頼する側の立場になるとよくわかるのだが、見積を依頼する段階というのは、「時間に追われている」場合が多いのだ。ITのプロジェクトは、計画的に進められているケースはほとんどなく、基本的に時間に余裕がないなかで進めている。見積をなるべく早く提出することで、顧客はコスト感を早くつかむことができ、計画的にプロジェクトを進めていくための手助けになる。どんなに仕事が忙しくても、顧客から見積依頼があったら、最優先で仕上げる。理想は24時間以内で、作業を外注している場合は、外注パートナーから見積が上がってこないと最終的な見積が出せないので少し時間がかかるが、せいぜい3日以内だろうか。顧客を1週間も待たせてしまっては、忙しいIT業界においては遅すぎると思う。ここまで待たせてしまうと顧客の熱が冷めてしまい、その結果、失注する可能性が高くなるだろう。

>  見積書提出の理想は24時間以内。外注パートナーに依頼する場合はせいぜい3日以内。1週間以上待たせることは禁物だ。

請求書を提出する最適なタイミング

　次に、請求書の送付タイミングについて解説しよう。納品から請求までの期間のことを「支払いターム」と呼ぶが、一般的に「支払いターム」は、「月末締めの翌月末払い」とされることが多い。

　では、いつ請求書を送付するのがベストだろうか？　事前に顧客から指定がない場合、私が考える最適なタイミングは、「翌月の2～3営業日目」だ。1営業日目しかも朝一番に請求書を提出してくる人がいるが、これはいかにも「前の日から準備していました」という印象を受けてしまう。きっちりとしているという意味では良いのだが、2つのマイナスイメージを持たれてしまう可能性がある。

問題その1　顧客への心理的なプレッシャー

　顧客にも資金繰りがある。余裕のある月もあれば、そうでない月もあるだろう。支払いをしないといけないのはわかっているのだが、あまりにも早く請求が来てしまうと、心理的なプレッシャーとなってしまう。

問題その2　あなたがお金に困っているという印象を与えてしまう

　請求が早すぎると、あなたがお金を早くほしがっているという印象を与えてしまい、お金を早くほしがっているのは、お金に余裕がないからだと思われてしまう可能性がある。お金がないということは、まだ成功していなくて力がないということになる。これは、取引におけるパワーバランスにも影響してくる。顧客とのパワーバランスにおいて、こちらが弱い立場になってしまうと、値切られたり、様々な理不尽な要望を出されたり、タダ働きをさせられたりといったことになってしまう。タダ働きというのはイメージが湧かないかもしれないが、もともと依頼内容に入っていなかった作業を要求されるといったようなことだ。

　例えば、ある案件を4月中に納品したとすると、支払期限を5月末に設定した請求書を作成し、請求書は5月の2営業日目か3営業日目に送付する。4月中に請求書を送付するのは、先に述べた理由によりNGだ。これは、あなたが仕事を発注する立場になれば、いずれは理解できると思う。

　次に、私が体験した実際のエピソードについて紹介しよう。私がある外注パートナー

に作業の見積を依頼したところ、

> 今忙しいので対応が難しいです。

という回答をいただいた。そしてその外注パートナーが、翌月の1日の朝一番で前月分の請求書を送付してきたのだ。これを見て私が思ったこと。

> えっ、時間あるじゃん。

　本当に忙しい時というのは、作業に忙殺され請求書を作成する時間もないほどになるのではないだろうか。また、発注者から支払期日に送金がなかった場合に、その翌日に連絡をしてくる人がいるが、これも、

> ●お金を早くほしがる　➡　お金に余裕がない

という印象を与えるので私としてはNGだ。本来は期日に支払うことを失念しているほうが悪いのだが、支払えないというのではなく、たまたま社内で手違いがあったり、送金タイミングが15時を過ぎてしまっただけということもあるので、急かしすぎると逆に余裕がないように見えてしまうのだ。その点、私がお付き合いしている税理士さんの場合、仮に支払い期日に支払いがなくてもあえて催促はせず、その代わり翌月に前月分が上乗せされた請求書を送るそうだ。相手はそれを見て支払いを忘れていたことに気づき、最終的には支払ってもらえるのだとか。まさに「無言の請求」という感じだ。このあたりはやはり懐の深さを感じる。

> **鉄則②** 支払いタームが「月末締めの翌月末払い」の場合、「請求月の2〜3営業日目」が請求書を提出する最適なタイミングだ。

▷ 長期的な案件の場合の支払いはどうすれば良いか？

　1か月以内で終わる案件の場合は、月末締めの翌月末払いで請求書を発行すれば良いが、2か月以上に渡る案件の場合はどうすれば良いか？　客先に常駐して時間単位で請求するような場合は当然毎月請求すべきだが、受託開発のような場合は、顧客からして

みれば基本的には決められた成果物が納品できたことが確認できてからお金を支払いたいものだ。私がこれまで受託してきた案件は、すべて納品が完了してから請求をしてきた。受託から納期までの期間としては最長で4か月ぐらいだろうか。ということは、その期間はお金が入ってこないので、他からの収入で補うか、貯蓄を取り崩しながら生活することになる。これに関しては、私のように納期が完了してから請求すべきだと主張するつもりはなく、お互いの相談のうえ毎月請求にしても良いだろうが、納品が完了する前にお金を要求する場合、顧客からしてみれば、「成果物が完成しないリスク」を負うことになる。例えば発注した業者が作業の途中で音沙汰がなくなるということも少なくない話だ。

一方、きちんと納品が完了してから請求をするということは、顧客からしてみれば要求したものが完成してからお金を支払えば良くなるので、取引のリスクは一切なくなる。

つまり、取引のリスクをこちらが持つか、顧客に持たせるかのどちらかになるのだが、こちらがリスクを持つ場合、当然相手に支払い能力があるのかどうかの与信を行う必要がある。私が長期的な案件を受託するのは、いずれも支払い能力があると私が判断した顧客だけだ。それでもやはり、相手が突然倒産するなどのリスクはやはりあるのだが。

重要

なぜ私が自らリスクを取っているかというと、

商取引の原理原則として、リスクをとったほうがパワーバランス上で優位に立てるからだ。

「支払は納品が完了してからで構いません。あなたが満足できるものが完成したらお支払いください」というスタンスを取ることで、心理的に優位に立てるのである。数%程度の不払いに合うリスクを排除するよりも、心理的に優位に立つことを優先したほうが、顧客からの案件もリピートし、長期的に良い関係を築くことができるというのが私の考えだ。

これができるのは、顧客が満足できるものを作る自信があるからだ。もっとも、仮に不払いにあった場合、成果物を納品しなければ良いだけの話なので、相手がやむをえず支払えないという場合は仕方がないが、少なくとも「悪意があって支払わない」というような話は防ぐことができる。

＞手付金は要求すべきかどうか？

まとまった金額の案件を受託する場合、手付金を請求することがある。これも請求するかどうかは本人次第だが、よっぽどあなたが売れっ子のプログラマで予約が殺到するような状況でない限り、請求するとパワーバランス上弱くなってしまうと思う。

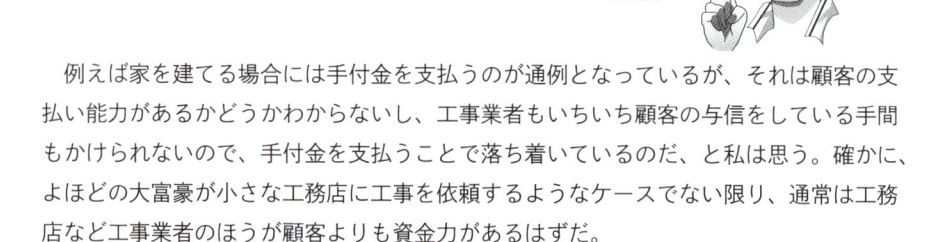

そもそも手付金とは、パワーバランス上、
弱い立場のほうが払うものだ。

例えば家を建てる場合には手付金を支払うのが通例となっているが、それは顧客の支払い能力があるかどうかわからないし、工事業者もいちいち顧客の与信をしている手間もかけられないので、手付金を支払うことで落ち着いているのだ、と私は思う。確かに、よほどの大富豪が小さな工務店に工事を依頼するようなケースでない限り、通常は工務店など工事業者のほうが顧客よりも資金力があるはずだ。

また、先程の売れっ子のプログラマの例では、資金力はともかく、その人の能力に価値を感じて顧客が殺到しているわけなので、もともとのパワーバランスとして売れっ子プログラマのほうが上なので、手付金を要求しても不自然ではないわけである。だから、売れっ子プログラマでもない人が手付金を要求するということは、ただ単に「自分は取引のリスクを負う能力がないのですよ」ということを露呈しているだけにすぎない。その結果、ますますその人はパワーバランス上弱くなっていくと思う。

私が過去にWebデザインをお願いしたデザイナーさんで、前金制でお願いしたいと言われたことがあり、小額だったことと急いでいたこともあり、前金で支払った。ところが、こちらが満足できるものが仕上がってこず、修正依頼を投げても音沙汰がないという状況だったので、返金要求をして1か月後にようやくお金を回収できたというケースがあった。やはりこのデザイナーさんは、顧客に必ず満足してもらえるような仕事のやり方をしていないから、納品しても顧客が支払を渋る状況が発生しやすく、前もってお金をもらわないと商売が継続できないという背景があったに違いないと感じたものだ。

＞受注するより先に見せる

顧客から見積を要求されても、我々ITエンジニアは、自分を売り込むことが苦手だ。つまり、素直に「買ってください」ということが苦手だ。そんな我々でも、ここぞというときに絶対に案件を受注できる、とっておきの方法がある。それが、「まずは見せる」と

いう方法だ。どういうことかというと、まだ受注していないのに作業を開始してしまうのだ。デザインの案件ならデザインを、プログラミングの案件ならプログラミングを、とりあえず作り始める。そして、顧客に見積を出す段階で成果物として一緒に見せてしまうのである。これをやられると、顧客へのインパクトは大きい。

- ●アクションが素早いという印象を与えることができる
- ●受注前から多少なりとも成果物が出来上がってしまっているので、おいそれと断りづらい

プログラミングの場合、なかなか内部のコードを書いても表面上はわかりづらいので、なるべくユーザー・インターフェースに近い部分に手をつける。Webサイトの制作案件であれば、モックアップやデザインイメージを簡単に作る。ここまでやってしまえば、顧客も乗り気になり、ほぼ受注は確定するだろう。なぜかというと、こういうことをやってくる業者は、まずいないからだ。

えっ、そんなこと言っても、ちゃんとやろうとすれば、そこそこ工数もかかるじゃないか？

『BiND』(提供元：株式会社デジタルステージ／対応OS：Windows&Mac版あり／http://www.digitalstage.jp/bind/) を使えば、サイト全体のモックアップの作成は1日もあればできてしまう。私はWeb制作の案件の提案をする時、『BiND』を使ってモックアップを作成し、顧客に提出してきた。顧客の表情はいつも驚きから喜びに変わり、その後の商談がスムーズにいったことは想像に難くないだろう。下手な提案資料を作るよりも、このほうがよっぽど説得力がある。具体的に手を動かして作りながら顧客に細かい質問をすることで、おのずと要件をクリアに理解することができるので、その結果、見積の精度も上がる。「**素早く見積を提出し、同時に成果物も見せる**」。これは受注を確実に獲得するための有効な手段なので、ぜひ実践してみてほしい。

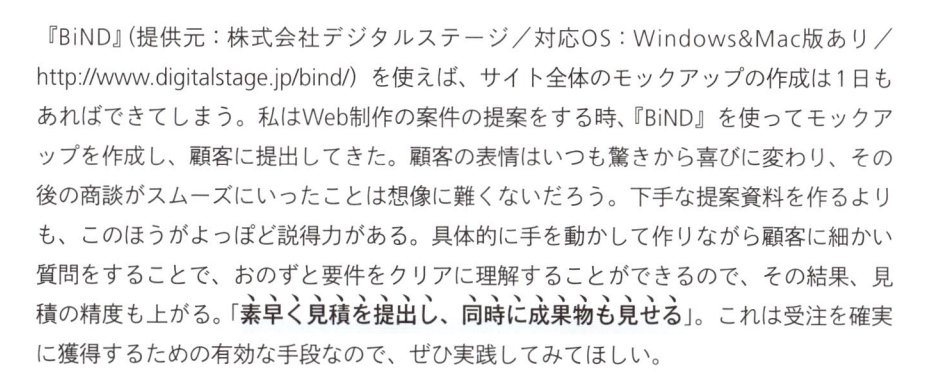

Point

「見積は早く、請求は早すぎず」、パワーバランスを意識する

見積書の提出は「24時間以内が理想で遅くとも3日以内」、請求書の提出は「請求月の2〜3営業日目」が最適なタイミングだ。長期的な案件や手付金の取り決めは顧客とのパワーバランスを決めてしまうことを理解しておこう。

顧客から値引き交渉がある場合でも、その背後にどのような意図があるのかを察することで、臨機応変に対応することができる。ここでは、その対応術と値引きを拒むことへの罪悪感を克服する方法を解説しよう。

質問＆回答サポートページ ☞ http://super-engineer.com/support/book1/6-5

▶顧客はなぜ値引き交渉をしてくるのか？

様々な顧客と付き合っていると、しばしば「値引き交渉」に遭う。そのまま受け入れていると売上は減少するばかりとなり、まさにジリ貧となってしまう。

顧客から値引き交渉をされた場合、まず判断すべきなのは、

①ただ単に買い叩こうとしている場合
②本当に予算がない場合

のどちらなのかということだ。以下にそれぞれについて対策を説明しよう。

問題その1 ただ単に買い叩こうとしている場合

この場合はそもそもあなたが付き合うべき顧客ではないので、新規の取引をお断りすべきだ。私の経験上、一度でも買い叩こうとしてくる顧客は、毎回買い叩いてくる傾向がある。つまり、作業する者の気持ちを一切わかっていないのである。このような顧客にとらわれている時間があれば、優良な顧客を新規開拓する時間にあてたほうが良いだろう。毎回顧客の値引き交渉に応じざるをえない関係は、長期的には続かないからだ。「仕事がないよりはマシ」という考えで安請け合いをしてしまうと、取引のパワーバランス上、こちらがどんどん弱い立場になっていく。一度この悪しき関係にはまってしまうと永遠にアリ地獄から抜け出すことができなくなるだろうし、もともと「下請け構造」のあるIT業界は、このアリ地獄から抜け出せない人が多いのではないだろうか？

広く世の中を見渡せば、買い叩いてくる顧客もいれば、そうでない顧客もいる。買い叩いてくる厄介な顧客の対応に時間を割くことは、本来あなたがお付き合いすべき優良な顧客を開拓する時間をすり減らしているということに気づかなければならない。

私も過去に、毎回値引きを要求する顧客とお付き合いしていたことがある。こちらが

提示した価格に対して必ず1回は値引き交渉をしてくる。私は当時駆け出しだったということもあり、それに応じていたのだが、その顧客はクレーマーでもあり、事ある毎に不具合だ、不具合だと騒ぐような面もあった。また、毎月3万円でその顧客のサポートもしていたのだが、常に3万円以上の作業は発生している状況だった。私が推奨する顧客選びの基準と照らし合わせて、ITが苦手な点は良かったのだが、小さな会社の社長だったのでお金にはシビアだった。当時の私はまだこの顧客選びの基準が明確になっておらず、なんとなくその顧客との関係を断ってしまうと自分の運気が下がるような気がして、自分からは関係を断つことはしなかった。ある時、納品も入金も済んだ後に、システムにバグがあったという理由でその顧客が受注金額の半額の返金を要求してきた。今思えばかなり言いがかり的な要素が強いと思うが、私は仕方なくその返金に応じることにし、顧客のほうから今後の取引はしないということを伝えられた。私は残念な気持ちもあったが、なんとなく肩の荷が下り、晴れやかな気分にもなった。そうして不思議なことに、その後に優良な顧客との出会いが次々に起こったのだ！

振り返ってみれば、面倒な顧客に割いていた時間と労力がなくなったことにより、余ったエネルギーを新しい顧客との関係づくりに割くことができ、良好な循環が生まれたのだと思う。従ってあなたが現在、望ましくない顧客とお付き合いしている場合は、ぜひこのような顧客と決別する勇気を持とう。

問題その2 本当に予算がない場合

この場合をさらに、新規契約の時点で値引き交渉をしてくる場合と、既存の契約について値引き交渉をしてくる場合に分けて考えよう。

◆ 新規の契約の値引き交渉の場合

『6-2.見積の極意［基本編］』(P.174〜179参照) で説明したとおり、顧客の予算でできる範囲を親身になって一緒に考える。これをやるだけでOKだ。あなたの肌感覚で予算感が合わないということは、あなたよりも規模の大きい同業者はもっと予算感が合わないということだ。顧客の予算で実現できることを提案し、漏れなく受注していくことで、営業効率が上がり、結果的にビジネス全体で見た場合の利益率が上がるということになる。

◆ 既存の契約の値引き交渉の場合

例えば毎月のメンテナンス契約など、すでに契約済みの作業についての値引き交渉が入る場合がある。顧客のビジネスが思うようにうまくいかない場合、先方としてもコスト削減を図る必要があるので、その一環として外注コストの見直しが図られるからだ。顧客のビジネスにおいて、IT関連のメンテナンス契約のようなものは本来は「必要経費」

であるはずなので、それすら払えないビジネスは何かがおかしい。これはその顧客のビジネスが末期を迎えているということの黄色信号なのだ。そうはいってもやはり、しばしばこの手の値引き交渉は発生する。これは、実際に私が直面したケースだ。

> メンテナンス契約の費用をこれまでの半額にできませんか？

　既存の契約に対して顧客が減額要求をしてくるということは、本当に深刻な場合も少なくないため、頑なに拒絶してしまうと今後の取引に影響してくる可能性が高い。こんな時、あなたならどうするだろうか？　しぶしぶ、顧客の言われるがままにするのではないだろうか？　でも常に言われるがままにしていては、ジリ貧となりこちらが苦しくなる。顧客が半額と言ってきた場合、顧客の心情を正確に表現すると、これは何らかの根拠にもとづいて計算されたものではなく、とにかく少しでもいいから金額を下げたい、少しでも赤字幅を減らしたい、というものだろう。

　ならばそれを逆手に取ってしまおうと私は考えた。

> 検討させていただきますので、少しお待ちください。

と言って、即答しないようにした。

　そして数日が経過した後、半額ではなく、半額の半額、つまり2割5分引きの価格を提案した。

> 検討させていただいた結果、3万円で対応させていただきたいと思いますが、いかがでしょうか？

　つまり、それまでのメンテナンス費用が4万円だとすると、顧客が半額の2万円を要求してきたので、3万円でどうですかと提案したのだ。案の定、顧客はこの提案に合意してくれた。なぜならば、「少しでもコストを下げられれば御の字」というのが顧客の本音だったからだろう。逆に顧客の言い値どおりに半額の要求をのんでしまえば、顧客からすればまさに「してやったり」となってしまう。そうなればもう、「顧客の犬」路線まっしぐらである。顧客はその件で味を占めてしまい、それ以降は事あるごとに値引き交渉をしてくるかもしれない。

　こういったある意味「護身術」を身につけておけば、あなたの逸失利益を最小限に食い止めることができる。あなたが今後減額要求を受けた場合は、ぜひこの方法を試してみてほしい。きっと効き目があるはずだ。

▷ 値引きを拒むことへの罪悪感を克服する方法

あなたは「値下げに素直に応じない自分は悪い人ではないだろうか？」という気持ちになるかもしれない。いや、たいていの人はそういう感情が少なからず生まれるはずだ。私も当初はそのように感じていたのだから。

しかし、**我々がやっているのはボランティアではなく、ビジネスだ。**ビジネスとは、きちんと利益を出すためにやるものであり、逆に利益が出ないと存続できないので、堂々と利益を追究して良いのだ。そうは言っても、やはり値引き交渉に遭った時には、しばしば良心の呵責と闘うことになるだろう。そんな時には、このように考えてみてほしい。

あなたが個人事業主だとすると、あなたの回答があなた個人の回答となるのだが、あなたが会社に所属していて、最終決済権があるのは社長であり、あなたは営業担当だとする。あなたは自分の判断だけでは決められないので、「会社に戻って一度検討させていただきます」と言うだろう。そして会社に戻り、社長の回答がNGだったとしたら、あなたは顧客にそのように回答しなければならない。多少の気まずさはあるが、良心の呵責はないはずだ。それは、NGと回答したのはあなたではなく社長だからだ。

1人会社であっても同じ手を使うことができる。あなたの中に「社長」という人格と「営業担当」という人格の２つを仮想的に作り、「社に戻って検討します」という文句を使って、いったん引き下がって時間を置くのだ。あなたは顧客の前では営業担当として顧客満足度を最大化するために精一杯の努力をする。そして会社（自宅）に戻ったら、今度は会社（あなた）の利益を最大化するために知恵を絞る。そこで出した結論を、営業担当であるあなたに再度パスし、顧客に回答しよう。会社に戻ってあなたが検討した結果を顧客に告げる時には、それはあなた個人の回答ではなく、会社としての回答だと顧客は認識するので、顧客にとって望ましくない回答だったとしても、顧客はあなた個人の人間性にまで踏み込んで品定めすることはないだろう。一定規模以上の会社であれば、営業担当者と決済責任者が異なるため、良心の呵責が起きにくいのだが、個人事業主や1人社長の場合、人としての人格と、ビジネス人としての人格が同一であるがゆえに、ビジネスライクになりきれずに良心の呵責にさいなまれやすいというのを知っておこう。

Point

値引き交渉に為す術もなく従うのではなく、顧客の意図を推し量り、ビジネスライクに対応する術を身につけよう

ただ単に買い叩こうとしている顧客は、ずるずると付き合うのをやめて決別する勇気を持ったほうが良い。予算がない顧客には、顧客の予算で実現できる範囲を一緒に考えることでWin-Winが実現する。

ITのプロジェクトはタイトなスケジュールが多く、納期に間に合わなければ最悪の場合は減額要求だけでなく、損害賠償を請求される可能性もある。このストレスフルな状況をどのように切り抜ければ良いのだろうか？

質問＆回答サポートページ ☞ http://super-engineer.com/support/book1/6-6

▶どんなに厳しい納期でも、一度も断ったことがない理由とは？

　IT業界の仕事は、常に納期に追われている。納期、納期、納期……今あなたの頭のなかは、常に納期のことで一杯ではないだろうか？　我々ITエンジニアに振られてくる仕事は、最初からタイトなスケジュールで常にギリギリの納期を迫られることが多い。その原因の多くは、顧客が切羽詰まっていることや、作業工数についての理解に乏しいことによる。この常にギリギリの状態で仕事をこなしていかないといけないのが、我々ITエンジニアの宿命だ。

　万が一納期を守れなかった場合、顧客から契約金額の減額要求をされたり、最悪の場合は損害賠償を請求されるようなリスクもある。そうなると、こちら側が赤字を被ることになる。仮に納期が遅れた原因がこちら側に非があったわけではなく、実質的に作業工数が膨らんだからという背景があったとしてもだ。従って納期を守れないことを怖がるあまり、ギリギリの案件は請けないというスタンスの方もいるが、そうやって案件を選り好みしていると「たいして売上が上がらない」という結果につながる。

> 「厳しい納期を切り抜ける力」を身につけないと、この業界では生き残れないということだ。

　では、私はどのようにして、これまで厳しい納期を切り抜けてきたのか？

　独立起業してからこれまでに請けてきた仕事のなかには納期までに余裕を持てるものはほとんどなかった。どんなに納期が厳しくても、顧客の望みということであれば仕事を請けてきた。しかし、実のところすべての案件について100％納期を守ることができたかというと、そうではない。それでも、納期に関して顧客に迷惑をかけたこともない。

　どうしても納期が守れない場合の最終手段がある。それが、「リスケ」である。リスケ

とは、「スケジュールを再度調整すること」だ。こちらから顧客に相談して、問題のないようなスケジュールを引き直すのだ。

我々は「納期を守れない場合、全面的に仕事を請けた側が責任を負う必要があるのではないか？」という脅迫観念を持っているが、納期が守れない原因を冷静に考えてみると、以下の3つが挙げられる。

> ①こちら側の作業工数の見積のミス
> ②そもそも無理なスケジュールであった
> ③顧客側の要望が想定よりも膨らんでいった

①は自分の努力でなんとかなるとしても、②と③は、自分の力ではどうにもならない外的な要因だ。特に③に関しては、開発案件の場合、作業を開始する前に顧客と仕様を確定し、その仕様に沿って作っていくものだが、作業を進めるなかでお互いに見えていなかった仕様の矛盾点が見つかり方針転換を余儀なくされたり、顧客の都合により仕様が変わるといった変動要素が絡んでくるし、規模が小さい案件ほど、そもそも最初の契約の段階で仕様の細かい部分まで確定していない場合が多い。

そこで、このような場合に私があらかじめとっている自己防衛手段として、顧客に見積書を送る際のメール本文に、以下の文面を添えるようにしている。

E-mail··

今回ご依頼頂いている納期は、
かなり厳しい納期に間に合うよう最大限の努力を行いますが、
貴社の都合による仕様変更があった場合や、
追加のご要望が想定よりも多かった場合は、
納期について再調整させて頂くことがございます。

··

この一文を見積書のなかに記載してしまうと、こちらがあまりにも保守的に見えてしまうので、メール本文に書いておくくらいがちょうどいい。万が一納期を守ることができずに「減額要求」となった場合にこの記載をもとに戦うこともできる。ただ、戦うというのは最終的な自衛手段であり、顧客と戦う回数が増えることは長期的に良好な関係を築く妨げとなる。

そこで私がとっている手段が、「リスケ」だ。顧客がリスケを許してくれるかどうかは、3つの状況によって異なる。それぞれどのような対応をとれば良いか説明しよう。

> ①リリース日を特に誰にもアナウンスしていない場合
> ②リリース日を社内にアナウンスしている場合
> ③リリース日を社外にもアナウンスしている場合

①の場合：納期をずらしても特に実害が発生するわけではないので、顧客にストレートにリスケの提案をする。

②の場合：担当者の社内での立場を考え、担当者の顔を潰さないような落とし所を考える。これは、担当者と一緒になって考える。

③の場合：顧客の会社としての立場を考え、エンドユーザーに迷惑をかけない方法を担当者と一緒になって考える。

事例 某ショッピングサイトの開発案件

　200X年の8月、私はある美容系のショッピングサイトの新規オープンの開発案件に携わっていた。サイトのリリース日は9月1日。このプロジェクトも例によって開発中に顧客の要望がどんどん増え、スケジュールを圧迫していた。私が直接取引をしていればこうはならないのだが、私と顧客の間に元請け会社が1社入っており、私は2次請けという位置づけだったので、元請けの会社の担当者の調整不足をモロに受けていた。

　このままではとてもではないが顧客の希望日にシステムリリースを迎えることができないと判断した私は、顧客にリスケの相談をした。話を聞くと、9月10日にプレスリリースと外部のサイトへ広告を出稿する予定になっていて、その予定はずらせないということだった。つまり上記の③のパターンだった。これを受け、私は「9月1日までに完成していないといけない必要最小限の機能」を洗い出し、顧客に提案をして了承してもらい、事なきをえた。

　顧客の受け入れテストの段階になり、顧客から次々にフィードバックが来るなかで、私はいちいち電話やメールでやり取りをしている時間がもったいないと考え、自らお願いして顧客のオフィスに机を用意してもらい、私のパソコンの横に担当者に座ってもらい、片っ端から顧客の要望を潰していったのだ。システムリリースの前日には、顧客のオフィスで一緒に徹夜をすることになったのだが……。

　この時私が顧客のオフィスで担当者の目の前でプログラムを修正していったことには3つの狙いがあった。

　1つ目は、私のほうから顧客のオフィスで作業をさせてほしいと申し出ることで、こちらの**誠意を伝える**ことだった。通常、このような提案をする人はいないだろうから、逆

に印象的だったに違いない。

2つ目は、顧客と同じオフィスで机を並べて仕事をしたことによって、「**戦友**」という**親近感を沸かせた**ことだ。通常、顧客はお金を払う側、我々業者はお金をいただく側で利害は相反するのだが、顧客と同じ時間・空間を過ごすことで「味方」という意識を持ってもらえれば、何らかのトラブルが発生したとしても、強く咎められることはないだろうと考えたのだ。

3つ目は、私が実際にプログラミングをしている現場を見ることで、「この人はできる！」と思ってもらえることだった。IT業界でない人が実際のプログラミング風景を見るというのはとても稀なことであり、プログラミングができない人からすれば、プログラミング言語という機械語を巧みに操る人の姿は「神」に見えるようだ。技術面での信頼性を獲得しておけば、その後のコミュニケーションも円滑に進むと考えたのだ。

この3つはすべて私の思惑どおりに働き、このことがきっかけで、私は顧客から絶大な信頼を得ることができた。

そもそも我々ITエンジニアという「真面目な」人種は、納期が守れないとすべて自分たちが悪いという風に考えがちだ。ところがよく考えてほしい。もともとは顧客のために、あらかじめ無理だとわかっているスケジュールでも仕事を請け、顧客のために尽くしているはずなのに、いざ納期が守れないとなると、自分達がダメ出しを食らって苦しまないといけないのか？　これはとても理不尽なことではないだろうか？　納期を守れない原因は、必ずしも我々だけに問題があるのではなく、顧客側に問題があることも多々あるのだ、ということを理解して、勇気を持って「リスケ」を提案してほしい。

ただし、顧客にリスケを提案しても良いと思うのは、そのプロジェクトを進める過程で、「こちら側の問題でスケジュールが遅延した」という要素がない場合に限る。こちら側の問題によってスケジュールが遅れたためにリスケを提案してしまえば、顧客からすれば自分勝手な振る舞いであり、こちらからギブアップしたものとみなされてしまう。それこそ減額要求をされても仕方がないと思う。

この「リスケのテクニック」を知っておくと、これまでよりも積極的に案件を取りに行こうと思えるのではないだろうか？　実はこのリスケのテクニックも、私がアクセンチュア時代に身につけた交渉術の1つである。

Point

厳しい納期を切り抜け、対処する力を身につけよう

納期に間に合わない責任はこちらが一方的に負う必要はない。顧客の状況に応じて、顧客と相談しながら必要に応じて「リスケのテクニック」を有効に活用しよう。

お悩み相談室❻

「着手時に資金が必要な案件や買い叩く客にはどのように対応すれば良いでしょうか?」

ITエンジニアの多くは在職中に見積や金銭授受の経験がない。しかし自分のビジネスを始めるなら見積や支払いに関する知識も必要だ。金銭トラブルを回避し、顧客と良好な関係を築いてビジネスをスムーズに進めるポイントを押さえておきたい。

顧客との信頼関係を構築できると、自身のキャパを大きく超える大型案件の依頼をされるケースもあるかと思います。その場合、必要なリソース手配のために、着手時に資金が必要になりますが、どのように対応すべきでしょうか? 前金をもらえるものか? 顧客からもらうか? 銀行などから借り入れをするか?

石川飛鳥さん (35歳)
業務改善プロジェクトのプロジェクトリーダー。人事、採用、経営企画の業務をITを活用して最適化していくプロジェクトのマネジメントをしている。

ここはある程度の経験にもとづく"さじ加減"が必要かと思いますが、「回収できないリスク」がある場合はきちんと月単位などでお金をいただく話をした方が良いと思います。『6-1.顧客をコントロールする』(P.168〜173参照) に書いたとおり、お金を払う側が偉いというものではないので、堂々と交渉しましょう。

とにかく買い叩く客など、付き合う価値のない客とは勇気を出して決別することが大事であることがわかりました。そこで、できる限り前段階で難ある顧客かどうかを見極め、付き合わないようにする「顧客の目利き力」が大事であると思いますが、目利きのポイントを教えていただいてもいいですか?

最初から値切ってくる顧客は今後も値切ってくる可能性があるのでNGです。値切ってくるということは極端なケチか、お金を稼ぐ能力が乏しいかのどちらかです。最初のやり取りではわからないかもしれませんが、取引経験が増えるとわかるようになっていきます。

中小企業の場合、資金繰りの観点から一度に数百万円のキャッシュを支払うのが困難な場合があります。その場合、納品後に分割で支払いをしていただくことに問題ありますか？分割支払いを認めた場合、気をつけなければいけないポイントなどがありましたら教えていただけませんか？

納品後に分割はやめたほうが良いと思います。分割ということであれば着手した月を支払開始月として、納品時には全額支払っていただく形が良いと思います。そうでない場合は不良債権となる可能性が高くなると思います。

開発途中の仕様変更に伴うコスト増しやスケジュール変更の必要性をご理解いただけないことによるトラブルは多々あるのではと思っています。例え受注時に前もって説明しても、相手の業界とIT業界の常識が一致しない場合や、同業他社が身を削って仕様変更に対応している場合は、説得が困難なことが想定されます。このような場合、どのように対応すべきでしょうか？

私は顧客のリテラシーの成熟度をもとに、仕様変更がありそうであればあらかじめコストに盛り込んでおきます。もちろん、顧客にはわからないようにです。そうすれば仕様変更になっても涼しい顔で対応できますし、顧客からも喜ばれます。

アフター5など、業務外の時間で顧客と良好な関係を築くためにやられていることがありましたら教えてください。

全くありません（笑）。顧客にお土産を持っていったこともあまりありません。そういうことよりも、いただいた仕事をこなすことに集中してそこで満足度を高めたほうが良いと思います。

Chapter 7

自由の羽根を手に入れろ！
自社ビジネスモデル構築

7-1

独立起業するなら非労働集約型の自社ビジネスを作ろう！

7-2

労働集約型から脱却するためのポイント

7-3

自社ビジネスを成功させるための黄金ルール［基本編］

7-4

自社ビジネスを成功させるための黄金ルール［実践編］

7-5

「狩猟型」のビジネスと「農耕型」のビジネス

労働集約型と非労働集約型の違いとは？

プログラミングは非労働集約型の収入を作る最強の武器である

スーパーエンジニア&ハイパーエンジニアを目指そう！

常駐型や受託型の収入タイプ分類は？

受託型エンジニアが非労働集約型に近づくには？

さらに非労働集約型に近づく方法「パッケージ化」

パッケージの概念を取り入れる効果とは？

自社ビジネスを成功させる6つの黄金ルール

①動機

②再利用性

③継続性

④拡張性

⑤口コミ性

⑥革新性

黄金ルールに当てはめて自社ビジネスを検討する

「狩猟型」のビジネスと「農耕型」のビジネスとは

サーバビジネスのメリット

サーバビジネスのビジネスモデル

あなたにサーバを管理する技術がない場合は？

平城式ビジネスの黄金法則

7-1 独立起業するなら非労働集約型の自社ビジネスを作ろう！

独立しても結局下請けや時間の切り売りとなっていては意味も夢もない。そこでビジネスを「労働集約型／非労働集約型」という観点で見極めて、非労働集約型のビジネスを自らの手で作り出していく方法を授けよう！

質問＆回答サポートページ ☞ http://super-engineer.com/support/book1/7-1

＞労働集約型と非労働集約型の違いとは？

　せっかく独立起業しても派遣契約や業務委託契約で企業に常駐しているだけ。正社員よりも手取りは上がるかもしれないが、福利厚生や任せてもらえる仕事の内容を考えると、正社員のほうが得ではないか？と思っているあなたに、労働集約型から脱却するための方法を授けよう。

　ここで再度『0-2.独立を果たす4つのステージ』（P.14〜23参照）を読み返してほしい。スムーズに独立起業を果たして軌道に乗せるための4つのステージを紹介した。

> ステージ **1** 本業［正社員］＋ 副業［受託案件］
> ステージ **2** 本業［常駐型フリーランス］＋ 副業［受託案件］
> ステージ **3** 本業［受託案件］＋ 副業［自社ビジネス（B2C）］
> ステージ **4** 自社ビジネス専業

　多くの方が**ステージ2**で足踏みしてしまっているようだが、ここから次のステージへと進む鍵となるのが、ビジネスを「労働集約型／非労働集約型」という観点で見極める力である。ここでは、**ステージ3**から**ステージ4**にかけて必要となる考え方について説明しよう。

　我々のIT業界は建築業界と同じように、「労働集約型」「下請け構造」だと言われている。一般的に会社の規模が小さくなれば待遇や労働環境が悪くなるのは、この2つの要素に起因している。この環境下で独立起業すると、下請け構造の末端に位置することになる。あなたは無意識のうちにそう感じ、独立起業から足が遠のいてしまっているのではないだろうか？　確かに従来はそうだった。だが、インターネットの出現とともに建築業界とは決定的な違いが生じ、我々に明るい未来が訪れた。多くの方は気づいていないが、我々は労働集約型から解放されるための「武器」を持っている。しかもその武器は、非

IT業界の人には到底真似できないものだ。その武器とは何か？　それをお伝えする前にまずは労働集約型の意味をあらためて考えてみよう。

収入タイプ分類

収入タイプ	内容
❶労働集約型	［時間×単価］で計算される収入。会社の給料のほとんどはこのパターン。多くの会社員は、「単価」を上げることを求められているが、業界ごと、職種ごとに単価の上限があり、上限はそれほど高くない。
❷非労働集約型	［時間×単価］以外の方法で計算される収入。 ①成果報酬型…成果報酬型の営業など。 成果によって報酬が得られるが、永続的なものではない。収入を得るためには、毎回成果を上げないといけない。 ②権利収入型…特許、印税、ネットワークビジネスなど。 権利取得後、もしくは初期段階に積み上げた成果をもとに永続的に収入が入る。ただし世の中の情勢によって収入が下がることや消失する可能性もある。 ③不労所得型…株の配当、預金や債権の利子、不動産の賃料収入、ベンチャー投資など。 初期段階でほとんど「労働」を必要とせず、収入を得ることができる。ただし世の中の情勢によって収入が下がることや、消失する可能性もある。また、実践するには元手が必要となるが、元手が大きければ大きいほど収入も多くなる可能性がある。

スキルを磨けば磨くほど［時間×単価］の収入は上がるが、労働集約型に縛られる。労働集約型から解放されるためには、非労働集約型の「①成果報酬型」「②権利収入型」「③不労所得型」の収入を得る必要がある

　この中であなたがほしいと思うのは、②権利収入型もしくは③不労所得型ではないだろうか？　ところが多くの方が誤解しているのは、「スキルを上げれば収入が上がる」と思っていることだ。上の分類を見ると、スキルを上げて労働集約型の収入の「単価」を上げることはできても、非労働集約型の収入を生み出すことにはつながらない。つまり**自分のスキルを上げるということは、会社での昇進や転職には役に立っても、非労働集約型の収入を作ることには直接的にはつながらない**ということだ。多くの方がこの点を見落としているので、独立起業しても、派遣社員や契約社員などの常駐型エンジニアから脱却できないか、不安定な受託型エンジニアに成り下がるかというところでつまづい

ている。労働集約型から脱却しない限り、自由になることはできないだろう。

＞ プログラミングは非労働集約型の収入を作る最強の武器である

　では、我々ITエンジニアが非労働集約型の収入を作る手段はあるのだろうか？　我々IT
エンジニアには最強の武器がある。我々が操ることができる「プログラミング言語」の
存在だ。これさえあれば、労働集約型から脱却でき、非IT業界の人が真似できないよう
な非労働集約型の収入を作ることができるのだ！

> ① プログラムは再利用可能である
> ② プログラムはいつでも世界に公開できる
> ③ プログラムは全世界共通である

メリットその1　プログラムは再利用可能である

　一度書いたプログラムは、電子情報なので容易に複製して再利用できる。つまり、一
度の労力で何度でも収入を得ることができる可能性があるのだ。同じ電子情報である写
真やイラストのような「デザイン素材」の場合も同様に容易に複製はできるが、好みに
左右される要素が大きいため、残念ながら再利用性はそこまで高くない。もちろん、似
たようなデザインをたくさん制作していれば、「作業の効率化」は可能だ。一方、幸いな
ことにプログラムは「入力」と「出力」さえ要件を満たしていれば、内部の構造や書き
方はそこまで問題ではない。また、インターネット上で世界中に転がっている「オープ
ンソース」のプログラムを利用して自分のプログラムに活かすこともできる。

メリットその2　プログラムはいつでも世界に公開できる

　作ったプログラムをサーバにアップロードすれば、一瞬にして世界中の人が利用でき
るようになる。多くのプログラミングの学習において最初に例題として出される「Hello!
World」という言葉に象徴されるように、我々はいつでも世界にアクセスできる力を持
っているということだ！

メリットその3　プログラムは全世界共通である

　プログラミング言語は、世界で統一されている。つまり、1つの言語をマスターすれ
ば、世界中のどこへ行っても利用できるということだ。これは海外で仕事をする場合に
も有利だ。医者や弁護士は、時間単価は高いが場所の自由がきかない。国が変われば法
律が変わるから、日本の資格は海外では通用しないことが多い。同じ時間単価だったら、
自由がきかない医者や弁護士と、自由がきくITエンジニアとでは、あなたはどちらを選

ぶだろうか？　プログラムは一瞬にして世界中にデリバリーできるから、もはや自分が現地にいる必要はない。つまり、日本に居たければ日本に居ればいいし、海外に出たければ海外に出てもいい。海外に居ながらにして、日本にプログラムをデリバリーしてもいい。「自分の拠点」と「サービス提供先」が「asynchronous（非同期）」で良いのだ。

▶スーパーエンジニア＆ハイパーエンジニアを目指そう！

　プログラミングの3つのメリットを活用することで、非労働集約型の収入を作ることができる。私が最初にインターネットに出会ったのは1998年で、当時は大学のコンピュータ室で就職活動のために利用している程度だった。就職活動の後、友人の紹介で生まれて初めてネットワークビジネスに出会った。若くて社会経験が少なくても努力次第で永続的な不労所得を得ることができ、数年で億万長者になれる、お金だけでなく時間も仲間も手に入るという謳い文句に衝撃を覚え、当時は「これに勝るビジネスはない！」と思い、内定をもらっていた会社をすべて断ったくらいだった。しかし、当時お世話になっていた社会人の方から引き止めにあい、結局ネットワークビジネスはやらないと決めた。そして卒業するまでの間、大学の研究室に篭って自分のホームページを作って公開し、友人が見に来てくれるのを楽しんでいる程度だった。卒業後、塾の経営やポータルサイトの広告代理店のビジネスなどを検討し断念した後、消去法でITの会社に就職し、本格的にプログラムに触れだした時に全身がゾクゾクするほど興奮したものだ。

　その時から私は、「プログラミングであればネットワークビジネスにも負けない非労働集約型のビジネスを作ることができる！」と確信し、寝ても覚めてもプログラミングに没頭していった。そして私はITエンジニアになった直後から、非労働集約型の収入を作ることに焦点を絞って活動してきた。就職したのも、独立起業直後に企業に常駐していたのも、受託開発の持ち帰り案件をやっていたのも、すべて非労働集約型のビジネスで食べていけるようになるまでの「仮の姿」だったのである。

　あなたも今日から、医者や弁護士と同じぐらいの時間単価を取れる「スーパーエンジニア」そして、時間単価に縛られない、非労働集約型の収入を得ることができる「ハイパーエンジニア」を一緒に目指そうではないか！

Point

プログラミングは非労働集約型の収入を作ることができる

独立しても受託開発や常駐にとらわれていては、時間と場所に依存する労働集約型から脱却できない。我々の最強の武器であるプログラムを活用し、自らの手で非労働集約型のビジネスを作り出すために立ち上がろう！

7-2 労働集約型から脱却するためのポイント

非労働集約型のビジネスを作りたいと思っても「どうやってそれを作るか?」についてはイメージがわかない人が多いのではないだろうか? 常駐型や受託型エンジニアが非労働型のビジネスを作るポイントを解説する。

質問 & 回答サポートページ ☞ http://super-engineer.com/support/book1/7-2

▷ 常駐型や受託型の収入タイプ分類は?

ここでは、我々ITエンジニアがプログラミングという自前の武器を活用し、どのようにして非労働集約型のビジネスを作り出せるかについて解説しよう。まず、現状を把握するために、常駐や受託をP.207の「収入タイプ分類」にあてはめて考えてみよう。

> ● 会社員／常駐型エンジニアの場合
> 時間の切り売りなので「❶労働集約型」に該当する。
>
> ● 受託型エンジニアの場合
> 基本的には「❶労働集約型」だが、システム開発の作業を効率化するなどして、やり方によっては「①成果報酬型」を加えることができる。

独立起業して人を雇って会社を大きくしても、このことを理解できていないとただ単にITエンジニアを顧客に派遣するだけであったり、顧客からの仕事を受託するだけとなってしまい、一生かかっても「労働集約型のジレンマ」を解消することはできない。ITエンジニアの人材派遣ビジネスも、派遣する人が増えれば増えるほど売上や利益は大きくなるが、大きな経済不況が訪れたら途端に窮地に陥るリスクがある。ほとんどのIT企業は実は社員を抱えていても「❶労働集約型」か「①成果報酬型」にとどまってしまっている。そのため、経済界に大ダメージを与えた2008年のリーマンショックの煽りを食らって経営難に陥ったIT企業がいかに多かったことか!

▷ 受託型エンジニアが非労働集約型に近づくには?

私は独立起業後、最終的には自分のビジネスを非労働集約型で100%埋め尽くすことだけを考えて戦略的に行動してきた。ただ、初期の頃はそうもいかないので常駐型や受

託型をこなしながら準備を進めてきた。私が特に意識していたのは、受託開発において自分で書いたプログラムコードを可能な限り再利用な形にライブラリ化していったことだった。これをやっておくことで、次の案件の開発効率が上がるし、自社ビジネス用のライブラリにも使うことができる。

こういう話を聞くと、あなたは疑問に思うかもしれない。

> 顧客のために作ったプログラムコードを、勝手に他の案件に流用して良いのだろうか？

私は顧客との開発契約書に以下の2項目の条項を盛り込ませてもらうことにしていた。

- ●本開発に使用したプログラムコードを別のシステムに流用する可能性があること
- ●私がもともと持っているプログラムコードを活用して開発して良いこと

私はある時から「開発フレームワーク」を使うようになった。開発フレームワークは世の中にたくさん出回っているが、かなり複雑化していて、フレームワークを理解するために参考書を買わないといけないような状況になってしまっていたので、フレームワークの概念が理解できた後は、既存のフレームワークを参考にしながら自前の開発フレームワークを作ってしまった。いわゆる "オレオレフレームワーク" というものだ。

開発契約書に上記の2項目を入れさせてもらうことで、私は顧客のシステムを開発する際に自分のフレームワークをベースに開発を行っていった。1つの案件をこなすなかでフレームワークがより洗練され、それをまた別の案件でも使うので、案件をこなしていくたびに自分のフレームワークがどんどん醸成されていったのだ。結果的には、従来は4週間ぐらいかかっていた作業が半分の2週間程度でできるようになり、300万円以上の開発案件を1人で1か月以内に終えることができるようになった。

▶さらに非労働集約型に近づく方法「パッケージ化」

顧客から相談される案件をただ請けるだけでは、開発フレームワークを鍛えるなどして作業効率化を図ることでしか非労働集約型に近づくことはできない。しかも、ただ近づけられるというだけだ。開発工数を半分にすることはできても、ゼロにすることはで

きない。これをなんとかゼロに近づけることはできないかと考えてみた。

　私は独立起業して3年間は、『@SOHO』という自社ビジネスと、システムの受託開発という2本の柱をもって展開していた。『@SOHO』のような自社ビジネスは、最初からいきなりドカンと儲かるわけではなく、地道に育てていく必要がある。それも、3年、5年という単位でだ。一方、システムの受託開発は短期的に大きく稼ぐためには好都合だった。この2つの組み合わせが、当時の私にとっては稼ぎを最大化するための最適解だった。受託開発事業のほうは最初に紹介してもらった1社の仕事を徹底的にこなしていくだけで一杯になり、自分から営業活動をする必要は一度もなかった。

　4年目に入り、顧客からの仕事がだいぶ落ち着いてきたこともあり、今後の方向性について考えるようになった。顧客から相談される案件は、必ずしも自分に興味があるものばかりではなく、ただ自分の技術を役に立てて喜んでもらえることに意義を感じていたからやっていただけで、それ以上でもそれ以下でもなかった。顧客からの相談という受動的な受注の仕方ではなく、もっとこちらから仕掛けていく能動的な受注の仕方をしようと考えた。といっても、自分が営業マンと化して動き回るのも性に合っていない。

　そこで私は、独立起業後4年目にして初めて自社の会社案内のホームページを立ち上げることにした。まずは参考までに他のIT企業のホームページを見て回ったところ違和感を感じた。会社の業務案内のページに以下のような書き方がされていたからだった。

1. システム開発
2. システムインテグレーション
3. システムコンサルティング

　これはこれでわかるのだけれども、こんなことをやっている会社は世の中にたくさんある。このような表記では差別化要因がないと考えた。

　そこで私が思いついたのが、「パッケージ化」だった。つまり自分が持っているプログラム資産を「ソフトウェア製品」に仕立て上げることで、差別化要因を出そうとしたのだ。パッケージ化して開発案件を受託できれば、既存のプログラム資産を有効に活用することができるし、お金をいただきながら自社のプログラム資産をさらに醸成させていくこともできるので、まさに一石二鳥になると考えたのだ。この時に私が行っていた自社ビジネスは『@SOHO』のみ。『@SOHO』はビジネスのマッチングを行うサイトだが、ビジネス以外のマッチングサイトを構築する時にもプログラムは応用できる。そこで、マッチングサイトのパッケージとして売り出すことにしたのだ。他にもパッケージ化できないかと考え、『@SOHO』の機能を細分化して検討した結果、『@SOHO』にはポータ

ルサイト的な役割があり、アフィリエイトの仕組みがあり、CMSの仕組みがあったので、全部で４つのパッケージにすることにした。自社のソフトウェア製品なので名前が必要だ。一晩知恵を絞って、それぞれ次のような名前にした。

●マッチングサイトパッケージ ⇒ Synergy
●ポータルサイトパッケージ ⇒ Portalize
●アフィリエイトサイトパッケージ ⇒ Affiliation
●CMSパッケージ ⇒ QuickCMS

パッケージの概念を取り入れた効果とは？

　自社のホームページを立ち上げてからしばらく経過した後、ある日突然、お問い合わせフォームから、某大手コンビニエンスストアの運営会社から問い合わせが来た。アフィリエイトシステムの導入を検討しているので一度打ち合わせがしたいという要件だ。話を聞きに行ってみると、同社が運営するコンビニエンスストアのネットショップが月に１億ページビュー以上のアクセスがあるけれども、現在は某大手アフィリエイトASPからシステムをレンタルしているだけなので、自前でアフィリエイトのシステムを構築したいということだった。サーバとネットワーク構成の部分だけでもざっと2,000万円近くの見積となり、金額的には大きな商売になりそうで魅力的だったが、ゼロから開発するのとあまり変わらない工数になり、システムの規模も大きいので、つきっきりになってしまう。私が目指していたのは、「非労働集約型のビジネスの比率を100％にすること」だったので、自分からは積極的に提案活動をせず、この話は流れることとなった。

　しかし、パッケージの概念を取り入れたことで、某大手コンビニエンスストアの運営会社が私のような小さい会社に問い合わせをしてくるとは、想定以上の効果だった。この他にも、ちょくちょく「パッケージソリューション」についてお問い合わせが入る。

Point

プログラム資産を有効活用すれば、労働集約型から脱却できる

①開発フレームワーク（オレオレフレームワークで良い）を鍛えて生産性を上げる

②パッケージの概念を取り入れて差別化を図り、顧客のシステムを作りながら自社のプロダクトを醸成させていく

①と②を実践すれば、ステージ２からステージ３への移行がしやすくなり、さらに自社サービスを生み出すことができる可能性が出てくる。

自社ビジネスを成功させる ための黄金ルール［基本編］

自社ビジネスとは、自分がサービスの運営元となること。軌道に乗れば、IT
エンジニアとしての「自己実現」は達成される。ここでは、私の経験をも
とに成功する自社ビジネスの黄金ルールを伝授しよう。

質問＆回答サポートページ ☞ http://super-engineer.com/support/book1/7-3

＞自社ビジネスを成功させる６つの黄金ルール

　自社ビジネスといっても、アイディアベースで日曜大工的にやっていればいつかは成
功できるというものでもない。私がこれまでの経験から導き出した「黄金ルール」を、あ
なたにインストールしよう。

　本書をお読みの方は、独立起業を目指している人もいれば、会社員のまま副業をして
収入を増やし、会社に依存しない状態をつくりたいという人もいるだろう。どちらのパ
ターンであっても、「自社ビジネス」を構築することにメリットはあってもデメリットは
ほとんどない。ITのビジネスモデルを構築するためには、まとまった元手を用意する必
要もないし、自分が前面に出る必要もないからだ。ネットゲームにはまって他人のサー
ビスにお金を払っている時間があれば、隙間時間に自社ビジネスをコツコツと作り上げ、
将来の年金の代わりにそのサービスからお金が入り続ける仕組みを構築したほうがマシ
ではないだろうか？　さらには自分が創り出したサービスが少しでも世の中の役に立ち、
喜ばれながら金銭面でも豊かになれる。そういう人生が、我々ITエンジニアの理想では
ないだろうか？

　それでは本題に入ろう。これまでの私の経験をもとにすると、成功するインターネッ
トビジネスの黄金ルールとして６つのポイントが挙げられる。

６つの黄金ルール

- ☐ ①動機
- ☐ ②再利用性
- ☐ ③継続性
- ☐ ④拡張性
- ☐ ⑤口コミ性
- ☐ ⑥革新性

優先順位は ①＞②＞③＞④＞⑤＞⑥ だ。それぞれについて、私が過去に構築してきた、ショッピングカートのレンタルサービス、『@SOHO』、『ステップメールプロ』のビジネスをもとに説明する。

黄金ルールその1　動機

ビジネスとして成り立つということは、人やお金が動くということだ。そして人が動く時には、その裏側に必ず動機がある。動機が薄いものはサービスとして成り立ちにくい。誰でも「こんなサービスがあったらいいな」というぼんやりとしたアイディアは思い浮かぶものだが、それをビジネス化してうまくいくかどうかはまた別の問題だ。あなたが何らかのビジネスを思いついた際にはまず以下のことを考えてみよう。

> ●誰がそのサービスを使う必要があるのか？
> ●誰がどのようにお金を払うのか？

まず「誰がそのサービスを使う必要があるのか？」を考えてみよう。

⇒必ずビジネスで使う利用者がいること
　必ずビジネスで使う仕組みであること

必要性が低ければそのサービスを使わなくても事足りてしまうからだ。必要性が高いほどそのサービスを利用する動機も強くなるので、需要を見込むことができる。

次に、「誰がどのようにお金を払うのか？」を考えてみる。

⇒買い切りか、月額制かを検討する

サービスが軌道に乗って利用者が増えれば月額制のほうが安定収入が見込めるが、月額制にするかどうかは、利用者が継続して使う必要性があるかどうかにもよる。必要性があれば、毎月の使用料を負担してでも継続して利用してくれるだろう。

⇒需要と供給のバランスをはかって価格を検討する

「物の値段は需要と供給で決まる」という原理を思い出してほしい。買い切りにするにせよ、月額制にするにせよ、需要と供給のバランスをはかって価格を検討しよう。

これらの質問について答えが明確になっていれば、次のステップへ進んで良いという合図だ。

> 一度費やした労力で、何回の収入を
> 得ることができるか？

　再利用性が高ければ高いほど、非労働集約型のビジネスに近づいていく。「プログラムなどの資産を再利用可能な形で活用できているか？」という点に常に着目する。例えばシステム開発という分野においては、システムの受託開発は労働集約型で、プログラムのレンタル事業やパッケージ販売は非労働集約型といえる。

黄金ルールその3 **継続性** ||||||||||||||||||||||||||||||||||||||||

> 一度サービスを利用してくれた人が、
> 継続的に利用してくれるか？

継続性をさらに細分化すると、以下の2つに分かれる。

> ① 業務的な継続性
> ② ビジネスモデル上の継続性

① 業務的な継続性

- ●一度契約をしたら、顧客のビジネスが続く限り継続をしなければ
  ならない理由があるかどうか？
- ●他社に乗り換えるための敷居が高いかどうか？

　ショッピングカートのレンタルビジネスの場合、運営者が自社のショッピングサイトを継続する限りシステムを利用する必要があり、システム内に注文データや顧客データが蓄積していくので、他社への乗り換えの敷居も高い。そういった意味では、最近流行り始めているインターネット上で提供される会計システムも、その会社が存続する限り利用され続ける可能性が高いので、究極の継続モデルと言うことができる。

② ビジネスモデル上の継続性

　ソフトウェアやソリューションの提供方法として、「買い切り型」ではなく「レンタル型」にするというものだ。利用者にとっては初期コストを抑えることができるので入り口のハードルが下がり、使っているうちに慣れてしまいそれがないと困るようになってくれれば継続性も高まる。運営者にとっては、買い切り型だとどうしてもバージョンアップ時の継続購入率が読めないところがあり、毎月の売上に波が出て来るが、レンタル型にすれば入り口での売上は下がるものの、毎月の売上は見込みやすくなり、結果的に売上は安定することになる。ソフトウェアであれば売り切りのパッケージ販売よりもレンタル型にして月額課金にしたほうが良い。例えば『Microsoft Office』や『Adobe CC (Creative Cloud)』などはもともとパッケージ販売型だったが、今は月額課金型になっている。これは上記のような理由によるところが大きいと思う。私は2000年前半から、ソフトウェアはパッケージ販売よりもレンタル型が良いと考えていた。インターネットが生まれる前は「ソフトは借りるものではなくて買うもの」が当たり前であったが、インターネットの普及とともに『Dropbox』や『Evernote』のようなクラウドサービスが浸透してきたことにより、「システムをレンタルしてその対価を払う」という概念がようやく一般消費者の市場にも浸透してきたため、大手ソフトウェアベンダーもレンタル型のモデルに切り替えているのだろう。利用者も自社で保有するよりは借りたほうが運用面でもコスト面でもメリットがあるという具合に変わってきたのだ。**安定的で右肩上がりになるようなビジネスを構築したいと思えば、顧客の業務的な理由から継続性が高い分野のサービスを、買い切り型ではなくレンタル型で提供すれば良い。**

黄金ルールその4　拡張性

> 利用者が増えても、必要な労力に変わりはないか？

　利用者が増えても労力が変わらなければ、非労働集約型の要素が強くなる。ショッピングカートや『ステップメールプロ』などのプログラムをレンタルするビジネスであれば、利用者が増えても入退会処理やお問い合わせ対応といった事務手続きが増えるぐらいで、システム運用のコストはサーバを増強する程度で、人的コストはほとんど増えない。ちなみに『@SOHO』は登録者26万人（2017年1月段階）という規模ながら、『@SOHO』で開拓した主婦のアルバイトの方1名だけで日々の運営業務は完結しており、追加機能の開発を行わない限り私は時間を割かなくてもサービスを維持していくことが可

能だ。これはまさに不労所得と言ってもいいだろう。

口コミ性

> そのサービスを勝手に広めてくれる人がいるかどうか？

　ビジネスを立ち上げて広く世の中に知ってもらうには、何らかの宣伝活動をしなければならない。手っ取り早いのはお金を払って広告を出すことだが、広告は先行投資的な要素が強いし、広告せずに広まってくれるのであればそれに越したことはない。特に、ソーシャルメディアという言葉に象徴されるように、インターネットの利用者にはブログやメールマガジンで情報を発信する「情報発信者」が増えているし、自分が情報を発信しなくても『Twitter』や『Facebook』などで情報をシェアしたり、『はてなブックマーク』などのソーシャルブックマークに登録して情報を広めてくれる「情報拡散者」も増えているので、口コミをされやすい環境が年を追うごとにどんどん増えているのだ。そのようななかでやはり口コミされやすいのは一般消費者を対象にしたサービスだろう。『@SOHO』も、多くの方が『Yahoo!知恵袋』などで口コミで広めてくれているのでとても助かっている。私がB2Cのビジネスを好むのは口コミ効果を起こしやすいからだ。爆発的にヒットしたサービスは、その背景に必ず口コミ効果がある。

革新性

> 従来の機能をすべて満たし（不要な機能があれば削除し）、新たな機能が追加されているかどうか？

　革新性というと、あなたはこれまで世の中になかったような全く新しいものを生み出さないといけないと思っていないだろうか？　ところが実はそうでもなく、世の中にある革新的な商品やサービスをあらためて見てみると、実は既存のものを改良したものがほとんどだということがわかる。

　例えば私も大好きなアップルを例に考えてみよう。『iPod』や『iPhone』や『MacBook Air』や『Apple Watch』といった革新的な製品が市場に投入された時、最初の顧客の反応は正直なところ「？」という感じだった。クエスチョンマークというのは、「使ってみ

ないとその価値がわからない」ということだ。顧客がこれらのデバイスを手にして実際に使ってみて、「ああ、そうだったのか」と体感し、一度体感するともうそれがない生活は考えられないようになってしまう。そんな革新的な商品を市場に投入し続けてきたアップルでさえ、既存にないものを生み出しているのではなく、既存にあるものを改良して世の中にリリースしているだけなのだ。『iPod』はウォークマンを改良したもので、『iPhone』は携帯電話を改良したもので、『MacBook Air』はパソコンを改良したもので、『Apple Watch』は時計を改良したものだ。『iPhone』や『MacBook』シリーズのデザインはもうすでに十分洗練されているように思えるが、それでもアップルは果敢にチャレンジして新しいカタチを顧客に見せてくれている。もちろん、これまで世の中になかったものを生み出すことができればかなり革新的なのだが、それを狙っていると当たり外れも出てくるだろう。アップルのような大企業でさえ、「既存のものを改良する」ということに注力していることがわかると、気が楽になるのではないだろうか？

　ゼロから何かを生み出すのではなく、既存のものを改良する形で革新性を出すコツは、従来の機能をすべて満たし（不要な機能があれば削除し）、新たな機能を追加する、ただこれをひたすらやっていけば、確実に満たすことができる。

Point

6つの黄金ルールに該当するサービスを検討しよう

何らかのインターネット上のサービスを考えている場合、ぜひこの6つの黄金ルールに照らし合わせてみてほしい。現時点で6つの項目を満たしていなくても、ビジネスモデルを調整することで満たすようにすることもできる。

7-3. 自社ビジネスを成功させるための黄金ルール

① 動機
- 誰がそのサービスを使う必要があるのか？
- 誰がどのようにお金を払うのか？

② 再利用性
- 一度費やした労力で、何回の収入を得ることができるか？

③ 継続性
- 一度サービスを利用してくれた人が継続的に利用してくれるか？

④ 拡張性
- 利用者が増えても、必要な労力に変わりはないか？

⑤ 口コミ性
- そのサービスを勝手に広めてくれる人がいるかどうか？

⑥ 革新性
- 従来の機能を満たし（不要な機能があれば削除し）、新たな機能が追加されているかどうか？

自社ビジネスを成功させるための黄金ルール［実践編］

6つの黄金ルールを理解したら、それが実際にどのように取り入れられているかを、私がこれまで手がけてきたビジネスをもとに検証してみる。あなたが検討中のビジネスモデルがあれば、一緒にチェックしてみよう。

質問＆回答サポートページ ☞ http://super-engineer.com/support/book1/7-4

▶黄金ルールに当てはめて自社ビジネスを検討する

ここでは、私がこれまで手がけてきた代表的な自社ビジネス❶ショッピングカートのレンタルサービス、❷『＠SOHO』、❸『ステップメールプロ』をもとに、それぞれのビジネスモデルと6つの黄金ルールについて具体的に解説していく。3段階評価の★マークも入れているので参考にしていただきたい。

あなたが考えたことのあるビジネスモデルとも照らし合わせて読んでみよう。6つの黄金ルールのどの項目を満たしているのか、どの項目を満たしていないのか、どうすれば満たすことができるのか、掘り下げて検討してみると良いだろう。

3つのビジネスモデル

自社ビジネスモデル	内容
❶ショッピングカートのレンタルサービス	ショッピングサイトの運営者に、ショッピングカートのシステムを提供し、レンタル料をいただく 個人：3,000円／月 法人：5,000円／月
❷『＠SOHO』	仕事を発注したい人と受注したい人のために、ビジネスマッチングの場を提供する 広告収入：契約内容による 有料求人掲載料：50,000円／回 有料会員収入：500円／月
❸『ステップメールプロ』	メールマガジンの運営者に、メールマガジンの配信システムを提供し、レンタル料をいただく 5,000円／月

ビジネスモデルを考える際は、サービス内容と料金設定を明確に設定する

黄金ルールその1　動機

　このなかでは最も動機が強いのはショッピングカートのレンタルビジネスだ。理由としてはショッピングサイトをきちんと運営するにはショッピングカートは必須のものであり、飲食店を構えるために店舗を借りるのと同じようなものだからだ。『@SOHO』はフリーランスの方が顧客を開拓するための、いわば「お金を稼ぐためのツール」なのでソーシャルメディアのようなサービスよりも利用する動機は強いと思うが、オフラインでの営業方法もあるし必須というわけではないので2つ星評価とした。『ステップメールプロ』はメールマガジンを配信するためには必要なシステムだが、そもそもビジネスでメールマガジンを活用できている人が限られてくるので2つ星評価とした。

ビジネスの動機

動機	ショッピングカートのレンタルサービス	『@SOHO』	『ステップメールプロ』
誰がそのサービスを使う必要があるのか？	ショッピングサイト運営者	仕事を発注したい人 受注したい人	メルマガ運営者
どのようにお金を払うのか？	毎月のレンタル料	※後述 参考 を参照	毎月のレンタル料
3段階評価	★★★	★★	★★

サービスの対象と、お金の支払い方法を考えてみると、ビジネスの動機が明確になる

参考

誰がどのようにお金を払うのか？ー『@SOHO』の場合ー

　『@SOHO』のビジネスモデルを検討するにあたっては、当初は広告収入のみで運営する考えだった。この点は他の2つのビジネスモデルとは異なる。Webサイトの利用者が増えればアクセスが増え、アクセスが増えれば広告収入も比例して増えると考えた。『@SOHO』を作った目的は「フリーランスの方が企業と対等に取引ができる環境を創ること」だったので、基本的に無料で使えるようにしていたが、会員数が増えていくなかで、『Yahoo!プレミアム』などを参考にして「ちょっとだけお金を払えば無料会員よりも便利な機能が使える」という有料会員の仕組みを導入することにした。求人に関しても基本的には無料で掲載できるものの、プラスαの料金を支払えば露出度が上がり、マッチング率が上がるような仕組みにした。

2010年ぐらいから日本にもクラウドソーシングのビジネスモデルが上陸し、類似サービスがたくさん立ち上がっている。クラウドソーシングのビジネスモデルは、運営会社がマッチング手数料を取るというもの。『@SOHO』もクラウドソーシングのサービスの1つとして取り上げられることが少なくないが、私は『@SOHO』はクラウドソーシングとは根本的に違うと考えている。その理由はいくつかあるのだが、最も大きい点は「利益相反」だ。クラウドソーシングはWebサイト内でマッチングが成立したら手数料が発生する。初回の取引はそれで良いのだが、2回目以降は直接取引をしたいと思うのが心情というものだが、2回目以降の取引においても、クラウドソーシングの運営会社が手数料を取るようになっているケースが多い。ここに、利益相反の関係が生まれる。発注者と受注者としては、2回目以降の取引を直接やりたいと思えば、あの手この手を使って運営会社の目をかいくぐろうとする。運営会社もそこに目を光らせなければならないし、取引の手数料を取っているわけなので、取引においてトラブルが発生した場合の仲裁をするなどの対応も必要になってくる。そうすると膨大な「事務コスト」がかかることになる。事務コストがかかるということは、「**黄金ルールその4 拡張性**」に影響が出て来ることになる。そういう理由から私は『@SOHO』のビジネスマッチングにおいて取引手数料を収入源としてこなかったし、これからもそうするつもりはない。

黄金ルールその2　再利用性

　いずれのサービスも、プログラムはサーバ側で一括管理され、利用者はインターネットを経由してプログラムを共同で利用し、利用者が扱うデータのみが専有のものとなる。運営者としては1つのプログラムをメンテナンスするだけで、すべての利用者にその恩恵を与えることができるため、再利用性は極めて高い。また、自社ビジネスで蓄積したプログラム資産を使って別のサービスに応用したり、顧客に提供したりすることでお金に変えることもできる。ということでいずれも3段階評価では3つ星とした。

プログラムの再利用性

再利用性	ショッピングカートの レンタルサービス	『@SOHO』	『ステップメールプロ』
3段階評価	★★★	★★★	★★★

黄金ルールその3　継続性

◆ショッピングカートのレンタルサービス

　一定規模以上のショッピングサイトを運営する限りは必須のものであり、そのビジネスを継続する限りはどこかのサービスを利用することになる。一度導入すると注文デー

タや顧客データがどんどん蓄積していくため、長く使えば使うほど乗り換えのハードル
は高くなる。提供する会社によってデザインやつなぎ込みの仕様が全く異なるので、他
社に乗り換えるにしてもサイトリニューアル規模の作業が必要となるため、現在使って
いるシステムに大きな問題がない限り、もしくは他社サービスに大きなメリットがない
限りは、システムを使い続けてくれるので継続性は極めて高く、3つ星評価とした。

◆『@SOHO』

　『@SOHO』の場合は、Webサイトの利用者が増えるにつれて収益も大きくなるのだが、
一度Webサイトに訪問してくれた人が再訪してくれる保障はない。私が工夫した点とし
ては、業界発の「会員登録制」の仕組みを作り、Webサイトを訪問してくれた人に会員
登録をしてもらい、必要な情報をメールで通知する機能を盛り込んで再訪性を高めた。
『@SOHO』をスタートしたのはまだクラウドソーシングという言葉が日本に入ってくる
随分前の2004年頃で、当時は『お仕事掲示板』などの会員登録せずに利用する形のWeb
サイトばかりで、本格的な会員登録機能を持つWebサイトは『@SOHO』が先駆けとな
っていた。継続性を仕組みでカバーしているので、2つ星評価とした。

◆『ステップメールプロ』

　メールマガジンの運営者にとっては必須のシステムとなるが、ビジネスにおいてメー
ルマガジンの重要性を理解している人がそれほど多くなく、運営ノウハウもまだまだ浸
透していないため、利用を開始しても挫折する人が少なくない。メールマガジンの重要
性や運営ノウハウの布教活動も合わせて行っていく必要があるため、1つ星評価とした。

サービスの継続性

継続性	ショッピングカートの レンタルサービス	『@SOHO』	『ステップメールプロ』
3段階評価	★★★	★★	★

　いずれのサービスも、サービスを開始してある程度軌道に乗れば、毎月の売上が自分
の生活費を超えた時点で、そのサービス1本で食べていけるようになる。

黄金ルールその4 　拡張性

　いずれのサービスも「1つのプログラムを利用者全員で共有する」という前提で作っ
ており、利用者が増えても入退会処理やお問い合わせ対応などの「顧客サポート業務」
が多少増えることはあってもわずかであるため、拡張性は3つ星評価とした。

システムの拡張性

拡張性	ショッピングカートの レンタルサービス	『@SOHO』	『ステップメールプロ』
3段階評価	★★★	★★★	★★★

黄金ルールその5　口コミ性

　B2Cの要素が強い『@SOHO』が最も口コミされやすく、サービス名で検索すると『Yahoo!知恵袋』などのQ&Aサイトや個人のブログなどで様々な口コミ情報が掲載されていることがわかる。ショッピングカートはB2Bの要素が強く、利用者がそのシステムを気に入ってくれてもよっぽど仲の良い同業者でないと口コミはしないだろう。なぜかというと商売敵に塩を送ることになりかねないからだ。メルマガ配信システムの場合も同様だ。ただし、アフィリエイトなどの紹介プログラムを導入することで、口コミを促すような状況を作ることはできるし、ショッピングカートの場合はレンタルサーバの会社や決済代行システムの会社と提携することで紹介してもらうこともできる。

利用者の口コミ性

拡張性	ショッピングカートの レンタルサービス	『@SOHO』	『ステップメールプロ』
3段階評価	★★	★★★	★★

黄金ルールその6　革新性

◆ショッピングカートのレンタルサービス

　当時すでに出回っていたショッピングカートは、データベース機能を持たないただ受注メールが届くだけの注文フォーム形式の無料のものか、大手が開発した1万円以上する本格的なものか、どちらかしかなかった。私が目指したのは3,000円〜5,000円程度の価格帯で大手に負けないような機能を持っているものだった。大手のショッピングカートはあらゆるニーズに応えるためにプログラムが複雑化し、機能過多のような感じで逆に使い勝手を損なっている感じがした。データベースと連動した商品管理機能、受注管理機能、顧客管理機能など、必要な機能を盛り込みつつも、ユーザーインターフェースをわかりやすくシンプルにすることを心がけた。その結果、利用者から「こんなシステムがほしかったんです！感動しました！」と評価いただけるまでになった。

◆『@SOHO』

　2000年当時は、『お仕事掲示板』という単なる掲示板に仕事の依頼人が書き込み、それを見た人が応募するというシンプルなサービスしかなく、私自身、いくつかの『お仕事掲示板』を利用してプログラミングの仕事を獲得していた。この仕組みには問題があり、掲示板形式なので日々新着情報がアップされると過去の情報は目立たないところに移動されてしまうので、依頼人が同じような案件を何度も投稿したり、応募者としてはたくさんの案件に応募していると、どの案件に応募したかを忘れてしまい、同じ案件に何度も応募してしまったりということがあった。『@SOHO』には会員登録制の機能を導入し、上記のような問題を解決したのだ。『@SOHO』をスタートしたのは2004年だが当時そのような機能を持っているマッチングサイトは他にはなかった。

◆『ステップメールプロ』

　私は2011年から、それまでの実績をもとにITエンジニアの独立起業を指南するメールマガジン『スーパーエンジニア養成講座』をスタートした。この時にはメールマガジンの運営ノウハウについて徹底的に研究し、従来のメールマガジンの問題として「発信者が一方的に配信していて、読者の顔が見えづらい」という点があると考えた。そしてそれを解決できる配信システムを探しても存在しなかったので、「それならば自分で作ろう」と考えた。そして発信者と読者が双方向にやり取りをしやすい機能として、メールマガジンの文末に「良い」「普通」「悪い」の3段階評価をコメントと共に投稿できる仕組みを考案し、メールマガジンの配信システムそのものを開発したのだ。

サービスの革新性

拡張性	ショッピングカートの レンタルサービス	『@SOHO』	『ステップメールプロ』
3段階評価	★★★	★★★	★★★

Point

6つの黄金ルールに該当するビジネスモデルを検討しよう

何らかのインターネット上のサービスを考えている場合、この6つの黄金ルールに照らし合わせて、3段階評価をしてみよう。3段階評価が高いほど、長期的に継続可能なビジネスモデルを構築することができるだろう。

「狩猟型」のビジネスと「農耕型」のビジネス

顧客からの請負業務だけをやっている状態とは、「必ず獲れる」という保証もないのに獲物を追い続ける「狩猟型」のビジネスしかしていない状態と同じだ。安定的に収穫できる「農耕型」のビジネスへとシフトしていこう。

質問＆回答サポートページ ☞ http://super-engineer.com/support/book1/7-5

▶「狩猟型」のビジネスと「農耕型」のビジネスとは

　我々日本人は「農耕民族」と言われているが、世界の国々には「狩猟民族」と言われている人達がいる。ビジネスにおいても、「農耕型」と「狩猟型」を上手に取り入れていくことで、高い位置で収入を安定させることができる。Chapter7の最後はこのテーマについて考察していこう。

　狩猟民族の特徴は、「獲物が取れればその日から食べていくことができる。大きな獲物が獲得できればその分潤うが、全く穫れない日もあるし、その土地に獲物がいなくなれば新天地を開拓する必要がある。常日頃から武器の整備や獲物の獲得術に精を出す」というもの。

　一方、農耕民族の特徴は、「種を植えてから収穫できるまで時間がかかる。天候に左右される部分はあるものの、技術を発展させることにより安定的な収穫も可能となる」というもの。

　さて、これを我々ITの仕事にあてはめてみるとどうだろうか？　いわゆる「受託案件」は、「狩猟型」に該当する。仕事を獲物に例えると、顧客の業績の善し悪しにより、受注できる仕事も増減する。顧客の担当者が代わったり、そもそも顧客のビジネスが続かなくなれば受注できなくなる可能性もある。つまり、「受託案件」だけをやっている状態というのは、このように非常にリスキーな商売をやっているようなものなのだ。

　一方、「農耕型」に該当するビジネスというのはどのようなものだろうか？　例えば、私がやっている『@SOHO』のような「自社ビジネス」や、サーバの運用保守および監視を行う「保守系のビジネス」はこれに該当する。

　私は独立起業する前から「農耕型」のビジネスを起こすことを意識していた。23歳で1回目の独立を果たしたときにはショッピングカートのレンタル事業を、29歳で2回目の独立を果たしたときには『@SOHO』を手がけていた。レンタル事業の場合はシステムのレンタル費用という形で売上が立っていたので、かなり安定的な収益となっていた。『@SOHO』のキャッシュポイントはいくつかあるのだが、このうち、広告収入はアク

セス数にほぼ比例するため、アクセス数が安定していれば広告収入も安定する。まさに「農耕型」の収入形態だ。

『@SOHO』の収益モデル

収益モデル	内容
❶ 広告収入	アクセス数に応じて収益も上がるので、安定収入になりやすい。 ① Google Adsenseのような放ったらかしの広告 ② 純広告 ③ アフィリエイト広告
❷ 有料求人広告	求人者への訴求内容によって収益も変動する。見せ方が重要になってくる。
❸ 有料会員収入	母数となる会員数が多くなれば比例して有料会員数も増える。有料会員としてのメリットをどのように打ちだせるかがポイントとなる。

自社ビジネスで「農耕型」のビジネスを構築すれば、毎月継続して安定収入を作ることができる

▶ サーバビジネスのメリット

　サーバの運用保守系のビジネス（私は「サーバビジネスと呼んでいる」）も、「運用監視費用」という名目でのお金が取れるため、特に何らかの障害が発生しなくても継続的に収入が発生し、安定的な収入源となるので、「農耕型」のビジネスに該当する。

　私はこのあたりの嗅覚が鋭かったのか、独立する時には必ず「農耕型」の収入源を確保していたし、2008年のリーマンショック後に受託開発の案件が急激に減少した時も、事前に「サーバビジネス」に注力していたため、収入を減らすことなく、安定的に稼ぎ続けることができた。

　受託開発は短期間でまとまったお金が入ってくるため、派手に儲かるように思えて魅力的に感じるものだが、次にいつ仕事の依頼が入ってくるのかを予測することは難しく、顧客のビジネス次第ということになる。また安定的に仕事を受注しようと思えば、営業活動も必要になってくるだろう。

　一方、サーバビジネスは、1契約あたりの売上額としては小さいものの、毎月発生することがわかっているため、売上の見込みが立てやすいし、積み上がっていけばバカにならない額になる（ちなみに私はこのサーバビジネスだけで、会社員時代の年収分程度の収入を確保することができた）。

　従って私は、新規の受託開発を請け負う際には、納品後にサーバのメンテナンスも請

けられるかどうかを1つのチェックポイントにしている。初期開発にはバグがつきものであり、バグ対応が長引けば、それだけ利益率が下がり、結果的には赤字ということにもなりかねないからだ。極端な話、初期開発で利益が出なくても、サーバメンテナンスのほうで毎月しっかりと利益が出るようであれば請けたいし、サーバメンテナンスが受託できないのであれば、初期開発もできれば請けたくないというのが本音である（それでも、顧客に頼まれた場合は請けるのだが）。

だから私は、「農耕型」のビジネスであるサーバビジネスを好んでいるのだ。レンタルサーバの運営会社はとても地味で目立たないのだが、実はかなり安定した収益が得られるビジネスモデルなのである。もちろん、これはやっている本人は教えてくれないし、ここに気づける人もかなり少ないと思う。あなたが現在やっているビジネス、もしくはやろうとしているビジネスがどちらに該当するか、そしてその割合はどの程度になっているか、考えてみてほしい。徐々に「農耕型」へとシフトしていくことで、10年、20年単位での安定的なビジネスモデルを構築していくことができる。

＞ サーバビジネスのビジネスモデル

それでは、なぜ「サーバビジネス」がビジネスモデルとして成り立つのか、そしてどのような形で営業をすれば良いのかを紹介しておこう。

1 なぜこのビジネスが成り立つのか

このビジネスは、顧客のITリテラシーが低ければ低いほど、成立する可能性が高い。

> 現在、あなたの顧客が自社サーバもしくは外部からサーバを借りて運用している場合、「乗り換え」の提案の余地がないかどうか検討してみよう。

ITに詳しい我々の感覚だと、自社のサービスを運用するサーバはなるべく自社で管理したいと思うものだが、ITが苦手な顧客は意外とそうでもない。サーバの新規契約やトラブル対応や定期的に発生するSSL証明書の更新作業など、顧客自身のビジネスとは直接関係のないことに関してはなるべく時間を割きたくないものなのだ。ただし、サーバ内に蓄積されていくデータはとても重要なので、信頼できる人に任せたい。自社で専門の技術者を確保する余裕がない場合は、「顔の見えない外部業者」に委託するよりも、「顔が見えていて信頼のおけるあなた」に依頼したほうが安心できる。後はコストの問題だけだ。現在顧客が外部のサーバを利用している場合、そこよりも「価格は同じでサービ

スレベルは高い」という提案ができれば、顧客としては乗り換えない手はないのだ。

2 収益モデル

> サーバビジネスは２つの収益から成り立って
> いる。１つは「サーバ代の差益」であり、もう
> １つは「運用保守費用」だ。

収益 ① サーバ代の差益

　あなたがサーバ会社からサーバを借りる。そしてあなたが借りたサーバをあなたの顧客に貸し出す。この差額があなたの収益になる。「え、そんなことしてもいいの？」と思うかもしれない。**顧客からしてみれば、とっつきにくい専門用語を使う顔の見えないサーバ業者と直接契約するよりも、顧客にわかりやすい言葉で説明してくれる、顔の見えるあなたに依頼したほうが安心できる。差額というのはその「翻訳代」のようなものだ。**

　物を扱うビジネスの場合は必ず「仕入れ値」と「売り値」があり、その差額が利益となる。この概念をそのままサーバに適用させるだけだ。あなたがやることはただ１つ。

> **鉄則①** サーバ業者からなるべく安くサーバを借りて、
> 顧客には市場価格で提供する。

　世の中にたくさんあるサーバ会社も実は、必ずしも自社でサーバを保有しているのではなく、サーバ会社から借り上げて再販しているだけというケースもあるのだ！　それと同じことをやるだけだ。仕入れとしておすすめなのは『**AWS（Amazon Web Service）**』のようなクラウドサーバだ。管理するために一定の専門スキルが必要となるのでITリテラシーの低い顧客にはハードルが高く、複数年の契約によるディスカウントもできるので、差益を出しやすくなる。さらに１台のサーバに上手に顧客を詰め込むことができればさらに利益率は上がる。

収益 ② 運用保守費用

　「運用保守費用」とは、保険料のようなもので、何か障害が起きた時には対応をするけれども障害が起きなければ何もしない。ただし毎月固定の費用が発生するというもの。これもあなたは「そんなお金の取り方をしてもいいの？」と思うかもしれないが、ほぼすべてのサーバ会社は運用保守サービスのメニューを持っており、このような条件にな

っている。従量制のほうが良心的と思うかもしれないが、大規模なトラブルが発生した場合に従量制だと莫大な費用がかかるかもしれない。「**顧客からしてみれば、毎月の費用が固定で見えていたほうが払いやすい**」のである。最近のサーバのハードウェアはかなり堅牢性が上がっており、ディスク障害のようなハードウェアトラブルはほとんど発生しなくなっているし、クラウドサーバを契約しておけばそもそもハードウェアトラブルが起きても影響はなくなる。この部分はボロ儲けといっても過言ではない。ただし、外部からの侵入などの人的・ソフトウェア的なトラブルが発生する可能性は十分あるので、一定以上の規模のサービスを展開する顧客であれば、運用保守費用を予算に入れておく必要があるのだ。ショッピングサイトのように絶対にダウンしてはいけないシステムや、重要な顧客データを扱うシステムであればまずこの費用はとれると考えて良いだろう。

>  システムは数年にわたって稼働していくため、「運用保守費用」として毎月固定費で契約すると、長期的に見て安定収入になる。

3 営業方法

　営業方法は、新規に稼働するシステムなのか、すでに稼働しているシステムなのかで異なってくる。

営業方法① 新規に稼働するシステムの場合

　あなたが開発契約を結ぶ際にサーバの運用保守についても合わせて提案するだけだ。その時に、参考となるレンタルサーバ会社の価格とサービス内容を見せながら、その会社よりも値段を安くし、サービスレベルを上げればまず契約が取れないことはないだろう。顔の見えないサーバ会社よりも、顔の見えるあなたを採用してくれるはずだ。提案のタイミングは開発契約と同時に提案するのが望ましい。顧客はこのタイミングが最も気持ちが乗っているし、最も財布の紐が緩んでいるからだ。

営業方法② すでに稼働しているシステムの場合

　顧客が利用している既存のサーバについて何らかの不満がないか確認してみる。何らかの問題があれば、それをカバーできるようなサービスメニューを作って提案するだけだ。価格設定は基本は同等以下にするのが望ましいが、既存のサーバが大幅にスペックが不足しているなどの問題があれば、そのことを説明し価格が上がってでも上位のサーバを契約すべきであることを提案しよう。逆に、最初からオーバースペックにするのは、顧客の懐を痛めてしまうので禁物だ。顧客側の立場になって提案できてこそ、長期的な信頼関係を構築でき、こちらも商売になるということをしっかりと頭に入れておこう。

＞あなたにサーバを管理する技術がない場合は？

　仮にあなたにサーバを管理する技術がない場合は、それこそ『@SOHO』などでサーバ技術者を見つけておき、障害が発生した際に対応をお願いできるよう契約をしておくだけだ。彼らは普段は正社員やフリーランスなど本業を持っており、障害が発生した時だけあなたの手伝いをお願いする形だ。その場合の契約は固定費用ではなく、稼働した時間だけ支払うようにする。ただ、先にも述べたように実際には障害というものはほとんど発生しないので、あなたはサーバ技術者に従量制で依頼をしても全く問題ない。また、契約する技術者が1人だと障害発生時に対応できない可能性があるので、2人〜3人と契約を交わしておけば盤石な体制となる。**複数人と契約をしてもあなたに固定費用は発生しない**というのがポイントだ。

＞平城式ビジネスの黄金法則

> 私の考える盤石なビジネスの条件は「売上は安定していて費用は従量制であること」だ。

　サーバビジネスはまさにこの条件を満たしている。サーバをきちんと管理していれば顧客のビジネスが続く限り契約は続くだろうし、費用（主に人件費）は障害時にしか発生しない。この逆のパターンの例を挙げると、「正社員を雇って受託開発を行う」というものだ。この場合、仕事がたくさんあってもほとんどなくても人件費は固定でかかってしまう。つまり景気に左右されやすいということだ。実はほとんどのIT企業がこの構造に陥ってしまっている。あなたはせっかくこの情報を得たのだから、こうならないように注意してほしいと思う。

Point

「農耕型」のビジネスを開拓して、継続的に安定収入を得よう

「農耕型」のビジネスかどうかを見極めるポイントは以下のとおりだ。

- ●少額でも良いので継続的な収入になるか
- ●一度契約が取れたらよっぽどのことがない限り解約されないか
- ●流行に左右されないかどうか
- ●一度の労力で複数回の収入が得られるか

お悩み相談室 ❼

「特定分野の開発経験しかありません。ビジネスをするなら経験ある分野が良いですか?」

ビジネスをスムーズに立ち上げるには、やはり自分の経験を活かすのが近道だ。そしてニーズがあるサービスを立ち上げられれば成功にグッと近づく。では、ニーズの探し方は? それは自分の武器であるITを最も活かせる場所に飛び込むことである。

非労働集約型ビジネスを作るにはプログラミングと言われていますが、年齢が上がるにつれてプログラミングをすることが減ってきています。『@SOHO』などで技術者をアサインしてプログラムを作ってもらうにしても、ご紹介されたビジネスモデルは競合他社が多く新規参入は厳しいので、新たなビジネスを作るとした場合、イメージとしては、金鉱のつるはしを提供するように、第三者がほしいと思うものに対して仕組みを提供(構築)すると言うことでしょうか?

三上英昭さん(50歳)
2005年にシステム・デザイン研究所を起ち上げ、ITエンジニアとして独立開業。10年以上継続している。

そのとおりです。そしてビジネスのネタを探すには、「ビジネスがうまくいっている人」のなかに飛び込んでいって、そういう人たちのニーズに耳を傾けることです。そうすればすぐにでもビジネスになります。ビジネスが得意な人の多くはITが苦手です。ここに我々の出番があります。

今まで経験してきた開発が特定分野のシステム開発だけなので、ご紹介いただいたビジネスモデルでビジネスを構築すると言われてもどうもピンとこないのです。未経験な分野でビジネスを作ってもうまく起ち上がるか心配なので、自分が知っている分野で業務委託としてビジネスを進めるほうがいいですか?

基本はやはりご自身がこれまで経験してきたことをもとにビジネスを組み立てるのが良いと思います。その中に必ずヒントがあります。未経験でもフランチャイズのようにすでにノウハウが確立されていて教育システムが用意されている場合はチャレンジしても良いと思います。

なるほど。例えば最近よく雑誌などでも話題になっている転売ビジネスのような物販ビジネスは、商品を選定して仕入れたり、売れ筋商品をチェックするにも、かなり手作業を要しているという話も聞いています。そのようなビジネスに、ITを活用するようにアプローチしてみるのはどうでしょうか？

もちろんGOODです！ 物販ビジネスをやっている方々のイベントに参加して、そこで皆さんのニーズを探ってみましょう。ITエンジニアの目から見て、いろいろと提案できることが多いと思います。そしてできれば、そのイベントの主宰者にアプローチしてみましょう。ビジネスが得意な人はITが苦手ですし、ITに強い人をどこで探せば良いかも知らないことが多いです。私も何度かビジネスが得意な人に知り合いのITエンジニアを紹介したことがあります。そして物販に役立つツールを一緒に開発してそれをビジネスにすることもできるので、主宰者とのパートナービジネスが成立する可能性も出てきます。私達ITエンジニアは出不精な人が多いですが、気後れせずにどんどん積極的に顔を出してみましょう！

例えば小学校ではプログラミングが必修になるという話もありますので、子供たちにプログラミングを教える人を募って、ITエンジニアからみても優秀な方をプログラミングを教えてほしい親子にご紹介したり、コミュニティーを作り、ビジネスとして立ち上げると言う考えは、方向性としてはどうでしょうか？

もちろんアリだと思います。ただ一番重要なのは、三上さんにとってそれが絶対にやらないといけないビジネスかどうかという点です。『3-6.収入を自分で決めることの意味とは？』（P.98〜101参照）も再度読んでいただきたいのですが、「このビジネスは自分の人生で絶対にやり遂げないといけない」という気持ちになれれば、どのような試練があっても乗り越えることができます。多くの場合、ゲーム・オーバーになる前に自分からゲームをやめてしまいます。逆に言えばやめなければいつかは成功することができます。もしそこまで思えるかどうかわからない場合は、また次のネタを探せば良いと思います。そういったネタにいつ出会えるかは人によってタイミングがあると思いますが、日常生活を送るなかでご自身が「不便だと思うこと」「不満だと思うこと」のなかに「ビジネスの種」が隠されています。

Chapter 8

自社ビジネス専業で長く成功するための意識改革

8-1
お金の稼ぎ方と遣い方の意識改革

8-2
働き方の意識改革

8-3
幸せの尺度の意識改革

収入のスパンを長くしていく

「自分」に投資するのではなく、「自分の事業」に投資せよ!

小金ができた時が要注意

最終的にどのぐらいの規模を目指すのか?

技術から脱却する

自分の弱点を補うビジネスパートナーと組む

事業を加速させる「自分チーム」を作る

「労働集約型」「非労働集約型」のバランスシートを作る

何のためにビジネスをするのかを徹底的に考える

人生に充足感を感じることができる『5 Like Method』とは?

1つ目のLike:好きな時に(=時間の自由)

2つ目のLike:好きな場所で(=場所の自由)

3つ目のLike:好きなことで(=仕事の自由)

4つ目のLike:好きな人と(=仲間の自由)

5つ目のLike:好きな人に(=顧客の自由)

お金の稼ぎ方と遣い方の意識改革

会社員時代と独立起業後で大きく異なる点の1つは、「お金の稼ぎ方と遣い方」である。独立起業後は、どのような稼ぎ方に変えていき、稼いだお金をどのように遣っていく意識が必要だろうか。

質問＆回答サポートページ ☞ http://super-engineer.com/support/book1/8-1

＞収入のスパンを長くしていく

会社員時代の収入源は、会社から支給される「給料」となる。給料が支給されるのは基本的に月1回であり、これに加え年に1回もしくは2回程度のボーナスが出るぐらいだろうか。あなたは手にした給料の範囲で生活をしなければならない。日々の生活費を支払い、少しばかりの贅沢をすれば、ほとんど手元に残らないのではないだろうか？『3-1.我々は、「安定的に」搾取されている!?』（P.78～81参照）で書いたとおり、会社員はどれだけ頑張って成果を上げても、もらえる給料には上限がある。

より大きな収入を得たいと思うのであれば、毎月もらえる目先の給料ではなく、もっと長いスパンで収入を築くことを考える必要がある。例えば、事業はスタートした時点からいきなり儲かるのではなく、最初は我慢が続いて徐々に軌道に乗っていき、ある段階でブレイクしたり、急成長することがある。自分が事業のオーナーであれば、1年目、2年目はほとんど給料を取ることができないかもしれない。ところが、この「種まき」の時期がとても重要で、初期の取り組みをきちんと行い、なおかつそれを継続することができれば、後々に実を結んで大きな収入を得ることができるようになる。収入を得るスパンを長く考えることができる人ほど、大きな収入を得ることができるということだ。

例えば、特殊な場合を除いて、一般的には時給で働くアルバイトやパートよりも日雇いのほうが割が良く、日雇いよりも月給で働いている正社員のほうが割が良い。会社の経営者も役員報酬は便宜上、毎月取ることになっているが、頭のなかでは月単位ではなく年単位で自分の収入を考えている。経営者のなかでも、スケールが大きくなってくると1年、2年ではなく5年、10年単位で収入のスパンを考えるようになる。

つまり、今の会社員の給料以上の大きな収入を得たいと思うならば、目先の収入にとらわれてはいけないということだ。私は1人で『@SOHO』を立ち上げて2年で会員数が2万人になり、13年が経過した今では会員数は26万人になった。採算が合うようになったと感じたのは3年目ぐらいからだろうか。立ち上げ当初から地道なSEOを続けていき、4年が経過した頃、当初狙っていた「SOHO」というキーワードで検索エンジンの1位を

獲得することができた。それ以降は全く対策をしていないが、13年が経過した今でも、1位を継続することができている。広告宣伝費をかけなくても自然と集客できる仕組みができているのだ。これはやはり私が長期的な視点で事業を育てようとしていたからで、「半年、1年やって結果が出なければやめてしまおう」というスタンスであれば到底実現できなかっただろう。長期的な視点は独立起業する場合だけでなく、一生涯会社員をやるにせよ、会社員をやりながら副業を育てるにせよ重要なのだと思う。

▶「自分」に投資するのではなく、「自分の事業」に投資せよ！

世の中は自己啓発ブームであり、「結果を出すためには自己投資が必要だ」という声が多い。会社員時代は特に、何らかの資格を取得すると基本給が上がったり、報奨金がもらえたりするため、自分に投資をするという考えに支配されやすい。ところがどうだろうか？　**自分に投資をするということは、お金を払って何かを得る**ということだ。

> **重要**
>
> ただでさえ少ない資金を有効に活用するためには、自己投資にお金を多く遣うよりも、自分の事業にお金を多く遣うほうが、結果を出すのが早くなるということだ。

> 自分がお金をいただけるようになるには、
> 先に自分が何かを提供する必要がある。

例えば、今あなたの手元に100万円があり、あなたがインターネット上のビジネスで成功したいと考えているならば、その100万円を『インターネットビジネスの成功ノウハウを教えてくれる塾』の受講費用に遣うのではなく、自分の事業の広告宣伝費にでも投下したほうが遥かに良い遣い方だ。成功ノウハウを知った時点では、まだあなたは事業活動を行っていないので1円も稼いでいないことになるが、1歩でも事業をスタートさせ、そこに資金を投下すれば少ないながらもリターンが得られる可能性があるからだ。

自己投資をことさらに推奨する人達は、実は自分自身が講座を運営していることが多い。「成功するためには自己投資が必要不可欠だ」と刷り込むことによって、自分の講座への入会率を高めようとしているのだ。人に何かを教えるビジネス以外の事業を行っている起業家達は、それほど自己投資の重要性をうたうことはない。実際に私はこれまでに多くの成功者に出会ってきたが、彼らの過去と照らし合わせても、「自己投資をした額

と結果は比例しているわけではない」ということがよくわかる。逆に結果を出すのが早い人、大きな結果を出している人は、自分の身銭を切りながら事業を展開している。

▶ 小金ができた時が要注意

　副業や独立起業をして事業が軌道に乗り、お金に余裕が出てくると、ついお金の遣い方が甘くなってしまう。手元にまとまった現金があると、人は何かに遣ったり、運用したくなるものだ。暴飲暴食をしたり、ブランド物で身を固めるようになったり、高級車を乗り回すようになったり、本業とは関連性のない事業に手を出してみたり、リスクの高い投資商品を購入したりといった行動に走る。同じ調子で淡々と頑張っていればいいのに、人の行動とは不思議なもので、一度苦労して作り上げた状況を壊す方向に向かいがちなのだ。私の周囲のインターネットビジネスを手がけている起業家達の多くは、一度ビジネスで作ったお金を別の事業や投資で失い、また再び自分が一番得意なビジネスに戻って再起を図っているケースが少なくない。

　ビジネスはずっと右肩上がりに成長していくわけではなく、やはり浮き沈みがあるものなので、調子が良い時ほど、さらに気を引き締めるといった気構えが必要だし、そのスタンスを継続できる人がやはり長く生き残っている。

▶ 最終的にどのぐらいの規模を目指すのか？

　誰しも経済的に豊かになりたいと思う気持ちはあると思うが、ではどのぐらい豊かになりたいのか？というと、明確に定義できている人は少ないのではないだろうか？

> 年収はどのぐらいほしいのか？
> どのぐらいの売上規模の事業を行いたいのか？
> 社員が何人ぐらいの会社にしたいのか？
> 株式上場を果たしたいのか？

　2000年頃のインターネット・バブルの時代には、多くのIT起業家たちは口を揃えて「目標は3年以内にマザーズに上場することです！」と言っていたものだ。私よりも4年ぐらい歳上の起業家達が中心となって活躍していたが、今でも大活躍している人もいれば、消えてしまって名前すら聞かない人も多い。当時、インターネットの寵児としてもてはやされ、私も憧れていた人の名前を聞かなくなるのは寂しいものだが、あれから15年以上経過した今の時代は価値観が多様化し、何を達成すれば金銭面で成功したと言えるのかの統一的な基準はなくなったといっても良いのではないだろうか。

　会社員という「囚われの身」の時代よりも多く稼ぐことができていれば、ひとまず金

銭的には成功したと自分に合格点をあげても良いのではないだろうか。後はどのぐらいの規模を目指すかで、自分が投下する「奉仕」や「犠牲」の度合いが変わってくる。この点を考えずに上ばかりを見ていると、思わぬ落とし穴にはまってしまい、「こんなはずじゃなかった」ということになりかねない。

私は29歳で2度目の独立起業をして3年が経過した頃から、自分よりも大成功している人達と交流する機会が増えた。成功者と会うと刺激を受けるし、「自分ももっと大きなことがしたい！」と影響を受けるものだが、お付き合いをしながら彼らの人生を横目で見てきて、「1年で10億稼いで次の1年で20億の損失を出し、さらにその次の年に30億稼いで復活！」といったジェットコースターのような浮き沈みを経験していたり、家族を犠牲にしていたり、離婚していたり、法律すれすれのことをやっていたりと、お金があるかどうかと、心穏やかに生きていけるかどうかは必ずしも連動していないということを強く感じた。物事には必ず光の部分と影の部分があり、追い求める光が強くなればなるほど、その代償としての影の部分も強くなっていく。光に憧れ、その部分だけを見て進んでいくと、いずれ影の部分に直面した時に耐えきれなくなって倒れてしまう可能性があるだろう。

そうならないようにするためには、成功者には憧れても成功者の真似はせず、あくまでも自分の尺度で目指す位置を決めれば良いし、またそういう決断をして良い時代になってきていると思う。**年収300万円であっても、年収1億円であっても、自分が幸せを感じていられればそれで良い**と思うし、逆に本来年収300万円ぐらいが自分にとって心地良い人が、年収1億円を目指そうとするととても苦痛に感じるのではないだろうか？

また、年収の上下で人の価値が決まるわけではないとも思うので、本書をお読みのあなたには、様々な人と交流するなかで、自分の尺度を明確にしていってほしい。自分でいくら稼いで、そしてそのお金をどのように遣うのか？　本来は稼ぎ方も遣い方も自由なはず。子供の頃に白い画用紙に描いた夢のように、あなただけの稼ぎ方と遣い方を定義してみてはいかがだろうか？

Point

自分の稼ぎ方と遣い方を定義し、目指す方向を決めよう

最初は少ない収入でも、長い目で見て収入のスパンを長くしていく稼ぎ方に変えていこう。せっかく稼いだお金を自己投資にばかり遣っていてもお金を稼げるようにはならない。稼いだお金は自分の事業に投資し、なるべく早くサービスを提供する側の立場になることが重要である。そして、最終的にどのくらいの規模を目指すのかも検討しよう。

8-2 働き方の意識改革

我々ITエンジニアは手に職がある反面、技術力を高めることばかりに注力しがちだ。技術者としてはそれで良いだろうが、ビジネスで成功したいと思うのであれば技術に囚われていてはいけない。その理由を説明しよう。

質問＆回答サポートページ ☞ http://super-engineer.com/support/book1/8-2

▶ 技術から脱却する

　異業種の方からは我々ITエンジニアは「手に職」があるから比較的独立起業しやすいと思われている。確かにそういう側面もあるのだが、逆に技術を磨くことに囚われすぎてしまい、労働集約型のビジネスから脱却できないエンジニアが多い。せっかく独立起業をしてもただ単に企業に常駐しているだけでは、契約形態が変わっただけで会社員とあまり状況は変わっていないように感じられるのではないだろうか。実は私の技術レベルは、アクセンチュアに入った26歳の頃から止まったままである。もともとアクセンチュアに入った目的は、SAPなどのERPパッケージを使う大企業の基幹システムを手がけてみたかったからだったのだが、その希望とは裏腹に、官公庁の『Lotus Notes』というレガシーシステムの運用保守を行うプロジェクトにアサインされてしまった。最初はとても嫌だったのだが、これが功を奏した。私は新しい技術を吸収することができない環境に強制的に身をおかされたことで、ビジネスにおいて技術よりも大事なことを学ぶことができたからである。私が社会に出て最初に入った会社はITエンジニアしかいない会社だったので、役職が上がるにつれ、上司の技術的な知識や経験が上がっていったものだ。「○年選手」という言葉があるように、年齢を重ねただけの「重み」のようなものがあった。ところがアクセンチュアには、ITコンサルタントとITエンジニアという2つの職種が存在し、ITエンジニアのほうがITコンサルタントよりも技術力は勝っているのに、ビジネスの上流はITコンサルタントが手がけ、給与体系も高いという「逆転現象」が起きていた。3年選手のITコンサルタントが、5年選手、10年選手のITエンジニアを束ねてプロジェクトを回すというようなことが当たり前のように行われていたのだ。私は最初この光景に違和感を感じていたが、ITコンサルタントの人達と関わっていくうちに腑に落ちるようになっていった。**ビジネスの上流においては技術力よりも問題解決能力や顧客対応能力のほうが重要になってくる**ということだ。この点が理解できたので、私は29歳で2度目の独立起業を果たした後、常にビジネス的な視点を持ち事業を継続していくことができた。

　よく考えれば、技術を高め続けるということは技術に固執することであり、技術に固執してしまうと自分の技術をお金に変える発想に囚われてしまい、労働集約的な働き方から脱却できないことになる。**自分に技術がなければ、身につけるよりも持っている人から借りてきたほうが早い**。技術は最終目的ではなく手段。この視点に立てるかどうかが、エンジニアからビジネスマンに躍進できるかどうかの鍵となる。そういえば私は、大学時代に就職活動をしていた時は第一志望は商社マンになりたくて当時の5大商社にすべて応募して落ちたから消去法でIT業界に入り、身につけておいて損はないだろうからということで消去法的にITエンジニアからキャリアをスタートしたことを思い出した。

▶ 自分の弱点を補うビジネスパートナーと組む

　我々ITエンジニアは普段ビジネスの最前線ではなく、どちらかといえば裏方で仕事をしている。ということは、ビジネスに疎いということだ。よくあるスタートアップの交流会に参加しても同じITエンジニアやIT業界の者同士でコラボレーションしても、爆発的なヒットサービスは生まれにくい。**むしろITは苦手でもビジネスに精通している人、ビジネスの最前線で活躍している人と組むほうが、ビジネスはうまくいく**。ビジネスは得意だけどITが苦手なビジネスマンと、ビジネスは苦手だけどITが得意なエンジニアは、お互いに弱点を補うことができ、相乗効果を発揮しやすいからだ。私の例でいうと、24歳で開発した処女作のショッピングカートのレンタルシステムは、もともとネットショップを運営していた方とパートナーシップを組み、その方からユーザの立場としての意見を徹底的に吸い上げることができたので、使い勝手の良い、痒いところに手が届くシステムを作ることができた。また27歳で開発した『@SOHO』の場合は、当初はデザインも含めて私がすべて作っていたが、当初運営に参画していた初期メンバーがデザイン案を作ってくれ、そのデザインを採用したところ会員登録数やアクセス数が目に見えて上がった。また、立ち上げ後2年が経過した頃に、プロのデザイナーさんにデザインを作ってもらい再度リニューアルを行ったがそれでさらに会員登録数やアクセス数が上がっていった。**私がこれまで運営してきたサービスがブレイクしたタイミングの背景には、「自分以外の人の意見を取り入れた」という共通点があった**。もちろん、普段は自分の意見でどんどん突き進む必要があると思うが、やはり自分には見えていない盲点が必ずあるので、周囲の意見を聞く耳を持つこと、意見をもらえる仲間を持つことが重要だ。

▶ 事業を加速させる「自分チーム」を作る

　私は法人をいくつか運営しているが、特に固定の社員は雇っていない。起業当初から『@SOHO』を運営していたこともあり、外注パートナーは何人でも開拓することができたし、運営する事業単位でプロジェクトを構成し、そこにチームメンバーとして参画し

てもらい、あらかじめ取り決めた条件によって支払いをするようにしている。支払い方法は月額で固定の場合もあれば、働いた時間に応じてという場合もある。

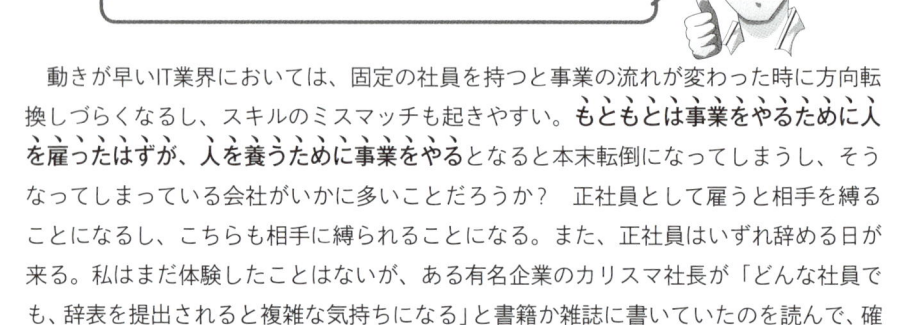

「必要な時に、必要な人の力を必要なだけ借りることができる」ということだ。

　動きが早いIT業界においては、固定の社員を持つと事業の流れが変わった時に方向転換しづらくなるし、スキルのミスマッチも起きやすい。**もともとは事業をやるために人を雇ったはずが、人を養うために事業をやる**となると本末転倒になってしまうし、そうなってしまっている会社がいかに多いことだろうか？　正社員として雇うと相手を縛ることになるし、こちらも相手に縛られることになる。また、正社員はいずれ辞める日が来る。私はまだ体験したことはないが、ある有名企業のカリスマ社長が「どんな社員でも、辞表を提出されると複雑な気持ちになる」と書籍か雑誌に書いていたのを読んで、確かにそうだろうなと思ったものだ。

　一方、**「自分チーム」には退社という概念がない**。メンバーはあらかじめ取り決めた条件に従って仕事をしている限り仕事の掛け持ちはどんどんできるし、働く時間や場所の規定もない。私は日本国内だけでなく海外に長期滞在していてもビジネスが成立する『海外ノマドスタイル』を確立しているが、私のプロジェクトを手伝ってくれているメンバーもノマドスタイルで仕事をしている。昼間は会社員をしているエンジニア、派遣契約で企業に常駐しているエンジニア、完全に独立しているプログラマ、主婦の方など、様々なバックグラウンドのメンバーが、自分の空いた時間を使って私のプロジェクトを手伝ってくれている。『@SOHO』の運営を手伝って下さっている主婦の方などは、10年前に採用面接をした時と、その後セミナーの受付を手伝っていただいた時以来、一度もお会いしていないが、今でも仕事をお願いしていて、取引が続いている。

▶ 「労働集約型」「非労働集約型」のバランスシートを作る

　独立起業しても「貧乏暇なし」では意味がない。お金は稼げても自由になる時間がなかったり、健康を害するようなストレスがあっては意味がない。そのためには、「自分のスキルを磨いて、自分の体を使って仕事をする」という考え方から脱却する必要がある。では、自分の体以外のものを使ってどうやって稼ぐのか？　答えは「**自分の代わりに稼いでくれる仕組みを構築すれば良い**」ということになる。何に稼いでもらうかというところなのだが、昔ながらのやり方であれば、「会社組織化して規模を拡大する」となるのだが、これは時流や外部環境が整っている時は良いが、そうでない場合はたちまち経営

不振に陥り、倒産を免れなくなるだろう。

しかし、今はインターネットの時代。インターネットのメリットを最大限活用して稼ぐ方法が2つある。

非労働集約型で稼ぐ方法

方法 1 ITエンジニアならではの「システムに稼いでもらう方法」

方法 2 Facebook、ブログ、メールマガジン等の個人メディアを使って「コンテンツに稼いでもらう方法」

「コンテンツに稼いでもらう方法」は、誌面に限りがあるので本書では詳しく説明することができないが、自分が持っている知識や経験を「付加価値のある情報」に整えてインターネット上で公開するということだ。このようなノウハウは多くの方が発信しているが、そういうものに振り回されるのではなく、あなたがやるべきことは、日々の自分の作業が労働集約型の仕事につながっているのか、非労働集約型につながっているのか、ということを意識することだ。『付録："平城式"売上台帳』(P.250〜253参照) にも記載しているとおり、毎月の売上を「労働集約型」と「非労働集約型」に分類し、非労働集約型の割合が増えるように変えていこう。会社員からの給料は当然、全額労働集約型となる。まずは副業で時間単価ではない仕事を少しずつ開拓していこう。

大事なのはノウハウではなくスタンスである。「非労働集約型のビジネスの割合を増やす」という意識を常に持っておくことで、時間はかかっても確実にその方向に進んでいくことができる。私自身、この状況を作り上げるために5年以上の年月を費やしたのだから。もちろん、いくら非労働集約型のビジネスだからといっても、そのビジネスを創る段階においては、大きな時間と労力を費やす必要がある。最初のうちは見返りが少ないがめげてはいけない。時間単価に換算すると、コンビニのアルバイト以下になるかもしれない。しかし、このバランスシートをしっかりと見据え、ブレることなくしっかりと基礎を作っていけば、時間の経過と共に結果がついてくることになる。あなたの代わりにシステムやコンテンツがお金を稼いでくれることになる。そしてこれらのものはあなたにお金をもたらしてくれる「金の卵」となるのだ。

Point

技術を持ちつつも技術から脱却できれば、新境地が開ける

技術から脱却し、ビジネスが得意なパートナーと組むこと。そして、「自分チーム」を結成して、非労働集約型のビジネスを加速していこう。

幸せの尺度の意識改革

「人は生まれながらにして幸せを追究する権利を持っている」とは憲法にも記載されているが、そもそも幸せとは何だろうか？ 人生を全うすることを考える時に、自分にとっての幸せの定義も明確にしておく必要がある。

質問＆回答サポートページ ☞ http://super-engineer.com/support/book1/8-3

＞ 何のためにビジネスをするのかを徹底的に考える

　私の持論の1つに、「**自分が生きた証は、自分がいた世界となかった世界の差分である**」というものがある。誰でも一度は、「自分の存在意義」について考えたことがあるだろう。自分は何のために生まれてきたのか？ 自分は世の中に何ができるのか？ 自分の快楽だけを追求する人生は、一時的には楽しく思えても、人生の終盤にかかった時に後悔するのではないだろうか。

　「あの人がいたからこそ、世の中はこんなに良くなった」と賞賛され、そして少しでも自分の名前を歴史に刻むことができれば、どれほどに自分が生きた価値を感じられるだろうか。私は時々、「自分が生まれてこなかった世界」を想像してみる。自分が生まれていなかったら、『@SOHO』は生まれてこなかった。『@SOHO』がなかったら世の中はどうなっていただろうか？と。もちろん、私がやらなくても、誰かが類似のサービスをやっていただろうし、現実にも類似のサービスはたくさんある。ただ、世の中の流れは「企業と個人が直接つながる」「リモートワーク」という流れになっているし、その流れに少しでも寄与できたことは、お金を得られたこと以上に自分の人生に意義を感じている。

　私は2011年ぐらいから『Facebook』やブログやメールマガジンで情報発信をするようになったのだが、それから、「『@SOHO』のおかげで独立できました」「『@SOHO』のおかげで良い方とつながることができました」といった声を幾度となくいただいた。自分が作ったプログラムによって人の人生を変えていくことができている。まさに私が20代前半の頃に志した「ITの力を使って世の中を変える」ということを少し実現できてきたのではないかと感じている。

　『4-4.「マネーファースト」という考え方』（P.122〜125参照）で、「お金にならないことはやらない」という考え方を解説したが、だからといって「ただ単に儲かるだけのビジネス」はやりたくないと思っている。「**自分のビジネスを通して世の中にどのように貢献できるか？**」「**自分と自分の家族がどのように幸せになれるか？**」という点を常に考え、誰からも搾取することのない、自分のビジネスに関わる人全員がハッピーになれるよう

な仕組みを作ること。これが私が今まで目指してきたことであり、そしてこれからも実践していきたいことだ。

　私にしてみれば、ビジネスのネタは至るところに転がっている。今や世の中はITなしでは成り立たなくなっている。そして、IT化が進んでいない部分もたくさんある。我々ITエンジニアはコンピュータやインターネットという、電子の世界でものづくりができる能力を持っている。**世界にはまだまだ課題がたくさんあり、その課題のうち、IT化によって解決できること。これらのすべてが、我々ITエンジニアの使命なのだ。**

　プログラミング言語を習得する際に真っ先に出て来る「Hello World!」という言葉を画面に出力する課題に象徴されるように、我々はいつでも一瞬にしてインターネットを経由して世界にアクセスできる能力を持っている。まるでドラえもんのどこでもドアのように。地球の反対側にだって、一瞬で行くことができるのだ。つまり可能性は無限大ということだ。我々は世界を変える能力を持っているのに、まだまだその能力の1％も使い切っていない。世界中を見渡してみても、日本ほど教育環境に恵まれ、1人1台以上パソコンを持ち、どこにいてもインターネットに接続できる環境があり、利他的な国民性を持ち、安くて美味しい食事ができる国はないと思う。IT業界で会社員をやっていると日々の過酷な業務に忙殺され、目の前のことにしか頭が回らなくなりがちかもしれないが、我々の力を必要としている人々は、世界中にたくさんいる。私もそうだったが、たまたまITという業界に縁があり、ITという「世間から見たら特殊能力」を身につけてしまったからには、ぜひこれを活かして世の中を良くしていこうではないか。

＞ 人生に充足感を感じることができる『5 Like Method』とは？

　私はバブル世代ではないし、また2000年頃のインターネット・バブルもギリギリ経験していない。それもあってか、従来の成功者達が持つ「莫大なお金を稼ぎ、湯水のようにお金を使う」というライフスタイルにはもともとピンと来ないものがあった。ただ、資本主義社会で生きていく以上は、やはり「お金は権力」という側面があり、持つ者と持たざる者の差は歴然としていて、その差は拡大していっているように思える。私もこの流れに影響を受けてか、かつては「お金はあればあるほどやはり幸せなのではないか？」と思っていたこともあったが、自分自身が金銭的に豊かになっていくにつれ、また自分よりも経済的に成功している人たちとの交流を通して、**「いくらお金があっても、誰かを不幸にする人生は意味がない」**とはっきりと思えるようになった。いくらお金があっても、家族を不幸にしていたり、社員を不幸せにしていたり、顧客から搾取していたり、法を犯していたりするようなところがあると、その人には魅力を感じない。自分はこうはなりたくないと思った。

　スポーツには絶対に守らなければならない「ルール」がある。そしてルールを守って

正々堂々と死闘を繰り広げたドラマがあり、負けた相手を労る心、自分を律する精神がそこにはある。だから人として美しく、スポーツにおける勝者は誰からも賞賛されるのではないだろうか。**私はビジネスにおいてもルールを守り、正々堂々と戦い、勝利を収め、敗者がいれば労り、誰も不幸せにしない、そういうビジネスマンでありたいと思う。**

「お金がすべてではない」という言葉があるが、ではお金以外の何を目標にすれば良いかという指標が明確に定義されているかというと、そうではないように思う。私は社会人デビューをしてから初期段階では経済的な成功を目指しながらも、自分の心の動きを注意深く観察し、既存の価値観や他人の目は気にせず、自分が幸せだと思えることを大事にしてきた。このような生き方をしていくなかで、私のなかにお金以外の明確な指標が生まれていった。それを体系化したものがこの『5 Like Method』だ。

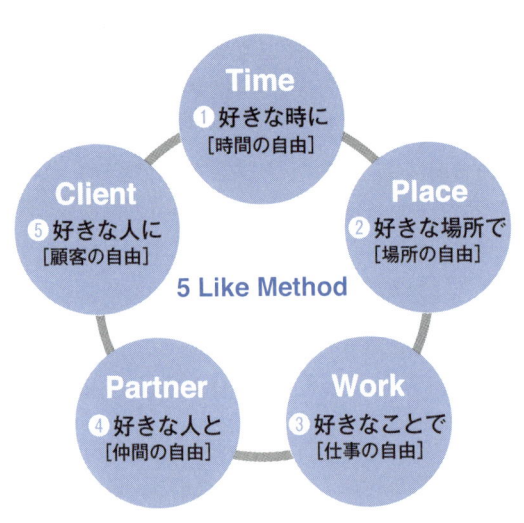

[時間の自由]
- **1つ目のLike：好きな時に**
⇒自分が好きな時に仕事ができる

[場所の自由]
- **2つ目のLike：好きな場所で**
⇒オフィスでもカフェでもホテルでも、日本でも海外でも、自分が好きな場所で仕事ができる

[仕事の自由]
- **3つ目のLike：好きなことで**
⇒自分の興味・関心のあること、得意なことでお金を得ることができる

[仲間の自由]
- **4つ目のLike：好きな人と**
⇒自分と価値観の合う人と一緒に仕事ができる

[顧客の自由]
- **5つ目のLike：好きな人に**
⇒自分と価値観の合う人にサービスを提供できる

私は日々の自分の活動が、**この5つの指標のどれかが拡大していると感じる時に幸せを感じ、どれかが縮小していると不幸せを感じる**ということがわかった。例えば今よりもたくさんのお金が得られるとしても、時間と場所の自由がそこなわれるということであれば、その道は選択しないということだ。私は独立起業直後は、このなかのどれも実現できていなかった。取引先に常駐する形ではないビジネスを構築していったことで「①**時間の自由**」と「②**場所の自由**」を獲得することができ、『Facebook』やブログやメールマガジンで情報発信をするようになったことでプログラミングだけでなく様々な好きなことを仕事にできるようになり、「③**仕事の自由**」を獲得することができた。そしてフレキシブルな『ノマド式経営』を実践していったことで地理的な要因にとらわれずに価値観の合う人と一緒に仕事ができるようになり、「④**仲間の自由**」を獲得することがで

きた。そしてB２B中心からB２C中心へのビジネスの転換を図ったことにより、「⑤顧客の
自由」を獲得することができた。どれも一度に実現することができたわけではなく、10
年という歳月を通して常に「自分にとっての幸せとは何か？」と自問自答し水滴が岩を
穿つかのような努力を重ねていった結果、この５つを実現することができた。そしてこ
の５つが実現できていると日々の生活に一切のストレスや悩みがなくなるということが
わかったのだ！

　今の私の日々は「好き」に満ち溢れている。朝目が覚めてから夜眠りにつくまで、頭
の中は「やりたいこと」でいっぱいであり、毎日がワクワクしてたまらない。まるで子
供の頃に戻ったかのようだ。私がもしお金を稼ぐことを最優先にした人生を送っていた
ら絶対に味わうことができなかった充足感だと思う。会社員時代には「アーリーリタイ
ヤ」という言葉に憧れたものだが、アーリーリタイヤとは私にとっては南の島で何もせ
ずにただのんびりと悠々自適な生活を送るのではなく、この５つのLikeを実現し、どん
どん拡大していくことだということを見出すことができた。一般的に老後にリタイヤし
た諸先輩方も、何もすることがない人はどんどん老けていくが「やりたいこと」を持っ
ている人は生き生きとして若々しい。「やりたいこと」だけをやっていてお金が得られる
のであれば、もはやそれは「お金のために働いているのではない」ということであり、リ
タイヤしているのと同じようなものではないだろうか？

　実は私がITエンジニアの独立起業術を指南したメールマガジン『スーパーエンジニア
養成講座』をスタートした33歳の頃は、まだこの結論には至っていなかった。当時は業
界的に言われている「35歳定年説の35歳までに徹底的に稼ぎ、40歳までにアーリーリタ
イヤを実現する」というメッセージを掲げていたのだが、アーリーリタイヤの定義から
再構築することができたので、このタイミングで本書を出す機会をいただくことができ
て、本当に良かったと思う。

Point

何のためにビジネスをするのか？ 幸せの定義を明確にしよう

ただ儲かるだけのビジネスでは、やりがいを感じられなくなっていく。自分のビジネ
スに関わる人すべてを幸せにするサービスを考えていこう。我々ITエンジニアは、IT
の力を使って世の中をより良く変える仕組を創り出すことができるのだから。

- 自社ビジネスを起こして自分でサービスを創り出すことの魅力とは
  ①自分でルールを決めることができる　②誰からも束縛を受けない
  ③自分のサービスに関わる人すべてを幸せにすることができる
- 『5 Like Method』を実現すれば人生に充足感を感じることができる

お悩み相談室❽

「非労働集約型ビジネスが軌道に乗るまでモチベーションを継続させるコツは何ですか?」

長く成功するためにはお金の稼ぎ方や遣い方から働き方に至るまでの意識改革が必要である。中でも重要なのが幸せの尺度の意識改革だ。自分にとっての幸せを定義することによって人生の目的や使命が明確になり、ビジネスを長く続けることができる。

独立起業した場合、会社員の月収を超える額を手にすることも可能なので、そのお金を原資にして「自分の事業」を行う場合、「非労働集約型ビジネス」に投資するのが良いのはわかりますが、「システムを作る」「コンテンツを提供する」のどちらを選択しても、投資効果が得られるまでそれなりの時間を要するので、どうしても「労働集約型ビジネス」に依存しそうです。また、モチベーションも低下するリスクがあると思います。「非労働集約型ビジネス」が軌道に乗るまで継続させるコツはありますか?

三上英昭さん(50歳)
2005年にシステム・デザイン研究所を起ち上げ、ITエンジニアとして独立開業。10年以上継続している。

そのビジネスを「お金を得るための手段」としか考えられないと、挫折してしまう可能性が高いと思います。人生を通してやりぬくぐらいの「使命感」を持てるビジネスであれば、たとえ時間がかかっても長く続けられると思います。私も『@SOHO』を立ち上げたのはお金よりも使命感のほうが強かったです。

「非労働集約型ビジネス」とは、どれだけ自分がそのビジネスに対して「使命感」を持てるかと言うのがポイントなのですね。例えば「非労働集約型ビジネス」として実際に進めるにあたって、いきなり「使命感」と言うような姿勢で身構えるのではなく、少しずつ進めながら軌道修正する方法でも良いですか?

非労働集約型だから使命感が必要というわけではありません。ビジネスとは「お金を稼ぐ行為」ですから、本質的にはそこに使命感はあってもなくても良いのです。稼げるからというだけで使命感を持たずにそのビジネスをやっている人もいます。でも軌道に乗るまでに時間がかかる場合、お金以外の何らかのやりがいが必要になります。私はそれが使命感だと思っています。

独立起業をすると、どうしても「アーリーリタイヤ」と言う将来像に憧れを持つと思います。それでは幸せを得ることは難しいというお話ですが、ネットビジネス等を実施されている人達がよく使う言葉はやはり「アーリーリタイヤ」です。そのような提言をされている方々は、実はつまらない人生を過ごしているということでしょうか？

「リタイヤ」という言葉は本来は「仕事を何もしないこと」だと思いますので、ネットビジネスの人たちが言っているのは正確には「セミリタイア」だと思います。つまり完全に仕事をやめるのではなく、時間にゆとりを持ちながら少しだけ働くというスタイルです。仕事が減ればつまらないかということではなく、音楽などの芸術活動をしたり、冒険家になる人もいます。私の海外ノマドもそのようなものです。仕事で結果を残せる人というのは何事にも意欲が旺盛なので、実はリタイヤには一番向いていないと思います（苦笑）。たとえ仕事の時間が減ったとしても必ず別の何かをやっていると思います。本当に何もしなくなると人は老化が早くなり、人生に目的がなくなると早く亡くなる傾向があるようです。私はやはり、リタイヤしてのんびりするよりは、常に社会に貢献できることをして自分の存在価値を感じていたいと思うタイプだということを、海外ノマド生活中に気づくことができました。

確かに仕事で結果を残したいタイプの人には「セミリタイヤ」と言うのは向いていないですよね（笑）。私もどちらというと平城さんのようなタイプになりますので、自分が持てる力を使って社会に貢献するスタイルが向いていそうです。毎日何もすることがなく、日がな一日ボーっとしていてもボケてしまいますから、これからもアクティブに行きたいですよね。

そうですね。実際に私が体験して驚いたことは、自分が好きなことが仕事になり、自分の仕事で喜んでくれる人が増えてくると、もはや仕事という感覚ではなくなります。会社員時代は仕事というと「きつい」「嫌だ」というイメージがあると思いますが、やればやるほど楽しくなり、やりがいが増幅していく感覚です。遊びとも感覚が違います。これが自己実現の領域ということなのかもしれません。私は現在、自己実現できる人を1人でも多く増やしたいという使命感を持って活動しています。

付録　"平城式" 売上台帳（フォーマット）

ダウンロード先URL http://super-engineer.com/support/book1/uriage

質問＆回答サポートページ ☞ http://super-engineer.com/support/book1/uriage

＞ "平城式" 売上台帳の使い方

　本書をご購読いただいたあなたのために、特別付録として、私が独立起業当初からつけていた「売上台帳」のフォーマットを提供しよう。上記のダウンロード先URLから入手してほしい。これを見れば、私がいくらぐらいの単価でどのような仕事を請け、売上を積み上げていったかがわかるので、独立起業後のイメージをつかみやすいと思う。

point ❶ シート構成

　シートは「売上管理」と「月別売上」の2つに別れている。「売上管理」シートには、売上の明細をつけていき、「月別売上」シートは月単位の売上を自動的に集計できるようになっている。

売上管理シート

◆「売上管理」シートの説明

「売上管理」シートには、下記の項目ごとに列を作成し、売上の明細をつけていく。

- クライアント名......クライアント名を入力
- 案件名 ....案件名を入力
- 労働型 ....労働型／非労働型の種別を入力
- 納期......................案件の納期を入力
- 売上......................受注金額を入力
- 外注......................外注パートナーにお願いする場合、費用を入力
- 粗利......................（売上）−（外注）の値が自動入力される
- 粗利率 ....（粗利）÷（売上）の値が自動入力される
- 支払予定...............支払予定年月を入力
- 支払日 ....実際に支払いがあった日を入力
- 支払......................実際に支払があったら○を入力

月別売上シート

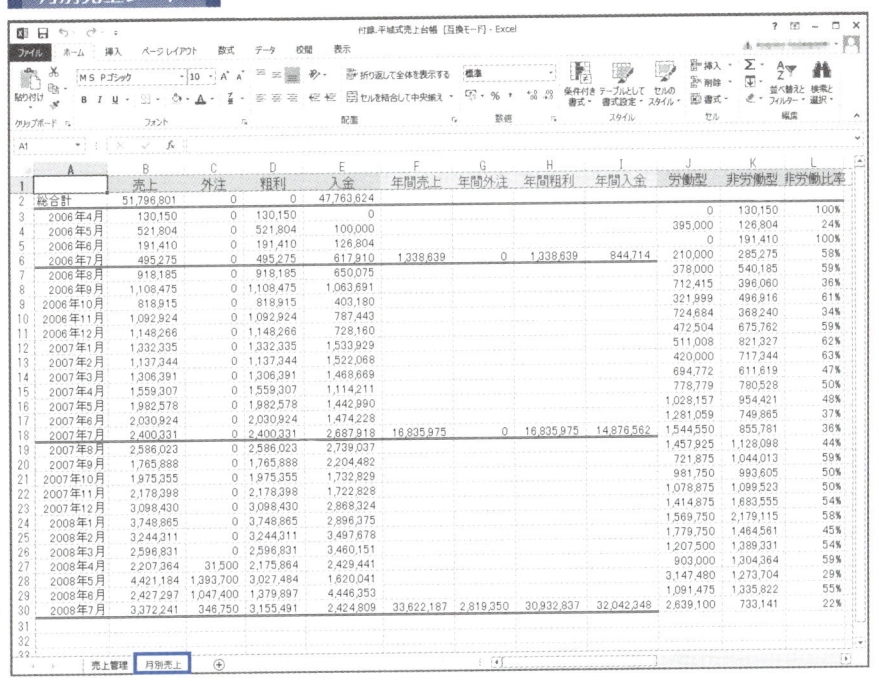

「月別売上」シートは月単位の売上を自動的に集計できるようになっている。

- ●売上................月単位の売上が自動集計される
- ●外注................月単位の外注費用が自動集計される
- ●粗利................月単位の粗利が自動集計される
- ●入金................月単位の入金額が自動入力される。売上が発生した月と入金月は異なるので、実入金ベースの数字を把握しておく必要がある。
- ●年間売上.........会社の事業年度単位での売上が自動集計される
- ●年間外注.........会社の事業年度単位での外注費用が自動計算される
- ●年間粗利.........会社の事業年度単位での粗利が自動計算される
- ●年間入金.........会社の事業年度単位での入金額が自動計算される
- ●労働型............売上のうち「労働型」と入力したものが自動集計される
- ●非労働型.........売上のうち「非労働型」と入力したものが自動集計される
- ●非労働比率......売上全体のうち、非労働型の売上の割合が自動計算される

point 2 実際の使い方

まず顧客からの受注が確定したタイミングで、「売上管理」シートにクライアント名、案件名、労働型、納期、売上を入力する。外注パートナーにお願いする場合はその費用を入力する。また、サーバ保守契約など、長期的に売上が見込めるようなもの、『Google Adsense』や『アドネットワーク』などのような、アクセス数に応じて収益が発生するようなものは1年先まで売上を入力しておく。こうすることで、1年先までの売上の「ベース」を把握することができ、心理的な安心材料が増える。人というものは5万円でも10万円でも良いから、安定的に入ってくる収入があれば、少なからず安心ができるものだ。そして目先のことにとらわれず、落ち着いて事業戦略を錬ることができる。

もう1つのポイントは、労働型の収入と非労働型の収入を分類することで、非労働型の収益を増やす意識がはたらくようにしている。私は独立起業した当初から、労働型の収入は日銭を稼ぐためのものと割り切っており、一生やっていくものではないと考えていた。最終的には非労働型の収入を100%にすることが私の目標だった。非労働型の収入で生活できるようになれば、時間に余裕ができ、長期旅行などしたいことをできるようになると考えていたのだ。

さぁ、「平城式 売上台帳」を活用し、あなたも今日から非労働集約型のビジネスの売上を増やして、自由の羽根を手に入れようではないか！

point❸ 非労働型の収入とは

　ここでいう「非労働型の収入」とは、正確に表記すると「非労働集約型ビジネス」のことであり、書籍の印税や不動産収入のような「不労所得型」のものを指しているのではない。一定の労働は発生するけれども、収入の額が労働した時間に応じて増えるのではなく、得られる結果に応じて増えていくという類のものだ。書籍の印税だけで食べていこうと思ったらかなりのベストセラーを出さないといけないし、ベストセラーを生み出すためにはかなりのマーケティング力を必要とし、また時流も影響してくる。不動産の場合は購入するためにまとまった資金が必要となり、レバレッジをきかせようとすると銀行からの借り入れが必要となる。また不動産の価格も昔の経済成長期のように高騰することはもはや考えられず、競売案件などで安く仕入れるぐらいしか、収益を上げる方法はなくなってきている。

　一方、我々ITエンジニアのメリットは、最初から非労働集約型のビジネスを生み出せる要素を持っているということだ。なぜならば、我々が書いたプログラムは再利用が可能である。一度書いたプログラムを上手に再利用することで、そのプログラムから一度だけではなく何度も収入を得ることが可能なのだ。次に、そのプログラムをインターネットに公開することで、一瞬にして世界中の人に利用してもらえる状態にできることだ。私はインターネットに出会った時に感じた可能性は、まさにこの2点だった。私が大学時代に出会ったネットワークビジネスは、一度自分が構築した販売ネットワークが存続する限り、永久に収入が発生し続けるという点で衝撃を受けた。やればやるほど収入と時間の両方が手に入り、さらには仲間が手に入るという謳い文句にはかなり納得させられ、ネットワークビジネスを崇拝する人たちが言うとおり、そういうビジネスは他にはないと思っていた。ところが、インターネットに出会い、自分が作ったプログラムをサーバに自由にアップロードできるということを知った時、イナズマに打たれたような可能性を感じたのである。「これであれば、収入と時間の両方を獲得することができるかもしれない」と。

　私が20代で最初に手掛けたショッピングカートのビジネスは、まさに非労働集約型のビジネスだった。私がマスターとなるプログラムを開発し、利用者の方にはインターネットを経由して同じプログラムを利用していただき、私のほうでいつでもメンテナンスできるようにしていたので、利用者が増えてもアカウントを追加するだけで対応でき、新たにプログラムを書く必要がないからだった。もちろん、サービスを拡充するために日々新しいプログラムを書く必要はあるが、収入の額はプログラムを書いた量に比例するのではなく、サービスの利用者数に比例する。このような考えのもとに、私は戦略的に非労働集約型のビジネスを作っていったのだ。

あとがき

　最後までお読みいただきありがとうございます！　本書は、机上の空論ではなく私が実体験から学んできたことをこれからの人達に活用していただけるように「体系化」することを試みたものです。また、体系化したルールだけでなく、私がどのような経験をしてその結論を導き出したのか、実体験を交えながらストーリー形式で書いてみました。

　過去のトラブルなどの失敗体験は公開するのが恥ずかしい面もありますが、やはりどのような成功者にも未熟な時期があり、様々な経験を経て今に至っているということを知ってほしかったのであえて書きました。また、過去に私とトラブルとなった当事者の方がこの本を読むとあまり気持ちの良いものではないかもしれませんが、私にも至らない点があったから起きたことであり、私も反省しており遺恨は得にありません。そのおかげで今があるので、逆に感謝しています。

　さて、本書は『育つ書籍』という新しいコンセプトを掲げており、従来の書籍のような「読んで終わり」ではなく、読んでからが「はじまり」です。私は、そのための仕組みを用意しています。

　本書の購入者限定のサポートサイト（http://super-engineer.com/supportba）にアクセスし、こちらに掲載される最新情報を確認したり、読者サポートのコーナーから私に直接質問をお寄せください。私があなたのメンターになります。本書の読者さん同士が交流するためのコミュニティーも用意しています。

　　　　『エンジニアがビジネスをマスターすれば最強！』これは本当です。
　　　　　一緒に切磋琢磨し、スーパーエンジニアを目指しましょう！

最後に、私が独立起業した直後の駆け出しの時に出会い私を人生のパートナーとして選んでくれ、常に家庭を支えてくれている妻に、いつも『パパお仕事頑張ってね！』と言ってくれる2人の娘達に、私を健康に育ててくれた両親に、いつも私達を助けて下さっている妻の両親に、Facebookやメルマガで私を応援していただいている皆さんに、本書の企画段階からフルサポートをしていただいた編集者の小林佳代子さんに、本書の制作をサポートいただいた制作チームの皆さんに、私のワガママをいつも快諾していただいたマイナビ出版の角竹輝紀さんに、そして本書に『何か』を感じて購入していただいたあなたに、心より感謝します。

　私は今後一生を、1人でも多くの成幸者を生み出すために費やしていきたいと思います。

　　　　　　　2017年1月　香港のインターコンチネンタルホテルにて

　　　　　　　　　　　　　　　平城寿

【著者紹介】
平城 寿（ひらじょう ひさし HIRAJO, Hisashi）

1976年宮崎県生まれ／九州大学工学部知能機械工学科卒／（株）ライフスケープ代表取締役

日本最大級のビジネスマッチングサイト『@SOHO』の開発者であり創業者。大学卒業後、内定をすべて辞退し半年間起業の道を模索するも断念。消去法で福岡のIT企業に就職し在職中にショッピングカートのレンタルシステムをヒットさせ1年半後に24歳で1度目の独立を果たす。フリーランスのITエンジニアとして活動しつつベンチャー企業のCTOを兼任。大規模システムの経験を積むため26歳でアクセンチュアに就職し3年間トップ5％の評価を維持する。在職中に『@SOHO』を立ち上げ、軌道に乗せて29歳で2度目の独立を果たす。ITエンジニアの独立起業をサポートする『スーパーエンジニア養成講座』を開講。2万人のメールマガジン読者にアドバイスを行う。その後活動の場を海外に広げ、海外でのノマドスタイルを確立し『海外ノマド』という言葉を自ら定義し啓蒙活動を行う。さらに、業種にとらわれずに独立起業を加速させるための講座『平城式Facebook』を開講。これからはピラミッド社会ではなく球体の社会になると予見し、既存のシガラミに囚われず価値観を共有できる仲間とつながるためのオンラインを中心としたコミュニティー『成幸村』を構想し実現。一貫して『個人が自己実現をするための事業活動』を行っている起業家である。

ソーシャルメディア一覧
　http://hirajo.com/sns
メールマガジン
- 平城寿公式メールマガジン
　http://hirajo.com/mag_book
- スーパーエンジニア養成講座
　http://super-engineer.com/mag_book

ブログ／公式サイト
- @SOHO
　http://www.atsoho.com/
- 平城寿公式サイト
　http://hirajo.com/
- スーパーエンジニア養成講座
　http://super-engineer.com/

- 平城式Facebook
　http://hirajoshiki.com/
- 成幸村
　http://seikoumura.net/
- 海外ノマド倶楽部
　http://welovenomad.com/

STAFF

ブックデザイン：大悟法 淳一　武田 理沙（ごぼうデザイン事務所）
企画編集＆製作＆DTP：小林 佳代子（美と医の杜）
イラストレーション：Makiko Sato　ほげキノコ
編集担当：角竹 輝紀（マイナビ出版）

「お悩み相談室」製作協力

阿部 ゆき
石川 飛鳥
澤田 拓也
中山 敦子
三上 英昭

ITエンジニアのための「人生戦略」の教科書

技術を武器に、充実した人生を送るための「ビジネス」と「マインドセット」

2017年2月24日 初版　第1刷発行

著者	平城 寿
発行人	滝口 直樹
発行所	株式会社 マイナビ出版
	〒101-0003　東京都千代田区一ツ橋2-6-3 一ツ橋ビル2F
	TEL 0480-38-6872（注文専用）
	TEL 03-3556-2731（販売）
	TEL 03-3556-2736（編集）
	E-Mail pc-books@mynavi.jp
	URL https://book.mynavi.jp
印刷・製本	シナノ印刷株式会社

©2017 HIRAJO, Hisashi Printed in Japan
ISBN 978-4-8399-5823-7